表面增强拉曼散射光子晶体光纤传感技术

邱志刚　贾春荣　张靖轩　著

哈爾濱工程大學出版社
Harbin Engineering University Press

内容简介

本书介绍了表面增强拉曼散射光子晶体光纤传感技术的理论基础、结构与特点、设计与仿真,以及在食品非法添加剂检测中的应用。第1章概述物理光学基础;第2章论述纳米光子学;第3章论述表面增强拉曼散射;第4章论述光纤及光纤传感技术;第5章论述光子晶体光纤的设计与仿真;第6章论述表面增强拉曼散射光子晶体光纤传感。本书中部分理论及相关技术对其他光纤传感及相关领域也具有一定的指导意义。

本书理论体系完整,可供高等院校电子科学与技术、光电信息科学与工程、光学工程、仪器科学与技术等相关专业的师生,以及从事光纤传感技术的研究人员、工程技术人员参考。

图书在版编目(CIP)数据

表面增强拉曼散射光子晶体光纤传感技术 / 邸志刚,贾春荣,张靖轩著. — 哈尔滨 : 哈尔滨工程大学出版社,2021.5

ISBN 978 - 7 - 5661 - 2764 - 8

Ⅰ. ①表… Ⅱ. ①邸… ②贾… ③张… Ⅲ. ①光学晶体 - 光纤传输技术 - 基本知识 Ⅳ. ①TN818

中国版本图书馆 CIP 数据核字(2020)第157384号

选题策划 刘凯元
责任编辑 卢尚坤 刘海霞
封面设计 李海波

出版发行 哈尔滨工程大学出版社
社　　址 哈尔滨市南岗区南通大街145号
邮政编码 150001
发行电话 0451 - 82519328
传　　真 0451 - 82519699
经　　销 新华书店
印　　刷 北京中石油彩色印刷有限责任公司
开　　本 787 mm × 1 092 mm 1/16
印　　张 11.25
字　　数 294千字
版　　次 2021年5月第1版
印　　次 2021年5月第1次印刷
定　　价 49.00元

http://www.hrbeupress.com
E-mail:heupress@hrbeu.edu.cn

序　　言

进入 21 世纪，信息科学和技术的发展依然是经济持续增长的主导力量，发展信息产业是推进新型工业化的关键，发达国家和新兴发展中国家对本国信息产业都十分关注，我国在《国家中长期科学和技术发展规划纲要》中也将信息技术列为国家竞争力的核心技术之一。电子信息技术是信息产业的重要发展领域，需要大量专业人才，电子信息类专业承担着我国电子信息产业人才培养的重任。

电子信息类专业是伴随着电子、信息和光电子技术的发展而建立的，以数学、物理和信息论为基础，以电子、光子、信息相关的元器件及电子工程、通信系统和信息网络为研究对象，研究范围从元器件到系统，从网络到服务。电子信息类专业基础理论完备，专业内涵丰富，应用领域广泛，发展极为迅速，是推动信息产业发展和提升传统产业的基础专业之一。

电子信息类专业主要包括电子科学与技术、信息与通信工程和光学工程等学科。面对电子科学与技术学科领域的迅猛发展，发达国家都竞相将光电子技术引入国家发展计划。我国对光电子技术领域的研究也给予了高度重视，在“863”计划、“973”计划和国家攻关计划中，光电子技术有大量立项，促进了电子科学与技术学科的发展。

激光和光纤的诞生及发展推动了光电子技术的迅猛发展。近年来各种各样的光纤传感器正迅速进入市场，光纤传感器具有抗电磁干扰、结构紧凑、通用性强、经济实用等优点。因此，其传感机理和应用开发以及产品商业化已成为光电子领域发展的热点之一。基于表面增强拉曼散射的光子晶体光纤传感器作为新生事物，有必要系统、全面地对其相关理论、设计方法、试验研究及应用进行论述。本书包括表面增强拉曼散射光子晶体光纤传感技术的理论基础、结构与特点、设计与仿真及试验例证等内容。本书理论体系完整，可供高等院校电子科学与技术、光电信息科学与工程、光学工程、仪器科学与技术等相关专业的师生，以及从事光纤传感技术的研究人员、工程技术人员参考。这对基于表面增强拉曼散射的光子晶体光纤传感器的发展将起到很大的推动作用。

姚建铨

中国科学院院士、天津大学教授

前 言

随着激光和半导体光电子学的出现,现代光学发生了一场巨大的变革。光纤的诞生为光电子技术的发展提供了额外的动力。近年来,光纤技术日益发展,光纤的应用日趋广泛。在光纤传感技术中,光纤起调制器的作用,作为传感器将被测量像温度、压力、应变或电磁电流转换成相应的光学参量。由于光纤的利用,光纤传感器具有抗电磁干扰、高灵敏度、结构紧凑、几何通用性强、经济实用等优点。

由于光纤传感器的独特优势,其传感原理研究、应用开发、产品商业化已成为当今光电子领域发展的热点之一,每年都有上千篇论文发表,已成为众多国际、国内学术会议的中心议题之一。但是,基于表面增强拉曼散射的光子晶体光纤传感器是一种新兴光纤传感器,国内对其的研究为数很少,近十多年来,每年约有50篇的相关文献发表,且尚未发现有关的书籍出版。可是,国内外基于表面增强拉曼散射的光子晶体光纤传感技术已有了很大的发展。因此,非常有必要对其相关理论、试验研究、设计方法及相应的技术和应用进行系统的、全面的总结,这必将有力地推动基于表面增强拉曼散射的光子晶体光纤传感器的发展。

本书共6章,分别论述了:物理光学基础、纳米光子学、表面增强拉曼散射、光纤及光纤传感技术、光子晶体光纤的设计与仿真及表面增强拉曼散射光子晶体光纤传感。

本书提供了大量的资料、图表及数据,包括系统的理论基础、分析、设计仿真结果,以及表面增强拉曼散射光子晶体光纤传感器的结构、参数设计及试验例证。本书中部分理论及相关技术对其他光纤传感及相关领域也具有一定的指导意义。

本书是研究团队多年来研究工作的总结,团队的辛苦努力,为本书的编写奠定了坚实的基础。本书很多内容取材于本人及本人指导研究生的论文,孙腾飞、杨健俠、王彪、刘花菊及刘继腾等同学为本书提供资料、撰写内容、修改格式,在此表示感谢!

本书的合著者贾春荣、张靖轩二位教师除撰著之外,在格式、图文修订等方面也做了大量的工作,团队通力合著,结成硕果,甚感愉快。

2020年是第三个“国际光日”,60年前第一个固体激光器出现,现在,加上光纤的助力,光电子技术正在蓬勃发展!

回忆自己从事研究工作的经历,硕士生导师郑绳楦教授带我走进光纤传感领域,研究光纤电流互感器;博士生导师姚建铨院士指导我更加深入地迈进光电子技术领域,研究光子晶体光纤传感及太赫兹应用技术。二位恩师虚怀若谷的胸怀、渊博深邃的知识、孜孜不倦的精神,是我在光电子领域拼搏前进的榜样,更是激励我为光电子技术的研究奋斗终生的动力!

二位先生在启迪学术思想、拓展研究领域等诸多方面给予我无限的鼓励、支持和帮助。恩师的谆谆教诲与亲切关爱使我终生难忘。

在我国光电子技术欣欣向荣的今天，我谨以此书，奉献给哺育我成长的母校：河北师范大学、燕山大学和天津大学；奉献给始终如一关心、支持和帮助我的家人！

如果本书对从事光纤传感技术的科研人员和高校师生能起到参考作用，能为推动我国光纤传感及光电子技术的发展起到一定作用的话，我将倍感欣慰！由于著者水平有限，书中难免存在一些错误和问题，真诚欢迎广大读者指正！

2020.3.3 于华北理工大学

目　　录

第1章　物理光学基础

光在介质中传播时，与介质之间相互作用，同时其特性发生某些变化。例如，介质对光波的吸收，会使光强度减弱；不同波长的光在介质中传播速度不同，或者说光在介质中传播时其折射率随频率（波长）变化，会发生光的色散；光在非均匀介质中传播时，会产生散射等。光的吸收、色散和散射是光在介质中传播时所发生的普遍现象。

1.1　光与介质相互作用的经典理论

众所周知，光在介质中的传播过程，就是光与介质之间相互作用的过程。光在介质中的吸收、色散和散射现象，实际上就是光与介质相互作用的结果。因此，要正确地认识光的吸收、色散和散射现象，就应深入地研究光与介质的相互作用。

1.1.1　经典理论的基本方程

洛仑兹的电子论假定：组成介质的原子或分子内的带电粒子（电子、离子）被准弹性力保持在它们的平衡位置附近，并且具有一定的固有振动频率。在入射光的作用下，介质发生极化，带电粒子依入射光频率做强迫振动。由于带正电荷的原子核质量比电子大许多倍，可视正电荷中心不动，而负电荷相对于正电荷做振动，正、负电荷电量的绝对值相同，构成了一个电偶极子，其电偶极矩为

$$\boldsymbol{p} = q\boldsymbol{r} \tag{1.1}$$

式中，q 是电荷电量；$\boldsymbol{r}$ 是从负电荷中心指向正电荷中心的矢径。同时，由于电偶极矩随时间变化，这个电偶极子将辐射次波。利用这种极化和辐射过程，可以描述光的吸收、色散和散射。

为简单起见，假设在所研究的均匀色散介质中，只有一种分子，并且不计分子间的相互作用，每个分子内只有一个电子做强迫振动，所构成电偶极子的电偶极矩大小为

$$p = -er \tag{1.2}$$

式中，e 是电子电荷；r 是电子离开平衡位置的距离（位移）。如果单位体积中有 N 个分子，则单位体积中的平均电偶极矩（极化强度）为

$$P = Np = -Ner \tag{1.3}$$

根据牛顿定律，做强迫振动的电子的运动方程为

$$m\frac{\mathrm{d}^2 r}{\mathrm{d}t^2} = -eE - fr - g\frac{\mathrm{d}r}{\mathrm{d}t} \tag{1.4}$$

式中，等号右边的三项分别为电子受到的入射光电场强迫力、准弹性力和阻尼力；E 是入射光场，且

$$E = \tilde{E}(z)\mathrm{e}^{-\mathrm{i}\omega t} \tag{1.5}$$

引入衰减系数 $\gamma = g/m$、电子的固有振动频率 $\omega_0 = \sqrt{f/m}$ 后，式(1.4)变为

$$\frac{\mathrm{d}^2 r}{\mathrm{d}t^2} + \gamma\frac{\mathrm{d}r}{\mathrm{d}t} + \omega_0^2 r = -\frac{eE}{m} \tag{1.6}$$

求解这个方程就可以得到电子在入射光作用下的位移，可以求出极化强度，进而获取次波辐射及光的吸收、色散和散射等特性。因此，该方程是描述光与介质相互作用经典理论的基本方程。

1.1.2 介质的光学特性

将式(1.5)代入基本方程，可以求解得到电子在光场作用下的位移 r 为

$$r = \frac{-e/m}{(\omega_0^2 - \omega^2) - \mathrm{i}\gamma\omega}\tilde{E}(z)\mathrm{e}^{-\mathrm{i}\omega t} \tag{1.7}$$

再将式(1.7)代入式(1.3)中，可以得到极化强度的表示式为

$$P = \frac{Ne^2/m}{(\omega_0^2 - \omega^2) - \mathrm{i}\gamma\omega}\tilde{E}(z)\mathrm{e}^{-\mathrm{i}\omega t} \tag{1.8}$$

由电磁场理论可知，极化强度与电场的关系为

$$P = \varepsilon_0 \chi E \tag{1.9}$$

将式(1.9)与式(1.8)进行比较，可以得到描述介质极化特性的电极化率 χ 的表达式。电极化率是复数，可表示为 $\chi = \chi' + \mathrm{i}\chi''$，其实部和虚部分别为

$$\chi' = \frac{Ne^2}{\varepsilon_0 m}\frac{\omega_0^2 - \omega^2}{(\omega_0^2 - \omega^2)^2 + \gamma^2\omega^2} \tag{1.10}$$

$$\chi'' = \frac{Ne^2}{\varepsilon_0 m}\frac{\gamma\omega}{(\omega_0^2 - \omega^2)^2 + \gamma^2\omega^2} \tag{1.11}$$

由折射率与电极化率 χ 的关系可知，折射率也应为复数，若用 $\tilde{n}$ 表示复折射率，则有

$$\tilde{n}^2 = \varepsilon_\gamma = 1 + \chi = 1 + \frac{Ne^2}{\varepsilon_0 m}\frac{1}{(\omega_0^2 - \omega^2)^2 - \mathrm{i}\gamma\omega} \tag{1.12}$$

若将 $\tilde{n}$ 表示成实部和虚部的形式，$\tilde{n} = n + \mathrm{i}\eta$，则有

$$\tilde{n}^2 = (n + \mathrm{i}\eta)^2 = (n^2 - \eta^2) + \mathrm{i}2n\eta \tag{1.13}$$

将式(1.13)与式(1.12)进行比较，可得

$$\left.\begin{aligned} n^2 - \eta^2 &= 1 + \frac{Ne}{\varepsilon_0 m}\frac{\omega_0^2 - \omega^2}{(\omega_0^2 - \omega^2)^2 + \gamma^2\omega^2} \\ 2n\eta &= \frac{Ne}{\varepsilon_0 m}\frac{\gamma\omega}{(\omega_0^2 - \omega^2)^2 + \gamma^2\omega^2} \end{aligned}\right\} \tag{1.14}$$

为了更明确地看出复折射率(电极化率、介电常数)实部和虚部的意义，我们考察在介质中沿 z 方向传播的光电场复振幅的表示式，即

$$\tilde{E}(z) = E_0\mathrm{e}^{\mathrm{i}k\tilde{n}z} \tag{1.15}$$

式中，k 是光在真空中的波数。将复折射率表示式 $\tilde{n} = n + \mathrm{i}\eta$ 代入，得

$$\tilde{E}(z) = E_0\mathrm{e}^{-k\eta z}\mathrm{e}^{\mathrm{i}knz} \tag{1.16}$$

相应的光强度为

$$I = |\tilde{E}(z)|^2 = I_0 e^{-2k\eta z} \tag{1.17}$$

由式(1.16)和式(1.17)可见,复折射率描述了介质对光传播特性(振幅和相位)的作用,其中的实部 n(或χ')是表征介质影响光传播相位特性的量,即是通常所说的折射率;虚部 η(或χ'')是表征介质影响光传播振幅特性的量,通常称为消光系数,通过它们即可描述光在介质中传播的吸收和色散特性。

由以上讨论可以看出,描述介质光学性质的复折射率 $\tilde{n}$ 是光频率的函数。例如,对于稀薄气体,有

$$\tilde{n} = \sqrt{\varepsilon_r} = \sqrt{1+\chi} \xrightarrow{|\chi| \ll 1} 1 + \frac{1}{2}\chi = 1 + \frac{1}{2}\chi' + \frac{\mathrm{i}}{2}\chi'' = n + \mathrm{i}\eta \tag{1.18}$$

因此

$$\left.\begin{aligned} n &= 1 + \frac{\chi'}{2} = 1 + \frac{Ne^2}{2\varepsilon_0 m}\frac{\omega_0^2 - \omega^2}{(\omega_0^2 - \omega^2)^2 + \gamma^2\omega^2} \\ \eta &= \frac{\chi''}{2} = \frac{Ne^2}{2\varepsilon_0 m}\frac{\gamma\omega}{(\omega_0^2 - \omega^2)^2 + \gamma^2\omega^2} \end{aligned}\right\} \tag{1.19}$$

$n(\omega)$和$\eta(\omega)$随 ω 的变化规律如图 1.1 所示。其中,$\eta-\omega$ 曲线为光吸收曲线,在固有频率 ω_0 附近,介质对光有强烈的吸收;$n-\omega$ 曲线为色散曲线,在 ω_0 附近区域为反常色散区,而在远离 ω_0 的区域为正常色散区。

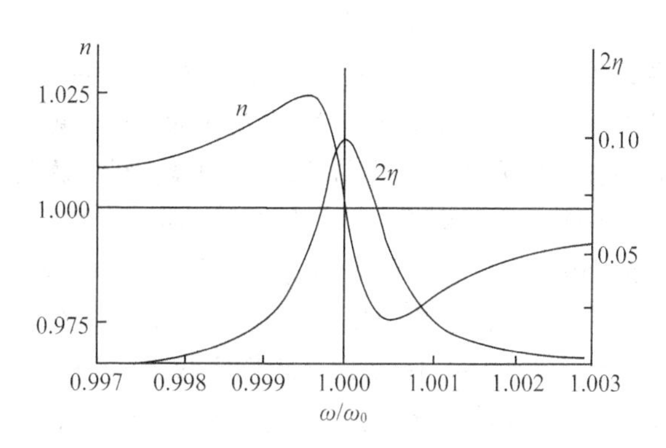

图 1.1　共振频率附近的色散曲线和吸收曲线

1.2　光的吸收、色散和散射

1.2.1　光的吸收

所谓光的吸收,就是指光波通过介质后,光强度因吸收而减弱的现象。光的吸收可以通过介质的消光系数 η 描述。

光吸收是介质的普遍性质,除了真空,没有一种介质能对任何波长的光波都是完全透明的,只能是对某些波长范围内的光透明,对另一些范围的光不透明。例如石英介质,它对可

见光几乎是完全透明的,而对波长自3.5 μm到5.0 μm的红外光却是不透明的。所谓透明,并非没有吸收,只是吸收较少。所以确切地说,石英对可见光吸收很少,而对3.5~5.0 μm的红外光有强烈的吸收。

1. 光吸收定律

设平行光在均匀介质中传播,经过薄层 dl 后,由于介质的吸收,光强从 I 减少到 $I-\mathrm{d}l$。朗伯(Lambert)总结了大量的试验结果并指出,dI/I 应与吸收层厚度 dl 成正比,即有

$$\frac{\mathrm{d}I}{I} = -K\mathrm{d}l \tag{1.20}$$

式中,K 为吸收系数,负号表示光强减少。

求解该微分方程可得

$$I = I_0 \mathrm{e}^{-Kl} \tag{1.21}$$

式中,I_0是 $I=0$ 处的光强。这个关系式就是著名的朗伯定律或吸收定律。试验证明,这个定律是相当精确的,并且也符合金属介质的吸收规律。

由式(1.21)可见,吸收系数 K 愈大,光波被吸收得愈强烈,当 $l=1/K$ 时,光强减少为原来的 1/e。若引入消光系数 η 描述光强的衰减,则吸收系数 K 与消光系数 η 有如下关系

$$K = \frac{4\pi}{\lambda}\eta \tag{1.22}$$

由此,朗伯定律可表示为

$$I = I_0 \mathrm{e}^{-\frac{4\pi}{\lambda}\eta l} \tag{1.23}$$

各种介质的吸收系数差别很大,对于可见光,金属的 $K \approx 10^6\ \mathrm{cm}^{-1}$,玻璃的 $K \approx 10^2\ \mathrm{cm}^{-1}$,而一个大气压下空气的 $K \approx 10^{-5}\ \mathrm{cm}^{-1}$,这就表明,非常薄的金属片就能吸收掉通过它的全部光能,因此金属片是不透明的,而光在空气中传播时,很少被吸收,透明度很高。

吸收系数 K 是波长的函数,根据 K 随波长变化规律的不同,将吸收分为一般性吸收和选择性吸收。在一定波长范围内,若吸收系数 K 很小,并且近似为常数,这种吸收叫一般性吸收;反之,如果吸收较大,且随波长有显著变化,称为选择性吸收。图1.1所示的 $\eta-\omega$ 曲线,在 ω_0 附近是选择性吸收带,而远离 ω_0 区域为一般性吸收带。例如,在可见光范围内,一般的光学玻璃吸收都较小,且不随波长变化,属于一般性吸收,而有色玻璃则属于选择性吸收,红玻璃对红光和橙光吸收少,而对绿光、蓝光和紫光几乎全部吸收。所以当白光射到红玻璃上时,只有红光能够透过,我们看到它呈红色。如果用绿光照射红玻璃,玻璃看起来将呈黑色。

试验表明,溶液的吸收系数与浓度有关,比尔(Beer)在1852年指出,溶液的吸收系数 K 与其浓度 c 成正比,$K=\alpha c$,此处的 α 是与浓度无关的常数,它只取决于吸收物质的分子特性。由此,在溶液中的光强衰减规律为

$$I = I_0 \mathrm{e}^{-\alpha cl} \tag{1.24}$$

该式即为比尔定律。应当指出,尽管朗伯定律总是成立的,但比尔定律的成立却是有条件的:只有在物质分子的吸收本领不受它周围邻近分子的影响时,比尔定律才正确。当浓度很大,分子间的相互作用不可忽略时,比尔定律不成立。

2. 吸收光谱

介质的吸收系数 K 随光波长变化的关系曲线称为该介质的吸收光谱。如果使一束连续光谱的光通过有选择性吸收的介质,再通过分光仪,即可测出在某些波段上或某些波长上的

光被吸收,形成吸收光谱。

不同介质吸收光谱的特点不同。气体吸收光谱的主要特点是:吸收光谱是清晰、狭窄的吸收线,吸收线的位置正好是该气体发射光谱线的位置。对于低气压的单原子气体,这种狭窄吸收线的特点更为明显。

如果气体是由二原子或多原子分子组成的,这些狭窄的吸收线就会扩展为吸收带。由于这种吸收带特征取决于组成气体的分子,它反映了分子的特性,所以可由吸收光谱研究气体分子的结构。气体吸收的另一个主要特点是吸收和气体的压力、温度、密度有关,一般是气体密度愈大,对光的吸收愈严重。对于固体和液体,它们对光吸收的特点主要是具有很宽的吸收带。固体材料的吸收系数主要随入射光波长变化,受其他因素的影响较小。图 1.2 是室温下激光工作物质钇铝石榴石(YAG)的吸收光谱。在实际工作中,为了提高激光器的能量转换效率,选择泵浦光源的发射谱与激光工作物质的吸收谱匹配,是非常重要的。

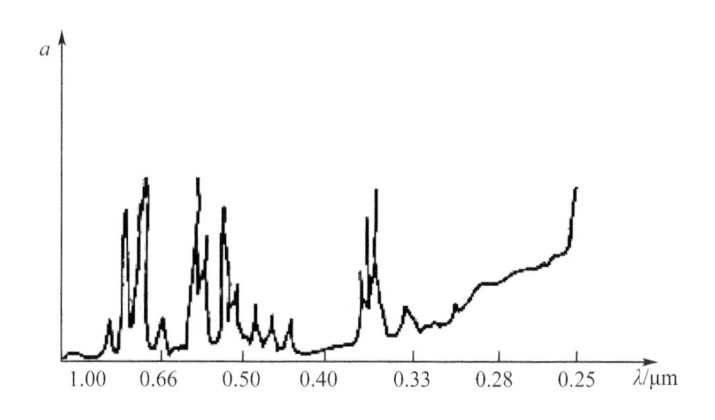

图 1.2　室温下 YAG 的吸收光谱

测量一种材料的吸收光谱,是了解该材料特性的重要手段。例如,地球大气对可见光、紫外光是透明的,但对红外光的某些波段有吸收,而对另外一些波段比较透明。

1.2.2　光的色散

介质中的光速(或折射率)随光波波长变化的现象叫光的色散现象。在理论上,光的色散可以通过介质折射率的频率特性描述。

观察色散现象的最简单方法是利用棱镜的折射。图 1.3 示出了观察色散的交叉棱镜法试验装置:三棱镜 P_1、P_2的折射棱互相垂直,狭缝 M 平行于 P_1的折射棱。通过狭缝 M 的白光经透镜 L_1,成为平行光,该平行光经 P_1、P_2及 L_2,会聚于屏 N 上。如果没有棱镜 P_2,由于棱镜 P_1的色散所引起的分光作用,在光屏上将得到水平方向的连续光谱 ab。如果放置棱镜 P_2,则由棱镜 P_2的分光作用,使得通过棱镜 P_1的每一条谱线都向下移动。若两个棱镜的材料相同,它们对于任一给定的波长谱线产生相同的偏向。因棱镜分光作用对长波长光的偏向较小,使红光一端 a_1下移最小,紫光一端 b_1下移最大,结果虽然整个光谱 a_1b_1仍为一直线,但已与 ab 呈一定倾斜角。如果两个棱镜的材料不同,则连续光谱 a_1b_1将构成一条弯曲的彩色光带。

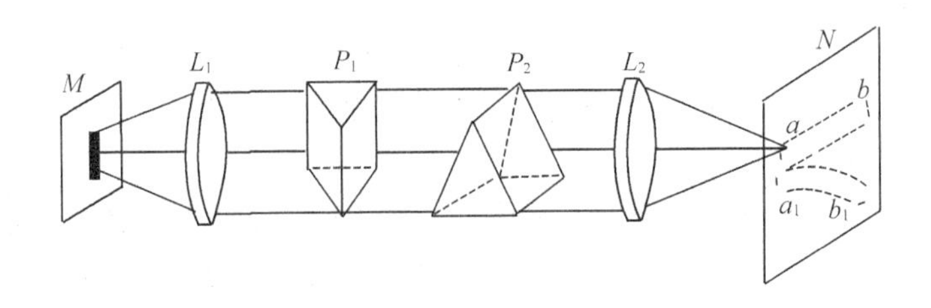

图 1.3　观察色散的交叉棱镜法试验装置

1. 色散率

色散率 ν 是用来表征介质色散程度，即量度介质折射率随波长变化大小的物理量。它定义为：波长差为 1 个单位的两种光折射率差，即

$$\nu = \frac{n_2 - n_1}{\lambda_2 - \lambda_1} = \frac{\Delta n}{\Delta \lambda} \tag{1.25}$$

对于透明区工作的介质，由于 n 随波长 λ 的变化很慢，可以用上式表示。对于 n 变化较大的区域，色散率定义为

$$\nu = \frac{\mathrm{d}n}{\mathrm{d}\lambda} \tag{1.26}$$

在实际工作中，选用光学材料时，应特别注意其色散的大小。例如，同样一块三棱镜，若用作分光元件，应采用色散大的材料（例如火石玻璃）。若用来改变光路方向，则需采用色散小的材料（例如冕玻璃）。表 1.1 列出了几种常用光学材料的折射率和色散率。

表 1.1　几种常用光学材料的折射率和色散率

波长/nm	冕玻璃		钡火石		熔石英	
	n	$-\mathrm{d}n/\mathrm{d}\lambda$	n	$-\mathrm{d}n/\mathrm{d}\lambda$	n	$-\mathrm{d}n/\mathrm{d}\lambda$
656.3	1.524 41	35	1.588 48	38	1.456 40	27
643.9	1.524 90	36	1.588 96	39	1.456 74	28
589.0	1.527 04	43	1.591 44	50	1.458 45	35
533.8	1.529 89	58	1.594 63	68	1.460 67	45
508.6	1.531 46	66	1.596 44	78	1.461 91	52
486.1	1.533 03	78	1.598 25	89	1.463 18	60
434.0	1.537 90	112	1.603 67	123	1.466 90	84
398.8	1.542 45	139	1.608 70	172	1.470 30	112

在图 1.1 中，已经给出了色散曲线 $n-\omega$ 的变化形式。实际上，$n-\omega$ 的变化关系比较复杂，无法用一个简单的函数表示出来，而且这种变化关系因材料而异。因此，一般都是通过试验测定折射率 n 随波长的变化，并做成曲线，这种曲线就是色散曲线。其方法是，把待测材料做成三棱镜，放在分光计上，测出不同波长的单色光相应的偏向角，再算出折射率 n，即可做出色散曲线。下面，详细介绍介质的色散特性：正常色散与反常色散。

2. 正常色散与反常色散

(1)正常色散

折射率随着波长增加(或光频率的减少)而减小的色散叫正常色散。正如1.1节所指出的,远离固有频率 ω_0 的区域为正常色散区。所有不带颜色的透明介质,在可见光区域内都表现为正常色散。

图1.4给出了几种常用光学材料在可见光范围内的正常色散曲线,这些色散曲线的特点是:

①波长愈短,折射率愈大;

②波长愈短,折射率随波长的变化率愈大,即色散率 $|\nu|$ 愈大;

③波长一定时,折射率愈大的材料,其色散率也愈大。

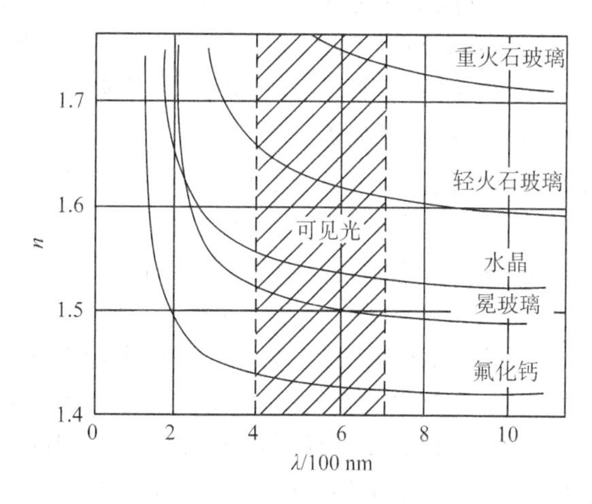

图1.4 几种常用光学材料的正常色散曲线

描述介质的色散特性,除了采用色散曲线外,还经常利用试验总结出来的经验公式。对于正常色散的经验公式是1836年由科希(Cauchy)提出来的,即

$$n = A + \frac{B}{\lambda^2} + \frac{C}{\lambda^4} \tag{1.27}$$

式中,A、B 和 C 是由所研究的介质特性决定的常数。对于通常的光学材料,这些常数值可由手册查到。在试验中,可以利用三种不同波长测出三个 n 值,代入式(1.27),然后联立求解三个方程,即可得到这三个常数值。当波长间隔不太大时,可只取式(1.27)的前两项,即

$$n = A + \frac{B}{\lambda^2} \tag{1.28}$$

并且,根据色散率定义可得

$$\nu = \frac{\mathrm{d}n}{\mathrm{d}\lambda} = -\frac{2B}{\lambda^3} \tag{1.29}$$

由于 A、B 都为正值,因而当 λ 增加时,折射率 n 和色散率 ν 都减小。

(2)反常色散

1862年,勒鲁(Le Roux)用充满碘蒸气的三棱镜观察到了紫光的折射率比红光的折射率小,由于这个现象与当时已观察到的正常色散现象相反,勒鲁称它为反常色散,该名字一直沿用至今。后来,孔脱(Kundt)系统地研究了反常色散现象,发现反常色散与介质对光的选

择吸收有密切联系。实际上，反常色散并不“反常”，它也是介质的一种普遍现象，正如1.1节所指出的，在固有频率ω_0附近的区域，也即光的吸收区是反常色散区。如果在测量介质的色散曲线时，向着光吸收区延伸，就会观察到这种反常色散。

介质的色散特性可以由1.1节介绍的电子论解释，这个电子论既能说明正常色散，又能说明反常色散，而且还说明了反常色散的起因与介质的共振吸收作用相关。

1.2.3 光的散射

1. 光的散射现象

当光束通过均匀的透明介质时，除在传播方向上外，其他方向是看不到光的。而当光束通过混浊的液体或穿过灰尘弥漫的空间时，就可以在侧面看到光束的轨迹，即在光线传播方向以外能够接收到光能。这种光束通过不均匀介质所产生的偏离原来传播方向，向四周散射的现象，就是光的散射。所谓介质不均匀，指的是气体中有随机运动的分子、原子或烟雾、尘埃，液体中混入小微粒，晶体中存在缺陷等。

由于光的散射是将光能散射到其他方向上，而光的吸收则是将光能转化为其他形式的能量，因而从本质上说二者不同，但是在实际测量时，很难区分开它们对透射光强的影响。因此，在实际工作上通常都将这两个因素的影响考虑在一起，将透射光强表示为

$$I = I_0 e^{-(K+h)l} = I_0 e^{-\alpha l} \tag{1.30}$$

式中，h为散射系数；K为吸收系数；α为衰减系数，并且，在实际测量中得到的都是α。

通常，根据散射光的波矢$\boldsymbol{k}$和频率的变化与否，将散射分为两大类：一类是散射光波矢$\boldsymbol{k}$变化，但频率不变化，属于这种散射的有瑞利散射、米氏（Mie）散射和分子散射；另一类是散射光波矢$\boldsymbol{k}$和频率均变化，属于这种散射的有拉曼（Raman）散射、布里渊（Brillouin）散射等。

由于光的散射现象涉及面广，理论分析复杂，许多现象必须采用量子理论分析，因而在这里仅简单介绍瑞利散射、米氏散射、分子散射和拉曼散射的基本特性和结论。

2. 瑞利散射

有些光学不均匀性十分显著的介质能够产生强烈的散射现象，这类介质一般称为“浑浊介质”。它是指在一种介质中悬浮有另一种介质，例如含有烟、雾、水滴的大气，乳状胶液，胶状溶液等。

亭达尔（Tyndell）等最早对浑浊介质尤其是微粒线度比光波长小（不大于（1/5～1/10）λ）的浑浊介质的散射进行了大量的试验研究，并且从试验中总结出了一些规律，因此，这一类现象叫亭达尔效应。这些规律其后为瑞利在理论上说明，所以又叫瑞利散射。

通过大量的试验研究表明，瑞利散射的主要特点是：

①散射光强度与入射光波长的四次方成反比，即

$$I(\theta) \propto \frac{1}{\lambda^4} \tag{1.31}$$

式中，$I(\theta)$为相应于某一观察方向（与入射光方向呈θ角）的散射光强度。该式说明，光波长愈短，其散射光强度愈大，由此可以说明许多自然现象。

②散射光强度随观察方向变化。自然光入射时，散射光强$I(\theta)$与$(1+\cos^2\theta)$成正比。散射光强随θ角的变化关系如图1.5所示。

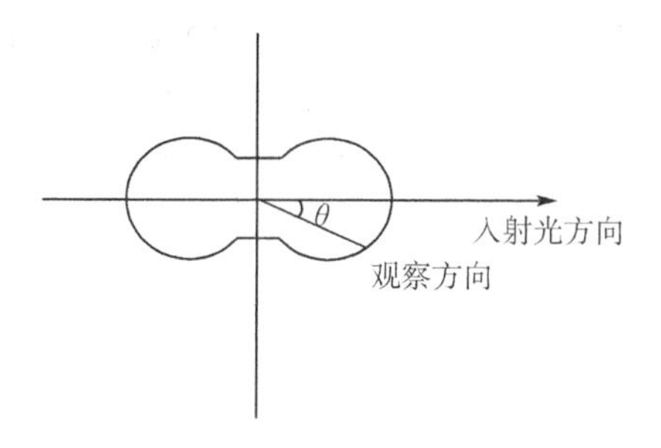

图 1.5　散射光强随 θ 角的变化关系

③散射光是偏振光，不论入射光是自然光还是偏振光都是这样，且偏振度与观察方向有关。

3. 米氏散射

当散射粒子的尺寸接近或大于波长时，其散射规律与瑞利散射不同。这种大粒子散射的理论，目前还很不完善，只是米氏对球形导电粒子（金属的胶体溶液）所引起的光散射进行了较全面的研究，并在 1908 年提出了悬浮微粒线度可与入射光波长相比拟的散射理论。因此，目前关于大粒子的散射，称为米氏散射。

米氏散射的主要特点是：

①散射光强与偏振特性随散射粒子的尺寸变化。

②散射光强随波长的变化规律是与波长 λ 的较低幂次成反比，即

$$I(\theta) \propto \frac{1}{\lambda^n} \tag{1.32}$$

式中，$n=1,2,3$。n 的具体取值取决于微粒尺寸。

③散射光的偏振度随 r/λ 的增加而减小，这里 r 是散射粒子的线度，λ 是入射光波长。当散射粒子的线度与光波长相近时，散射光强度相对光矢量振动平面的对称性被破坏，随着悬浮微粒线度的增大，沿入射光方向的散射光强将大于逆入射光方向的散射光强。

4. 分子散射

光在纯净介质中，或因分子热运动引起密度起伏、或因分子各向异性引起分子取向起伏、或因溶液中浓度起伏引起介质光学性质的非均匀所产生的光的散射，称为分子散射。在临界点时，气体密度起伏很大，可以观察到明显的分子散射，这种现象称为临界乳光。

通常，纯净介质中由于分子热运动产生的密度起伏所引起的折射率不均匀区域的线度比可见光波长小得多，因而分子散射中，散射光强与散射角的关系与瑞利散射相同（$\sim(1+\cos^2\theta)$）。对于分子散射仍有如下关系：

$$I(\theta) \propto \frac{1}{\lambda^4} \tag{1.33}$$

由分子各向异性起伏产生的分子散射光强度，比密度起伏产生的分子散射光强度要弱得多。

5. 拉曼散射

一般情况下，一束准单色光被介质散射时，散射光和入射光是同一频率。但是，当入射光足够强时，就能够观察到很弱的附加分量旁带，即出现新频率分量的散射光。拉曼散射就是散射光的方向和频率相对入射光均发生变化的一种散射。

1928 年，印度科学家拉曼和苏联科学家曼杰利斯塔姆分别在研究液体和晶体散射时，几

乎同时发现了散射光中除了有与入射光频率 ν_0 相同的瑞利散射线外，在其两侧还伴有频率为 $\nu_1, \nu_2, \nu_3, \cdots, \nu'_1, \nu'_2, \nu'_3, \cdots$ 的散射线存在。如图 1.6(a)所示，当用单色性较高的准单色光源照射某种气体、液体或透明晶体时，在入射光的垂直方向上用光谱仪摄取散射光，就会观察到上述散射，这种散射现象就是拉曼散射。

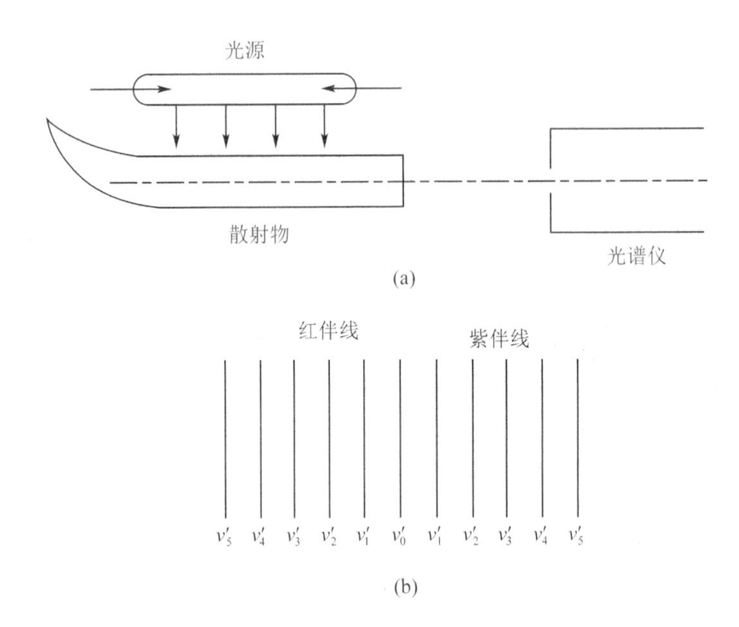

图 1.6　观察拉曼散射的装置示意图

由于拉曼散射光的频率与分子的振动频率有关，因而拉曼散射是研究分子结构的重要手段。利用拉曼散射研究分子结构可以确定分子的固有频率，探究分子对称性及分子动力学等问题。分子光谱属于红外波段，一般都采用红外吸收法进行研究，而利用拉曼散射法进行研究的优点是将分子光谱转移到可见光范围进行观察、研究，可与红外吸收法互相补充。

随着激光的出现，利用激光器作为光源进行的拉曼散射光谱研究，由于拉曼散射光谱中的瑞利线很细，其两侧频率差很小的拉曼散射线也清晰可见，因此使得分子光谱的研究更加精密。特别是当激光强度增大到一定程度时，出现受激拉曼散射效应，而由于受激拉曼散射光具有很高的空间相干性和时间相干性，强度也大得多，因此在研究生物分子结构、测量大气污染等领域内获得了广泛的应用。相对于这种受激拉曼散射，通常将上述的拉曼散射称为自发拉曼散射效应。

1.3　光的干涉及干涉仪

1.3.1　光的干涉

1. 产生干涉的基本条件

(1) 两束光的干涉现象

光的干涉是指两束或多束光在空间相遇时，在重叠区内形成稳定的强度分布的现象。

例如,图 1.7 所示为两列单色平面线偏振光。

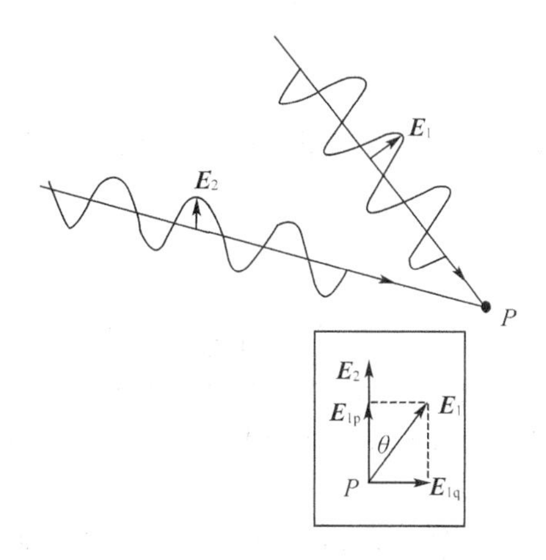

图 1.7　两列单色平面线偏振光

$$\boldsymbol{E}_1 = \boldsymbol{E}_{01}\cos(\omega_1 t - \boldsymbol{k}_1 \cdot \boldsymbol{r} + \varphi_{01}) \tag{1.34}$$

$$\boldsymbol{E}_2 = \boldsymbol{E}_{02}\cos(\omega_2 t - \boldsymbol{k}_2 \cdot \boldsymbol{r} + \varphi_{02}) \tag{1.35}$$

它们在空间 P 点相遇,它们的振动方向间的夹角为 θ,则在 P 点处的总光强为

$$\begin{aligned} I &= I_1 + I_2 + 2\sqrt{I_1 I_2}\cos\theta\cos\varphi \\ &= I_1 + I_2 + 2I_{12} \end{aligned} \tag{1.36}$$

式中,I_1、I_2是二光束的光强;φ 是二光束的相位差,且有

$$\left.\begin{aligned} \varphi &= \boldsymbol{k}_2 \cdot \boldsymbol{r} - \boldsymbol{k}_1 \cdot \boldsymbol{r} + \varphi_{01} - \varphi_{02} + \Delta\omega t \\ \Delta\omega &= \omega_1 - \omega_2 \\ I_{12} &= \sqrt{I_1 I_2}\cos\theta\cos\varphi \end{aligned}\right\} \tag{1.37}$$

由此可见,二光束叠加后的总强度并不等于这两列波的强度和,而是多了一项交叉项 I_{12},它反映了这两束光的干涉效应,通常称为干涉项。干涉现象就是指这两束光在重叠区内形成的稳定的光强分布。所谓稳定,是指用肉眼或记录仪器能观察到或记录到条纹分布,即在一定时间内存在着相对稳定的条纹分布。显然,如果干涉项 I_{12} 远小于二光束光强中较小的一个,就不易观察到干涉现象;如果两束光的相位差随时间变化,使光强度条纹图样产生移动,且当条纹移动的速度快到肉眼或记录仪器分辨不出条纹图样时,就观察不到干涉现象了。

在能观察到稳定的光强分布的情况下,满足

$$\varphi = 2m\pi, m = 0, \pm 1, \pm 2, \cdots \tag{1.38}$$

的空间位置为光强极大值处,且光强极大值 I_M 为

$$I_M = I_1 + I_2 + 2\sqrt{I_1 I_2}\cos\theta \tag{1.39}$$

满足

$$\varphi = (2m + 1)\pi, m = 0, \pm 1, \pm 2, \cdots \tag{1.40}$$

的空间位置为光强极小值处,且光强极大值 I_m 为

$$I_m = I_1 + I_2 - 2\sqrt{I_1 I_2}\cos\theta \tag{1.41}$$

当二光束光强相等，即 $I_1 = I_2 = I_0$ 时，相应的极大值和极小值分别为

$$I_M = 2I_0(1 + \cos\theta) \tag{1.42}$$

$$I_m = 2I_0(1 - \cos\theta) \tag{1.43}$$

(2)产生干涉的条件

首先引入一个表征干涉效应程度的参量——干涉条纹可见度，由此深入分析产生干涉的条件。

干涉条纹可见度定义为

$$V = \frac{I_M - I_m}{I_M + I_m} \tag{1.44}$$

当干涉光强的极小值 $I_m = 0$ 时，$V = 1$，二光束完全相干，条纹最清晰；当 $I_M = I_m$ 时，$V = 0$，二光束完全不相干，无干涉条纹；当 $I_M \neq I_m \neq 0$ 时，$0 < V < 1$，二光束部分相干，条纹清晰度介于上面两种情况之间。

由上述二光束叠加的光强分布关系式(1.36)可见，影响光强条纹稳定分布的主要因素是二光束频率、二光束振动方向夹角和二光束的相位差。

① 对二光束频率的要求。

由二光束相位差的关系式可以看出，当二光束频率相等，$\Delta\omega = 0$ 时，干涉光强不随时间变化，可以得到稳定的干涉条纹分布。当二光束的频率不相等，$\Delta\omega \neq 0$ 时，干涉条纹将随着时间产生移动，且 $\Delta\omega$ 愈大，条纹移动速度愈快；当 $\Delta\omega$ 大到一定程度时，肉眼或探测仪器就将观察不到稳定的条纹分布。因此，为了产生干涉现象，要求二光束的频率尽量相等。

② 对二光束振动方向的要求。

由式(1.42)和式(1.43)可见，当二光束光强相等时，有

$$V = \cos\theta \tag{1.45}$$

因此，当 $\theta = 0$、二光束的振动方向相同时，$V = l$，干涉条纹最清晰；当 $\theta = \pi/2$、二光束正交振动时，$V = 0$，不发生干涉；当 $0 < \theta < \pi/2$ 时，$0 < V < 1$，干涉条纹清晰度介于上面两种情况之间。所以，为了产生明显的干涉现象，要求二光束的振动方向相同。

③ 对二光束相位差的要求。

由式(1.36)可见，为了获得稳定的干涉图形，二光束的相位差必须固定不变，即要求二等频单色光波的初相位差恒定。实际上，考虑光源的发光特点是最关键的要求。

可见，要获得稳定的干涉条纹，则：二光束的频率应当相同；二光束在相遇处的振动方向应当相同；二光束在相遇处应有固定不变的相位差。这三个条件就是二光束发生干涉的必要条件，通常称为相干条件。

(3) 实现光束干涉的基本方法

由上面的讨论可见，为了实现光束干涉，对于光波提出了严格的要求，因此也就对产生干涉光波的光源提出了严格要求。通常称满足相干条件的光波为相干光波，能够产生相干光波的光源叫相干光源。

由上面关于相干条件的讨论可知，利用两个独立的普通光源是不可能产生干涉的，即使使用两个相干性很好的独立激光器发出的激光束来进行干涉试验，也是相当困难的事情，其原因是它们的相位关系不固定。

在光学中，获得相干光、产生明显可见干涉条纹的唯一方法就是把一个波列的光分成两束或几束光波，然后再令其重合，产生稳定的干涉效应。这种“一分为二”的方法，可以使两

束干涉光的初相位差保持恒定。

一般获得相干光的方法有两类:分波面法和分振幅法。分波面法是将一个波列的波面分成两部分或几部分,由这每一部分发出的波再相遇时,必然是相干的,下面讨论的杨氏双缝干涉就属于这种干涉方法。分振幅法通常是利用透明薄板的第一、二表面对入射光的依次反射或透射,将入射光的振幅分解为若干部分,当这些不同部分的光波相遇时将产生干涉。分振幅法是一种很常见的获得相干光、产生干涉的方法,下面讨论的平行平板产生的干涉就属于这种干涉方法。

2. 双光束干涉

(1)分波面法双光束干涉

在试验室中为了演示分波面法的双光束干涉,最常采用的是图 1.8 所示的双缝干涉试验。用一束 He - Ne 激光照射两个狭缝 S_1、S_2,就会在缝后的白色屏幕上观察到明暗交替的双缝干涉条纹。为了研究分波面法双光束干涉现象的特性,下面详细讨论杨氏双缝干涉试验。

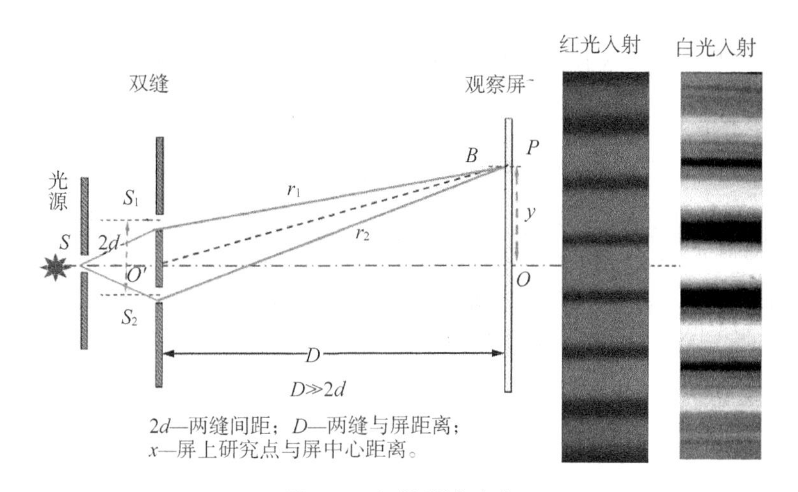

图 1.8　双缝干涉试验

在图 1.9 所示的杨氏双缝干涉试验原理图中,间距为 d 的 S_1 和 S_2 双缝从来自狭缝 S 的光波波面上分割出很小的两部分作为相干光源,它们发出的两列光波在观察屏上叠加,形成干涉条纹。

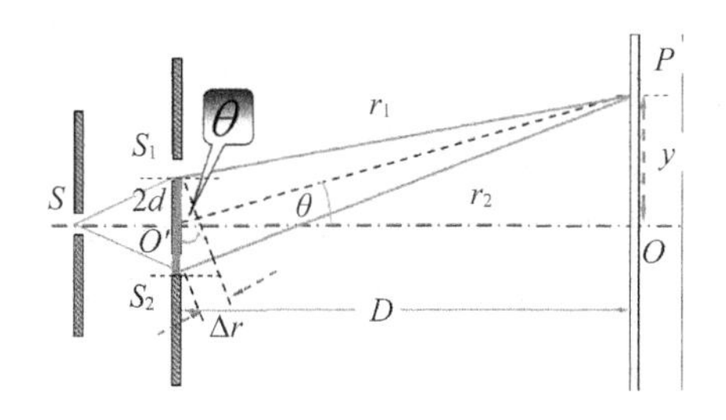

图 1.9　杨氏双缝干涉试验原理图

由于狭缝 S 和双缝 S_1、S_2都很窄,均可视为次级线光源。从线光源 S 发出的光波经 SS_1P 和 SS_2P 两条不同路径,在观察屏 P 点上相交,其光程差为

$$\Delta = (R_2 - R_1) + (r_2 - r_1) = \Delta R - \Delta r$$

在 $d \ll D$,且在 y 很小的范围内考察时,相应二光束的相位差为

$$\varphi = \frac{2\pi}{\lambda}\Delta \approx \frac{2\pi}{\lambda}\left(\frac{yd}{D} + \Delta R\right) \tag{1.46}$$

①如果 S_1、S_2到 S 的距离相等,$\Delta R = 0$,则对应 $\varphi = 2m\pi$ $(m = 0, \pm 1, \pm 2, \cdots)$ 的空间点,即

$$y = m\frac{D\lambda}{d} \tag{1.47}$$

处为光强极大,呈现干涉亮条纹;

对应 $\varphi = (2m+1)\pi$ 的空间点,即

$$y = \left(m + \frac{1}{2}\right)\frac{D\lambda}{d} \tag{1.48}$$

处为光强极小,呈现干涉暗条纹。

因此,干涉图样如图 1.8 所示,是与 y 轴垂直、明暗相间的直条纹。相邻两亮(暗)条纹间的距离为条纹间距 ε,且有

$$\varepsilon = \Delta y = \frac{D\lambda}{d} = \frac{\lambda}{\omega} \tag{1.49}$$

式中,$\omega = \dfrac{d}{D}$,称为光束会聚角。可见,条纹间距与会聚角成反比,与波长成正比,波长长的条纹较波长短的条纹疏。在试验中,可以通过测量 D、d 和 ε,计算求得光波长 λ。

②如果 S_1、S_2到 S 的距离不同,$\Delta R \neq 0$,则对应

$$y = \frac{m\lambda - \Delta R}{\omega} \tag{1.50}$$

的空间点是亮条纹;对应

$$y = \frac{\left(m + \frac{1}{2}\right)\lambda - \Delta R}{\omega} \tag{1.51}$$

的空间点是暗条纹。即干涉图样相对于 $\Delta R = 0$ 的情况,沿着 y 方向发生了平移。

(2)分振幅法双光束干涉

与分波面法双光束干涉相比,分振幅法产生干涉的试验装置因其既可以使用扩展光源,又可以获得清晰的干涉条纹,而被广泛应用。在干涉计量技术中,这种方法已成为众多的重要干涉仪和干涉技术的基础。但也正是由于使用了扩展光源,其干涉条纹变成了定域的。

①平行平板产生的干涉——等倾干涉。

平行平板产生干涉的光程如图 1.10 所示,由扩展光源发出的每一簇平行光线经平行平板反射后,都会聚在无穷远处,或者通过图示的透镜会聚在焦平面上,产生定域的等倾干涉。

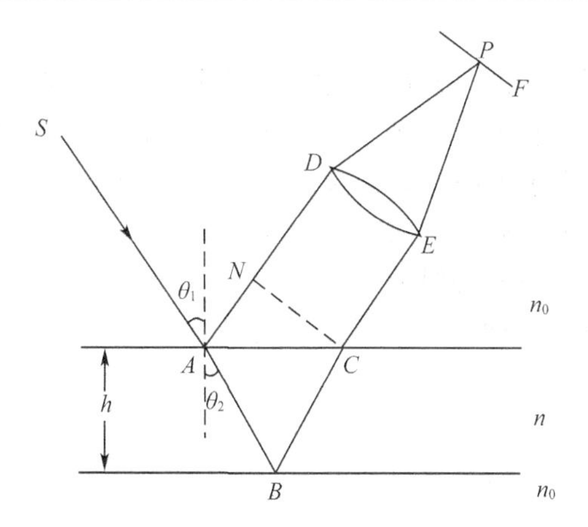

图 1.10　平行平板产生干涉的光程图示

等倾干涉的强度分布：

根据光波通过透镜成像的理论分析，光经平行平板后，通过透镜在焦平面 F 上所产生的干涉强度分布（图样），与无透镜时在无穷远处形成的干涉强度分布（图样）相同。其规律主要取决于光经平板反射后，所产生的两束光到达焦平面 F 上 P 点的光程差。

由图示光路可见，这两束光因几何程差引起的光程差为

$$\Delta = n(AB + BC) - n_0 AN$$

式中，n 和 n_0 分别为平板折射率和周围介质的折射率；N 是由 C 点向 AD 所引垂线的垂足，自 N 点和 C 点到透镜焦平面 P 点的光程相等。假设平板的厚度为 h，入射角和折射角分别为 θ_1 和 θ_2，则由几何关系有

$$AB = BC = \frac{h}{\cos\theta_2}$$

$$AN = AC\sin\theta_1 = 2h\tan\theta_2\sin\theta_1$$

再利用折射定律

$$n\sin\theta_2 = n_0\sin\theta_1$$

可得到光程差为

$$\Delta = 2nh\cos\theta_2 = 2h\sqrt{n^2 - n_0^2\sin^2\theta_1} \tag{1.52}$$

进一步，考虑到由于平板两侧的折射率与平板折射率不同，无论是 $n_0 > n$ 还是 $n_0 < n$，从平板两表面反射的两束光中总有一束发生“半波损失”。所以，两束反射光的光程差还应加上由界面反射引起的附加光程差 $\lambda/2$，故

$$\Delta = 2nh\cos\theta_2 + \frac{\lambda}{2} \tag{1.53}$$

如果平板两侧的介质折射率不同，并且平板折射率的大小介于两种介质折射率之间，则两束反射光间无“半波损失”，此时的光程差仍采用式(1.52)的形式。

由此可以得到焦平面上的光强分布为

$$I = I_1 + I_2 + 2\sqrt{I_1 I_2}\cos(k\Delta) \tag{1.54}$$

式中，I_1 和 I_2 分别为两支反射光的强度。显然，形成亮暗干涉条纹的位置，由下述条件决定：相应于光程差 $\Delta = m\lambda\ (m = 0, 1, 2, \cdots)$ 的位置为亮条纹；相应于光程差 $\Delta = (m + 1/2)\lambda$ 的位

置为暗条纹。

如果设想平板是绝对均匀的,折射率 n 和厚度 h 均为常数,则光程差只决定于入射光在平板上的入射角 θ_1(或折射角 θ_2)。因此,具有相同入射角的光经平板两表面反射所形成的反射光,在其相遇点上有相同的光程差,也就是说,凡入射角相同的光,均处在同一干涉条纹上。正因如此,通常把这种干涉条纹称为等倾干涉。

②楔形平板产生的干涉——等厚干涉。

楔形平板是指平板的两表面不平行,但其夹角很小,楔形平板产生干涉的原理如图1.11所示。

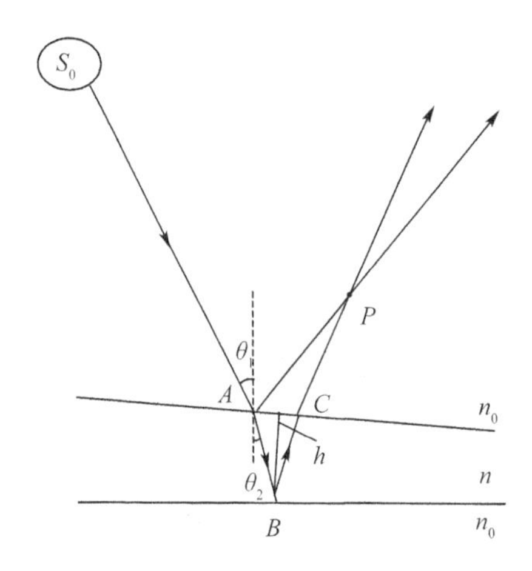

图1.11　楔形平板产生干涉的原理

扩展光源中的某点 S_0发出一束光,经楔形板两表面反射的两束光相交于 P 点,产生干涉,其光程差为

$$\Delta = n(AB + BC) - n_0(AP - CP)$$

光程差的精确值一般很难计算。但由于在实际的干涉系统中,板的厚度通常都很小,楔角都不大,因此可以近似地利用平行平板的计算公式代替,即

$$\Delta = 2nh\cos\theta_2 \tag{1.55}$$

式中,h 是楔形板在 B 点的厚度;θ_2 是入射光在 A 点的折射角。考虑到光束在楔形板表面可能产生的“半波损失”,两表面反射光的光程差应为

$$\Delta = 2nh\cos\theta_2 + \frac{\lambda}{2} \tag{1.56}$$

显然,对于一定的入射角(当光源距平板较远,或观察干涉条纹用的仪器孔径很小时,在整个视场内可视入射角为常数),光程差只依赖于反射光处的平板厚度 h,所以,干涉条纹与楔形板的厚度一一对应。因此,通常将这种干涉称为等厚干涉,相应的干涉条纹称为等厚干涉条纹。

1.3.2　典型干涉仪

干涉仪是利用光波的干涉效应制成的精密仪器,它在近代科学研究及技术中,有着极其重要的应用。

1. 迈克尔逊干涉仪

迈克尔逊干涉仪的结构简图如图 1.12 所示。

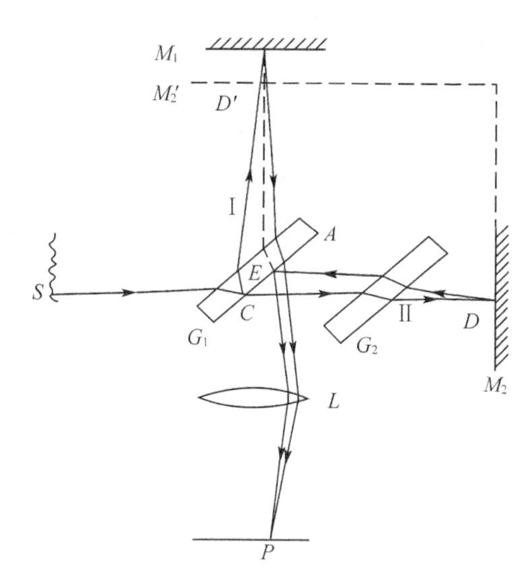

图 1.12　迈克尔逊干涉仪的结构简图

G_1 和 G_2 是两块折射率和厚度都相同的平行平面玻璃板，分别称为分光板和补偿板，G_1 背面有镀银或镀铝的半反射面 A，G_1 和 G_2 互相平行。M_1 和 M_2 是两块平面反射镜，它们与 G_1 和 G_2 呈 45°角放置。从扩展光源 S 发出的光，在 G_1 的半反射面 A 上反射和透射，并被分为强度相等的两束光Ⅰ和Ⅱ，光束Ⅰ射向 M_1，经 M_1 反射后折回，并透过 A 进入观察系统 L（人眼或其他观察仪器）；光束Ⅱ通过 G_2 并经 M_2 反射后折回到 A，在 A 反射后也进入观察系统 L。这两束光由于来自同一光束，因而是相干光束，可以产生干涉。迈克尔逊干涉仪干涉图样的性质，可以采用下面的方式讨论：相对于半反射面 A，作出平面反射镜 M_2 的虚像 M_2'，M_2' 在 M_1 附近。于是，可以认为观察系统 L 所观察到的干涉图样，是由实反射面 M_1 和虚反射面 M_2' 构成的虚平板产生的，虚平板的厚度和楔角可通过调节 M_1 和 M_2 反射镜控制。因此，迈克尔逊干涉仪可以产生厚的或者薄的平行平板（M_1 和 M_2' 平行）和楔形平板（M_1 和 M_2' 有一小的夹角）的干涉现象。扩展光源可以是单色性很好的激光源，也可以是单色性很差的（白光）光源。如果调节 M_2，使得 M_2' 与 M_1 平行，所观察到的干涉图样就是一组在无穷远处（或在 L 的焦平面上）的等倾干涉圆环。当 M_1 向 M_2' 移动时（虚平板厚度减小），圆环条纹向中心收缩，并在中心一一消失。M_1 每移动一个 $\lambda/2$ 的距离，在中心就消失一个条纹。于是，可以根据条纹消失的数目，确定 M_1 移动的距离。

迈克尔逊干涉仪的主要优点是两束光完全分开，并可由一个镜子的平移来改变它们的光程差，因此可以很方便地在光路中安置测量样品。这些优点使迈克尔逊干涉仪有许多重要的应用，并且是许多干涉仪工作的基础。

2. 马赫 - 泽德干涉仪

马赫 - 泽德（Mach - Zehnder）干涉仪是一种大型光学仪器，它广泛应用于研究空气动力学中气体的折射率变化、可控热核反应中等离子体区的密度分布，并且在测量光学零件、制备光信息处理中的空间滤波器等许多方面，也有极其重要的应用。特别是，它已在光纤传感技术中得到广泛应用。

马赫－泽德干涉仪也是一种分振幅干涉仪，与迈克尔逊干涉仪相比，在光通量的利用率上，大约要高出一倍。这是因为在迈克尔逊干涉仪中，有一半光通量将返回到光源方向，而马赫－泽德干涉仪却没有这种返回光源的光。

马赫－泽德干涉仪的结构简图如图 1.13 所示。G_1、G_2是两块分别具有半反射面 A_1、A_2的平行平面玻璃板，M_1、M_2是两块平面反射镜，四个反射面近乎平行，其中心分别位于一个平行四边形的四个角上，平行四边形长边的典型尺寸是 1 ~2 m，光源 S 置于透镜 L_1的焦点上。S 发出的光束经 L_1准直后在 A_1上分成两束，它们分别由 M_1、A_2反射和由 M_2反射、A_2透射，进入透镜 L_2，出射的两光相遇，产生干涉。

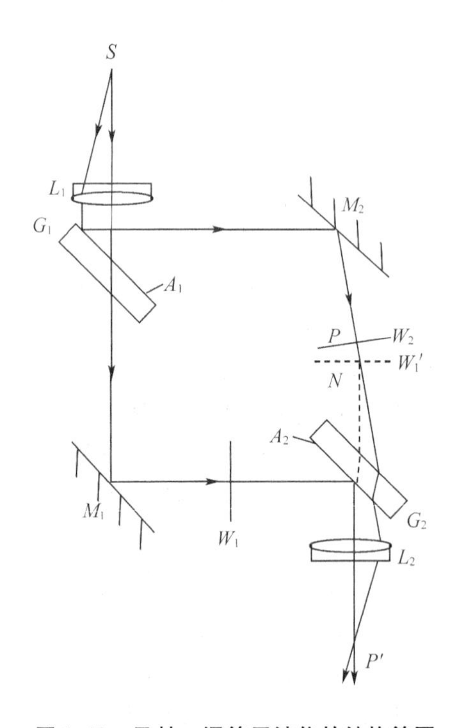

图 1.13　马赫－泽德干涉仪的结构简图

假设 S 是一个单色点光源，所发出的光波经 L_1准直后入射到反射面 A_1上，经 A_1透射和反射、并由 M_1和 M_2反射的平面光波的波面分别为 W_1和 W_2，则在一般情况下，W_1相对 A_2的虚像 W_1'与 W_2互相倾斜，形成一个空气隙，在 W_2上将形成平行等距的直线干涉条纹（图1.13 中画出了两支出射光线在 W_2的 P 点虚相交），条纹的走向与 W_2和 W_1'所形成空气楔的楔棱平行。当有某种物理原因（例如，使 W_2通过被研究的气流）使 W_2发生变形，则干涉图形不再是平行等距的直线，从而可以从干涉图样的变化测出相应物理量（例如，所研究区域的折射率或密度）的变化。

在实际应用中，为了提高干涉条纹的亮度，通常都利用扩展光源，此时干涉条纹是定域的，定域面可根据 $\beta=0$ 作图法求出。当四个反射面严格平行时，条纹定域在无穷远处，或定域在 L_2的焦平面上；当 M_2和 G_2同时绕自身垂直轴转动时，条纹虚定域于 M_2和 G_2之间（图 1.14）。于是，通过调节 M_2和 G_2，可使条纹定域在 M_2和 G_2之间的任意位置上，从而可以研究任意点处的状态。例如，为了研究尺寸较大的风洞中任一平面附近的空气涡流，将风洞置于

M_2和 G_2之间,并在 M_1和 G_1之间的另一支光路上放置补偿,调节 M_2和 G_2,使定域面在风洞中选定的平面上,由透镜 L_2和照相机拍摄下这个平面上的干涉图样。只要比较有气流和无气流时的条纹图样,就可以确定气流所引起的空气密度的变化情况。

在光纤传感器中,大量利用光纤马赫－泽德干涉仪进行工作。图 1.15 是一种用于温度传感器的马赫－泽德干涉仪结构示意图。由激光器发出的相干光,经分束器分别送入两束长度相同的单模光纤,其中参考臂光纤不受外场作用,而信号臂放在需要探测的温度场中,由两束光纤出射的两个激光束产生干涉。由于温度的变化引起信号臂光纤的长度、折射率变化,从而使信号臂传输光的相位发生变化,导致了由两束光纤输出光的干涉效应变化,通过测量此干涉效应的变化,即可确定外界温度的变化。

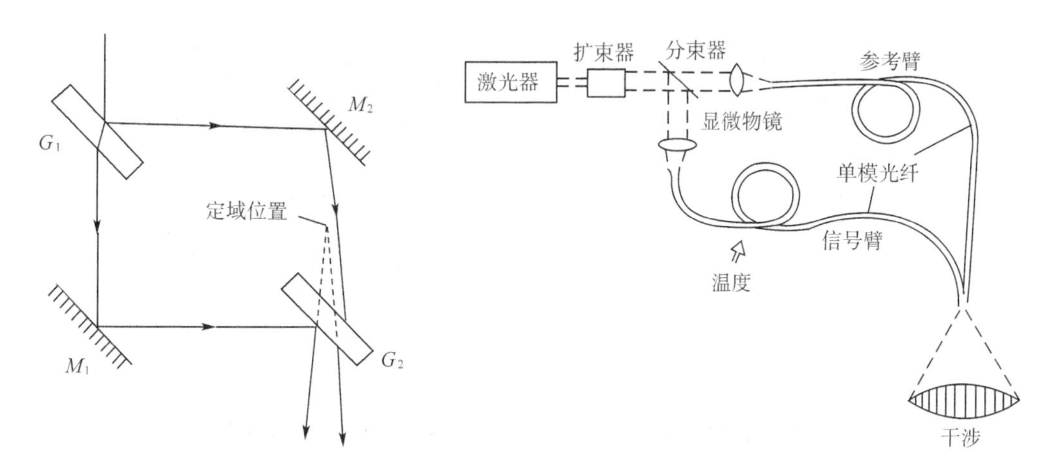

图 1.14　马赫－泽德干涉仪中条纹的定域　　**图 1.15　用于温度传感器的马赫－泽德干涉仪结构**

3. 法布里－珀罗干涉仪

法布里－珀罗(Fabry－Perot)干涉仪是一种应用非常广泛的干涉仪,其特殊价值在于,它除了是一种分辨本领极高的光谱仪器外,还可构成激光器的谐振腔。

法布里－珀罗干涉仪主要由两块平行放置的平面玻璃板或石英板 G_1、G_2组成,如图 1.16 所示。两板的内表面镀银、铝膜或多层介质膜以提高表面反射率。为了得到尖锐的条纹,两镀膜面应精确地保持平行,其平行度一般要求达到$(1/20 \sim 1/100)\lambda$。干涉仪的两块玻璃板(或石英板)通常制成有一个小楔角$(1' \sim 10')$,以避免没有镀膜表面产生的反射光的干扰。如果两板之间的光程可以调节,这种干涉装置称为法布里－珀罗干涉仪;如果两板间放一间隔圈——一种殷钢制成的空心圆柱形间隔器,使两板间的距离固定不变,则称为法布里－珀罗标准具。

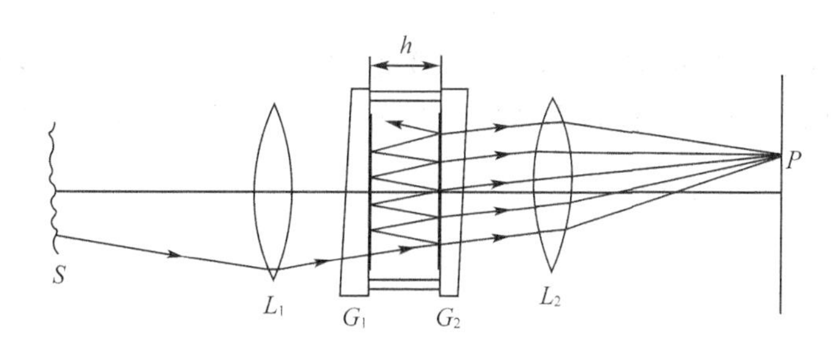

图 1.16　法布里－珀罗干涉仪简图

法布里－珀罗干涉仪采用扩展光源照明，其中一束光的光路如图 1.16 所示，在透镜 L_2 的焦平面上形成图 1.17(b)所示的等倾同心圆条纹。将该条纹与迈克尔逊干涉仪产生的等倾干涉条纹(图 1.17(a))比较可见，法布里－珀罗干涉仪产生的条纹要精细得多，但是两种条纹的角半径和角间距计算公式相同。条纹干涉级决定于空气平板的厚度 h，通常法布里－珀罗干涉仪的使用范围是 1～200 mm，在一些特殊装置中，h 可大到 1 m。以 $h=5$ mm 计算，中央条纹的干涉级约为 20 000，可见其条纹干涉级很高，因而这种仪器只适用于单色性很好的光源。

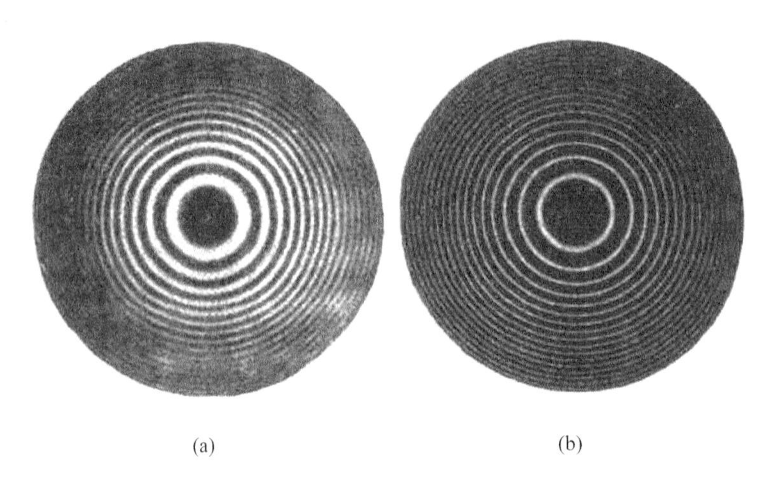

图 1.17　迈克尔逊干涉仪与法布里－珀罗干涉仪中的干涉条纹的比较

应当指出，当干涉仪两板内表面镀金属膜时，金属膜对光产生强烈吸收，使得整个干涉图样的强度降低。假设金属膜的吸收率为 A，则根据能量守恒关系有

$$R + T + A = 1 \tag{1.57}$$

当干涉仪两板的膜层相同时，由 $I_t = \dfrac{1}{1 + F\sin^2\dfrac{\varphi}{2}} I_i$ 和式(1.57)可以得到考虑膜层吸收时的透射光干涉图样强度公式，即

$$\frac{I_t}{I_i} = \left(1 - \frac{A}{1 - R}\right)^2 \frac{1}{1 + F\sin^2\dfrac{\varphi}{2}} \tag{1.58}$$

式中

$$\varphi = \frac{4\pi}{\lambda} nh\cos\theta + 2\varphi' \tag{1.59}$$

这里，φ'是光在金属内表面反射时的相位变化，R 应理解为金属膜内表面的反射率。可见，由于金属膜的吸收，干涉图样强度降低到原来的$1/[1 - A/(1 - R)]^2$，严重时，峰值强度只有入射光强的几十分之一。

1.4　光的偏振与晶体光学基础

1.4.1　偏振光和自然光

1. 偏振光和自然光的特点

麦克斯韦的电磁理论，阐明了光波是一种横波，即它的光矢量始终是与传播方向垂直的。如果在光波中，光矢量的振动方向在传播过程中（指在自由空间中传播）保持不变，只是它的大小随位相改变，这种光称为线偏振光。线偏振光的光矢量与传播方向组成的面就是线偏振光的振动面。

线偏振光是偏振光的一种，此外还有圆偏振光和椭圆偏振光。圆偏振光的特点是，在传播过程中，它的光矢量的大小不变，而方向绕传播轴均匀地转动，端点的轨迹是一个圆。椭圆偏振光的光矢量的大小和方向在传播过程中都有规律地变化，光矢量端点沿着一个椭圆轨迹转动。

我们已经知道，从普通光源发出的光不是偏振光，而是自然光。自然光可以看作是具有一切可能的振动方向的许多光波的总和，各个方向的振动同时存在或迅速且无规则地互相替代。因此，自然光的特点是振动方向的无规则性，但总的来说，光的传播方向是对称的，在与传播方向垂直的平面上，无论哪一个方向的振动都不比其他方向更占优势（图 1.18(a)）。

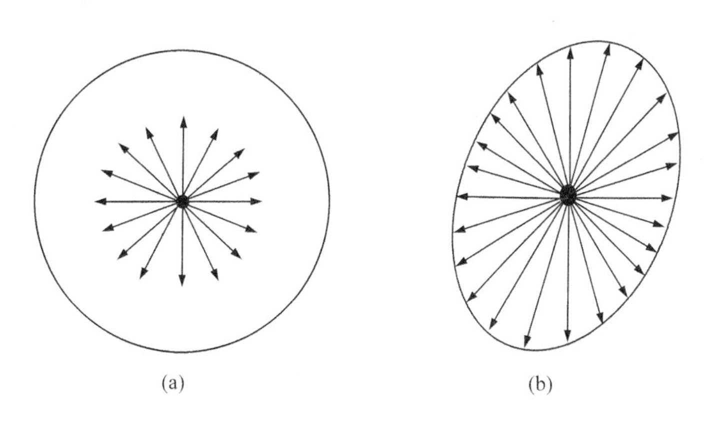

图 1.18　自然光和部分偏振光

在任何试验中，如果用两个光矢量互相垂直、位相没有关联的线偏振光来代替自然光，并且让这两个线偏振光的强度都等于自然光总光强的一半，可以得到完全相同的结果。因此，自然光可以用互相垂直的两个光矢量表示。这两个光矢量的振幅相间，但位相关系并不是确定的，而是瞬息万变的。我们不可能用这两个光矢量来表示一个稳定的线偏振光或圆偏振光。

自然光在传播过程中，如果受到外界的作用，造成各个振动方向上的强度不等，就会使某一方向的振动比其他方向占优势，所造成的这种光叫部分偏振光。图 1.18(b)示意性地画出了部分偏振光的强度随光矢量方向的变化。图中光矢量沿垂直方向的振动比其他方向占优势，其强度用 I_{max} 表示，光矢量沿水平方向的振动较之其他方向处于劣势，其强度用 I_{min} 表示。部分偏振光可以看作是由一个线偏振光和一个自然光混合组成的，其中线偏振光的强度为 $I_p = I_{max} - I_{min}$，它在部分偏振光的总强度 $I_t(I_{max} + I_{min})$ 中所占的比率 P 叫作偏振度，即

$$P = \frac{I_p}{I_t} = \frac{I_{max} - I_{min}}{I_{max} + I_{min}} \tag{1.60}$$

对于自然光，各方向的强度相等 $I_{max} = I_{min}$，故 $P = 0$；对于线偏振光 $I_p = I_t$，$P = 1$；部分偏振光的 P 值介于 0 与 1 之间。偏振度的数值越接近 1，光束的偏振化程度越高。

2. 从自然光获得线偏振光的方法

既然线偏振光不能从光源直接获得，就只好通过某些途径从光源发出的自然光中来获得。从自然光获得线偏振光的方法，归纳起来有四种：①利用反射和折射；②利用二向色性；③利用晶体的双折射；④利用散射。本节只讨论前两种方法。

(1)利用反射和折射产生线偏振光

考虑自然光在介质分界面上的反射和折射时，可以把它分解为两部分，一部分是光矢量平行于入射面的 p 波，另一部分是光矢量垂直于入射面的 s 波。由于这两个波的反射系数不同，因此反射光和折射光一般地就成为部分偏振光。当入射光的入射角等于布儒斯特角时，反射光成为线偏振光。

根据这一原理，可以利用玻璃片来获得线偏振光。例如，在外腔式气体激光器中(图 1.19)，激光管两端的透明窗(通称布儒斯特窗) B_1、B_2 就是安置成使入射光的入射角等于布儒斯特角。在这种情况下，光矢量垂直于入射面的光(s 波)，在一个窗上的一次反射损失约占 s 波的 15%，虽然 s 波在激光管内会得到能量补充，但由于损失大于增益，所以激光器谐振腔(反射镜 M_1 和 M_2 之间的腔体)不能对 s 波起振。而对于光矢量平行于入射面的 p 波，它在布儒斯特窗上没有反射损失，因而衰减很小，可以在腔内形成稳定的振荡，并从反射镜射出。这样，外腔式气体激光器输出的激光是线偏振光。

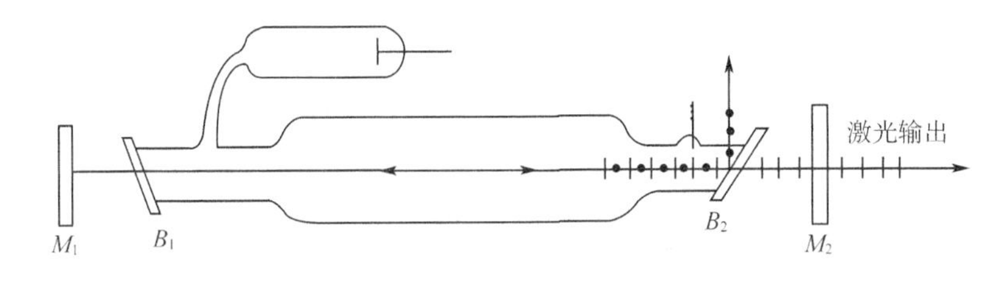

图 1.19 激光器布儒斯特窗的作用

一般情况下，只用一片玻璃的反射和折射来获得线偏振光，缺点是很明显的：在以布儒斯特角入射时，反射光虽是线值偏振光，但强度太小；透射光的强度虽大，但偏振度太小。为了解决这个矛盾，可以让光通过一个由多片玻璃叠合而成的片堆(图 1.20)，并使入射角等于布儒斯特角。这样，经过多次的反射和折射，可以使折射光有很高的偏振度，并且反射偏振光的强度也比较大。

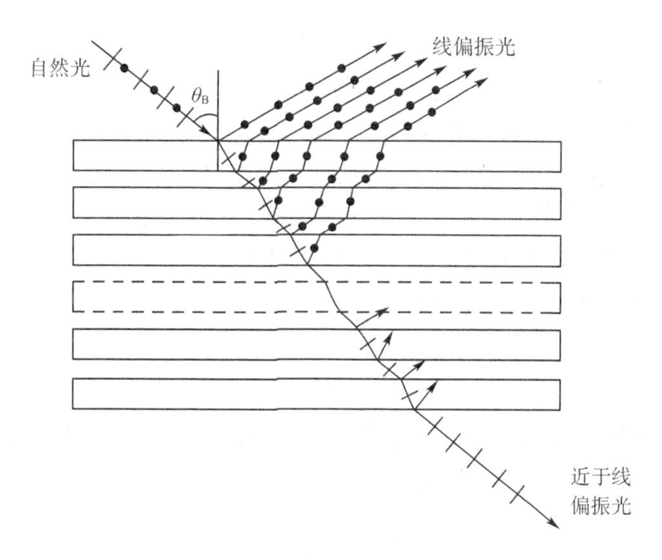

图 1.20　用玻璃片获得偏振光

按照玻璃片堆的原理,可以制成一种叫作偏振分光镜的器件。如图 1.21(a)所示,偏振分光镜是把一块立方棱镜沿着对角面切开,并在两个切面上交替地镀上高折射率的膜层(如硫化锌 ZnS)和低折射率的膜层(如冰晶石),再胶合成立方棱镜。在偏振分光镜中,高折射率膜层就相当于图 1.20 中的玻璃片,低折射率膜层则相当于玻璃片之间的空气层(胶层放大图如图 1.21(b)所示)。为了使透射光获得最大的偏振度,应适当选择膜层的折射率,使光线在相邻膜层界面上的入射角等于布儒斯特角。

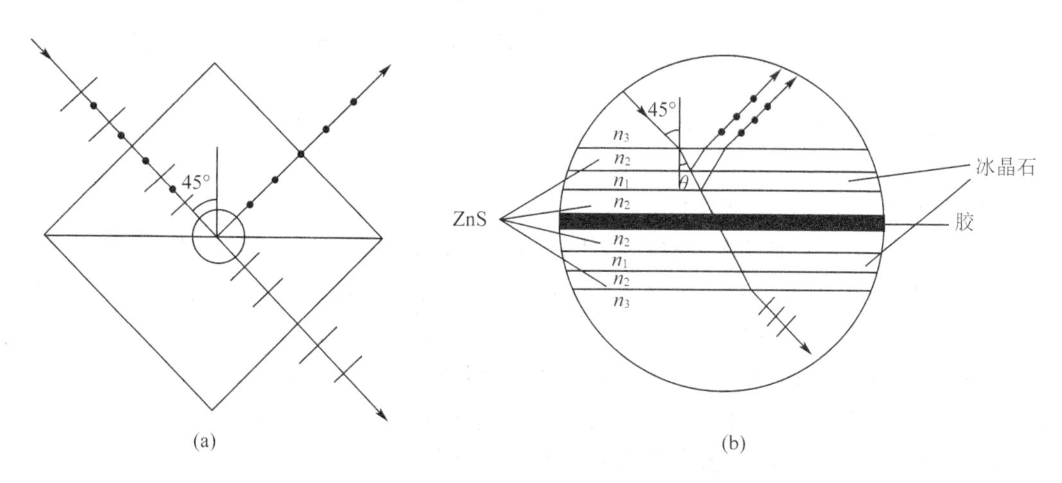

图 1.21　偏振分光镜

从图 1.21(b)(a)容易看出

$$n_3 \sin 45° = n_2 \sin \theta,\ \tan \theta = n_1/n_2$$

式中,n_3 是玻璃的折射率,n_1 和 n_2 分别是冰晶石和硫化锌的折射率,θ 是光线在硫化锌膜层中的折射角,亦即在硫化锌和冰晶石界面上的入射角。

从以上两式得

$$n_3^2 = \frac{2n_1^2 n_2^2}{n_1^2 + n_2^2} \tag{1.61}$$

这是玻璃的折射率 n_3 和两种介质膜的折射率 n_1、n_2 之间应当满足的关系式。我们知道,玻璃和介质膜的折射率是随光的波长改变的。在用白光时,为了使各种波长的光都获得最大的偏振度,就应当让各种波长的折射率都满足式(1.61),这就要求玻璃的色散必须与介质膜的色散适当地配合。在可见光范围内,冰晶石的色散极小,可以把 n_1 看作不随波长变化的常数。对式(1.61)两边求微分得到

$$dn_3 = \frac{\sqrt{2}n_1^3}{\sqrt{(n_1^2 + n_2^2)^3}} dn_2 \tag{1.62}$$

式(1.62)是玻璃的色散和硫化锌的色散之间应满足的关系式。玻璃和介质膜的色散常常用色系数(阿贝常数)ν 来描述,ν 定义为

$$\nu = \frac{n_D - 1}{n_F - n_C}$$

式中,n_D 是该物质对钠 D 线(593.3 nm)的折射率,n_F、n_C 是对氢的 F 线(486.1 nm)和 C 线(656.3 nm)的折射率。由于 $n_F - n_C$ 很小,可以用微分来代替,这样玻璃的色散系数 ν_3 和硫化锌的色散系数 ν_2 分别为

$$\nu_3 = \frac{n_3 - 1}{dn_3}, \nu_2 = \frac{n_2 - 1}{dn_2}$$

代入式(1.62)并整理后得到

$$\nu_3 = \frac{n_2(n_1^2 + n_2^2)(n_3 - 1)}{n_1^2 n_3(n_2 - 1)} \nu_2$$

将 $n_1 = 1.25$,$n_2 = 2.3$,$\nu_2 = 17$ 代入式(1.61)和上式,得到选用玻璃材料的基本参数 $n_3 = 1.55$,$\nu_3 = 46.8$。

在偏振分光镜中,如果镀膜的层数很多,分光镜产生的反射光和透射光的偏振度是很高的。

(2)利用二向色性产生线偏振光

二向色性本来是指某些各向异性晶体对不同振动方向的偏振光有不同的吸收系数的性质。在天然晶体中,电气石具有最强烈的二向色性。1 mm 厚的电气石可以把一个方向振动的光全部吸收掉,使透射光成为振动方向与该方向垂直的线偏振光。

一般地,晶体的二向色性还与光波波长有关,因此当振动方向互相垂直的两束线偏振白光通过晶体后会呈现出不同的颜色。这就是二向色性这个名称的由来。

现在我们知道,有些本来各向同性的介质,在受到外界作用时会产生各向异性。它们对光的吸收本领也随着光矢量的方向而变。我们把介质的这种性质也叫作二向色性。

目前广泛使用的获得偏振光的器件,是一种人造的偏振片,叫作 H 偏振片,它就是利用二向色性来获得偏振光的。其制作方法是,把聚乙烯醇薄膜在碘溶液中浸泡后,在较高的温度下拉伸 3 ~4 倍,再烘干制成。浸泡过的聚乙烯醇薄膜经过拉伸后,碘 - 聚乙烯醇分子沿着拉伸方向规则地排列起来,形成一条条导电的长链。碘中具有导电能力的电子能够沿着长链方向运动。入射光波电场沿着长链方向的分量推动电子,对电子做功,因而被强烈吸收;而垂直于长链方向的分量不对电子做功,能够透过。这样,透射的光就成为线偏振光。

偏振片(或其他偏振器件)允许透过的电矢量的方向称为透光轴;显然,偏振片的透光轴垂直于拉伸方向。

除了 H 偏振片外,还有一种 K 偏振片也应用得很广。它是把聚乙烯醇薄膜放在高温炉中,通以氧化氢作为催化剂,除掉聚乙烯醇分子中的若干个水分子,形成聚合乙烯的细长分子,再经单方向拉伸而制成。这种偏振片的最大特点是性能稳定,能耐高温。

人造偏振片的面积可以做得很大,厚度很薄,通光孔径几乎是180°,而且造价低廉,因此,尽管透射率较低且随波长改变,它还是获得了广泛的应用。

3. 马吕斯定律和消光比

上面介绍了几种产生偏振光的器件,如何来检验这些器件的质量?或者说,当自然光通过这些器件后是否产生完全的线偏振光?我们可以再取一个同样的器件,让光相继通过两个器件。例如,在图 1.22 所示的试验装置中 P_1 和 P_2 就是两片相同的偏振片,前者用来产生偏振光,后者用来检验偏振光。当它们相对转动时,透过两片偏振片的光强就随着两偏振片的透光轴的夹角 θ 而变化。如果偏振片是理想的(即自然光超过偏振片后成为完全的线偏振光),当他们的透光轴互相垂直时,透射光强应该为零。当夹角 θ 为其他值时,透射光强由下式决定:

$$I = I_0 \cos^2\theta \tag{1.63}$$

式中,I_0 是两偏振片透光轴平行($\theta=0$)时的透射光强。式(1.63)所表示的关系称为马吕斯定律。

实际的偏振片往往不是理想的,自然光透过后得到的不是完全的线偏振光,而是部分偏振光,因此,即使两个偏振片的透光轴相互垂直,透射光强也不为零。我们把这时的最小透射光强与两偏振片透光轴互相平行时的最大透射光强之比称为消光比,它是衡量偏振器件质量的重要参数,消光比越小,偏振片产生的偏振光的振度越高。人造偏振片的消光比约为 10^{-3}。

从上述试验可以看到,用来产生偏振光的器件都可以用来检验偏振光。通常把产生偏振光这一步叫作起偏,把产生偏振光的器件(如图 1.22 中的偏振片 P_1)叫作起偏器;而把检验偏振光叫作检偏,检验偏振光的器件(如图 1.22 中的偏振片 P_2)叫作检偏器。

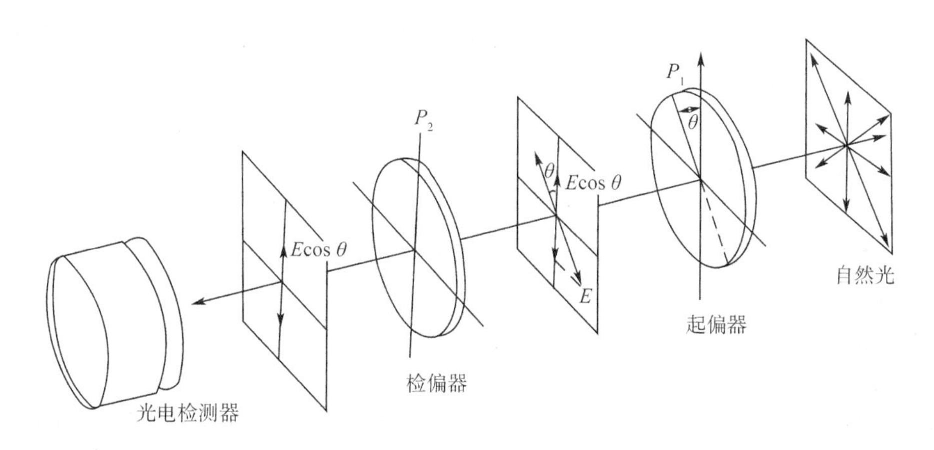

图 1.22　验证马吕斯定律和测定消光比的试验装置

1.4.2 晶体的双折射

当一束单色光在各向同性介质(例如玻璃和空气)的界面折射时,折射光只有一束,而且遵守折射定律,这是我们所熟知的。但是,当一束单色光在各向异性晶体的界面折射时,一般可以产生两束折射光,这种现象叫双折射。下面以双折射现象比较显著的方解石为例,讨论晶体的双折射现象。

方解石也叫冰洲石,化学成分是碳酸钙($CaCO_3$)。天然方解石晶体的外形为平行六面体(图1.23),每个表面都是锐角为78°8′、钝角为101°52′的平行四边形。六面体共有八个顶角,其中两个顶角由三面钝角组成,称为钝隅;其余六个顶角都由一个钝角和两个锐角组成。方解石很容易解裂成小块,开料时必须留意,防止炸裂。因为方解石能产生双折射,所以如果透过它去看纸上的一行字,每个字都变成了相互错开的两个字。

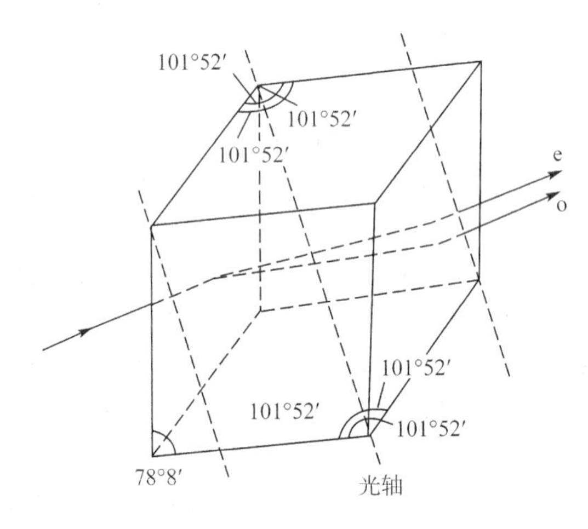

图1.23 方解石晶体

1.寻常光和非常光

对方解石的双折射现象的进一步研究表明,两束折射光中,有一束总是遵守折射定律,即不论入射光束的方位如何,这束折射光总是在入射面内,并且折射角的正弦与入射角的正弦之比等于常数,这束折射光称为寻常光(或o光)。另一束折射光一般情况下不遵守折射定律,一般不在入射面内,折射角的正弦与入射角的正弦之比不为常数,这束折射光称为非常光(或e光)。在图1.24所示的试验中,光束垂直于方解石表面入射,不偏折地穿过方解石的一束光即为o光,在晶体内偏离入射方向(违背折射定律)的一束光就是e光。

2.晶体光轴

方解石晶体有一个重要特性,就是存在一个(而且只有一个)特殊方向,当光在晶体中沿着这个方向传播时不发生双折射。晶体内这个特殊的方向称为晶体光轴。

试验证明,方解石晶体的光轴方向就是从它的一个钝隅所做的等分角线方向,即与钝隅的三条棱呈相等角度的那个方向。当方解石晶体的各棱都等长时,钝隅的等分角线刚好就是相对的那两个钝隅的连线(图1.23)。因此如果把方解石的这两个钝隅磨平,并使平表面与两个钝隅的连线(光轴方向)垂直,那么当平行光垂直于平表面入射时,光在晶体中将沿光轴方向传播，不发生双折射(图 1.25)。必须着重指出，光轴并不是经过晶体的某一条特定的直线，而是一个方向。在晶体内的每一点，都可以作出一条光轴来。

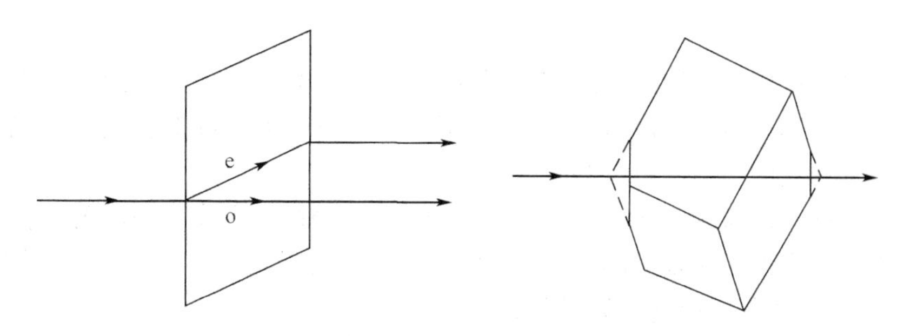

图 1.24　方解石晶体双折射图　　　**1.25　晶体光轴演示**

方解石、石英、磷酸二氢钾(KDP)一类晶体只有一个光轴方向，称为单轴晶体。自然界的大多数晶体有两个光轴方向(如云母、石膏、蓝宝石等)，称为双轴晶体。另外，像岩盐(NaCl)、萤石(CaF_2)这类属于立方晶系的晶体，是各向同性的，不产生双折射，这类晶体不予讨论。

3. 主平面和主截面

在单轴晶体内，由 o 光线和光轴组成的面称为 o 主平面；由 e 光线和光轴组成的面称为 e 主平面。一般情况下，o 主平面和 e 主平面是不重合的。但是，试验和理论都指出，若光线在由光轴和晶体表面法线组成的平面内入射，则 o 光和 e 光都在这个平面内，这个平面就是 o 光和 e 光共同的主平面。由光轴和晶体表面法线组成的面称为晶体的主截面。在实用上，都有意选择入射面与主截面重合，以使所研究的双折射现象大为简化。对于天然方解石晶体来说，如果它的各棱都等长，通过组成钝隅的每一条棱(如图 1.26 中的 *AD*、*AC* 或 *AB*)的对角面就是它的主截面。自然，与这些面平行的截面也是方解石的主截面。方解石天然晶体的主截面总是与晶面交成一个角度为 70°53′和 109°7′的平行四边形。

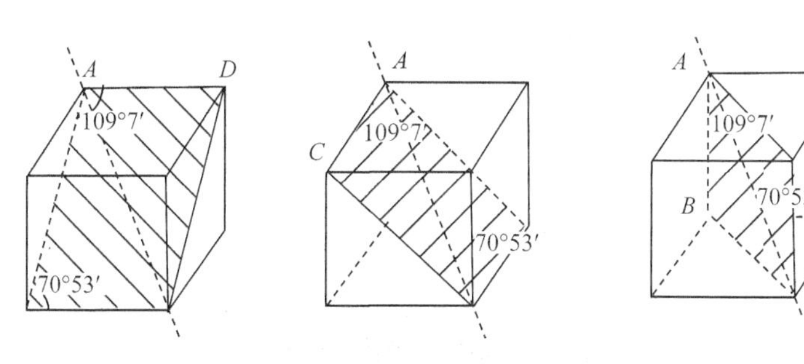

图 1.26　方解石晶体的主截面

如果用检偏器来检验晶体双折射产生的 o 光和 e 光的偏振状态，就会发现 o 光和 e 光都是线偏振光。并且，o 光的电矢量和 o 主平面垂直，因而总是与光轴垂直；e 光的电矢量在 e 平面内，因而它与光轴的夹角就随着传播方向的不同而改变。由于 o 主平面和 e 主平面在一般情况下并不重合，所以 o 光和 e 光的电矢量方向一般也不互相垂直；只有当主截面是 o 光和 e 光的共同主平面时，o 光和 e 光的电矢量才相互垂直。

1.4.3 晶体光学元件

1.偏振器

在光电子技术应用中,经常需要偏振度很高的线偏振光。除了某些激光器本身即可产生线偏振光外,大部分都是通过某种器件对入射光进行分解和选择获得线偏振光的。通常将能够产生线偏振光的元器件叫作偏振器。

根据偏振器的工作原理不同,可以分为双折射型、反射型、吸收型和散射型偏振器。后三种偏振器因其存在消光比差、抗损伤能力低、有选择性的吸收等缺点,应用受到限制,在光电子技术中,广泛地采用双折射型偏振器。

实际上,由晶体双折射特性的讨论可知,一块晶体本身就是一个偏振器,从晶体中射出的两束光都是线偏振光。但是,由于晶体射出的两束光通常靠得很近,不便于分离应用,所以实际的双折射偏振器,或者是利用两束偏振光折射的差别,使其中一束在偏振器内发生全反射(或散射),而使另一束光顺利通过;或者是利用某些各向异性介质的二向色性,吸收掉一束线偏振光,而使另一束线偏振光顺利通过。

下面,重点讨论双折射型偏振器的工作原理,并介绍一种反射型偏光分光镜。

(1)偏振棱镜

偏振棱镜是利用晶体的双折射特性制成的偏振器,它通常是由两块晶体按一定的取向组合而成的。下面介绍几种常用的偏振棱镜。

①格兰-汤普森(Glan-Thompson)棱镜。

格兰-汤普森棱镜是由著名的尼科尔(Nical)棱镜改进而成的。如图1.27所示,它由两块方解石直角棱镜沿斜面相对胶合制成,两块晶体的光轴与通光的直角面平行,并且或者与AB棱平行,或者与AB棱垂直。

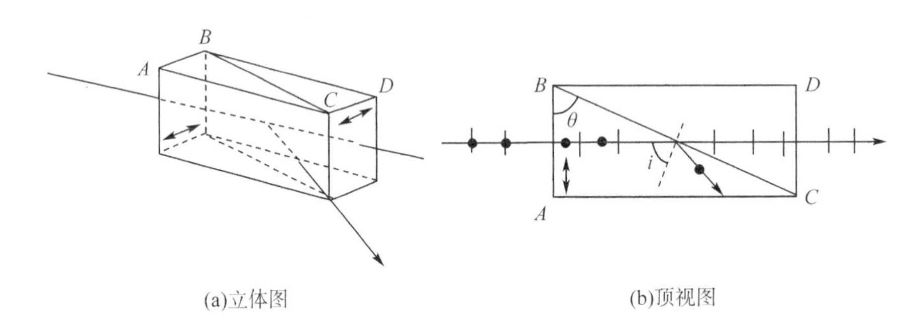

图1.27 格兰-汤普森棱镜

格兰-汤普森棱镜输出偏振光的原理如下:当一束自然光垂直射入棱镜时,o光和e光均无偏折地射向胶合面,在BC面上,入射角i等于棱镜底角θ。制作棱镜时,选择胶合剂(例如加拿大树胶)的折射率n介于n_o和n_e之间,并且尽量和n_o接近。因为方解石是负单轴晶体,$n_e < n_o$,所以o光在胶合面上相当于从光密介质射向光疏介质,当$i > \arcsin(n/n_o)$时,o光产生全反射,而e光照常通过,因此输出光中只有一种偏振分量。通常将这种偏振分光棱镜叫作单像偏光棱镜。

在上述结构中，o 光在 BC 面上全反射至 AC 面时，如果 AC 面吸收不好，必然有一部分 o 光经 AC 面反射回 BC 面，并因入射角小于临界角而混到出射光中，从而降低了出射光的偏振度。所以在要求偏振度很高的场合，都是把格兰 - 汤普森棱镜制成如图 1.28 所示的改进型。

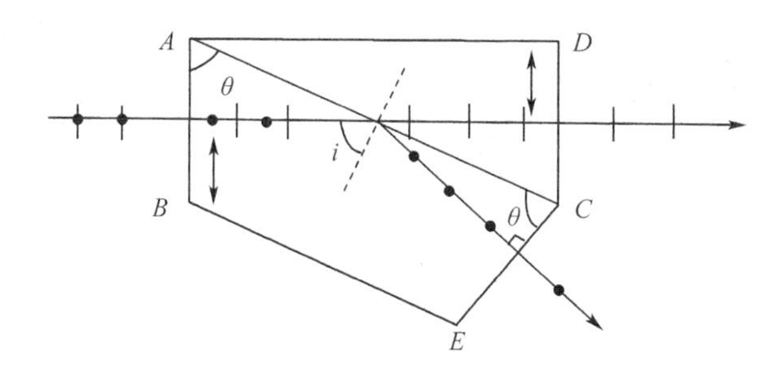

图 1.28　改进型的格兰 - 汤普森棱镜

②沃拉斯顿（Wollaston）棱镜。

沃拉斯顿棱镜是加大了两种线偏振光的离散角，且同时出射两束线偏振光的双像棱镜。它的结构如图 1.29 所示，是由光轴互相垂直的两块直角棱镜沿斜面用胶合剂胶合而成的，一般都由方解石或石英等透明单轴晶体制作。

正入射的平行光束在第一块棱镜内垂直光轴传播，o 光和 e 光以不同的相速度同向传播。它们进入第二块棱镜时，因光轴方向旋转 90°，使得第一块棱镜中的 o 光变为 e 光，且由于方解石为负单轴晶体（$n_e < n_o$），将远离界面法线偏折；第一块晶体中的 e 光，现在变为 o 光，靠近法线偏折。这两束光在射出棱镜时，将再偏折一次。

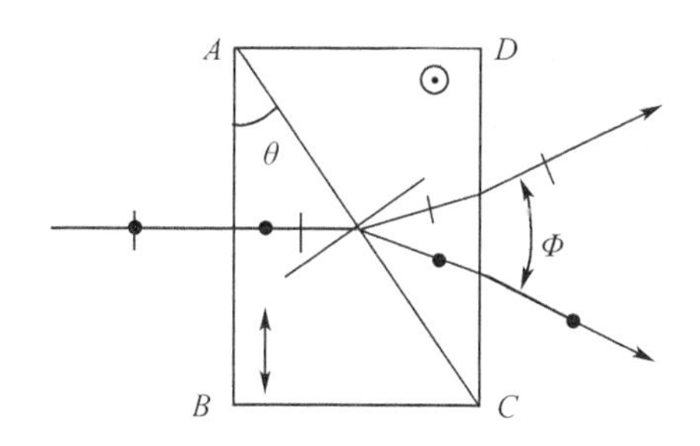

图 1.29　沃拉斯顿棱镜的结构

当棱镜顶角 θ 不很大时，它们近似对称地分开一个角度 Φ，此角度的大小与棱镜的材料及底角 θ 有关。对于负单轴晶体近似为

$$\Phi \approx 2\arcsin[(n_o - n_e)\tan\theta] \tag{1.64}$$

对于方解石棱镜，Φ 一般为 10° ~ 40°。例如，在 $\lambda = 0.5\ \mu m$ 时，方解石晶体的主折射率 $n_o = 1.6664$，$n_e = 1.4900$，若 $\theta = 30°$时，$\Phi \approx 11°42'$。

偏振棱镜的主要特性参量是通光面积、孔径角、消光比、抗损伤能力。

a. 通光面积。

偏振棱镜所用的材料通常都是稀缺贵重晶体，其通光面积都不大，直径为 5 ~ 20 mm。

b. 孔径角。

对于利用全反射原理制成的偏振棱镜，存在着入射光束锥角限制。

上面讨论格兰－汤普森棱镜的工作原理时，假设了入射光是垂直入射。当光斜入射（图1.30）时，若入射角过大，则对于光束1中的o光，在BC面上的入射角可能小于临界角，致使不能发生全反射，而部分透过棱镜，对于光束2中的e光，在BC面上的入射角可能大于临界角，使得e光在胶合面上发生全反射，这将降低出射光的偏振度。因此，这种棱镜不适合发散角（或会聚角）过大的光路。或者说，这种棱镜对入射光锥角有一定的限制，称入射光束锥角的限制范围$2\delta_m$（δ_m是δ和δ'中较小的一个）为偏振棱镜的有效孔径角。有效孔径角的大小与棱镜材料、结构、使用波段和胶合剂的折射率诸因素有关。

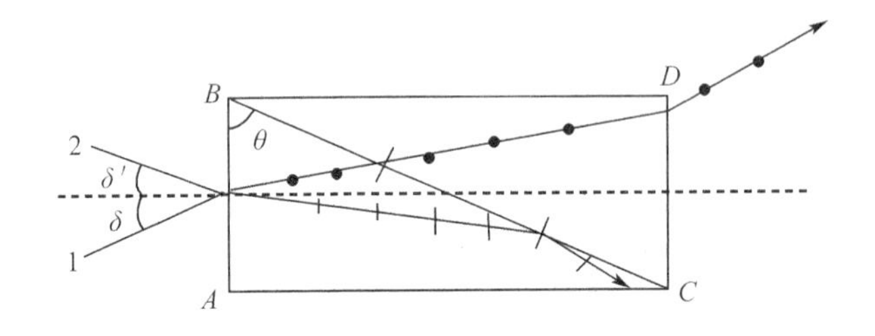

图1.30　孔径角的限制

c. 消光比。

消光比是指偏振器输出光中两正交偏振分量的强度比，一般偏振棱镜的消光比为$10^{-5}\sim10^{-4}$。

d. 抗损伤能力。

在激光技术中使用有胶合剂的偏振棱镜时，由于激光束功率密度极高，会损坏胶合层，因此偏振棱镜对入射光能密度有限制。一般来说，抗损伤能力对于连续激光约为10 W/cm^2，对于脉冲激光约为10^4 W/cm^2。为了提高偏振棱镜的抗损伤能力，可以把格兰－汤普森棱镜的胶合层改为空气层，制成如图1.31所示的格兰－傅科（Foucault）棱镜。这种棱镜的底角θ应满足

$$\arcsin\frac{1}{n_e} > \theta > \arcsin\frac{1}{n_o} \tag{1.65}$$

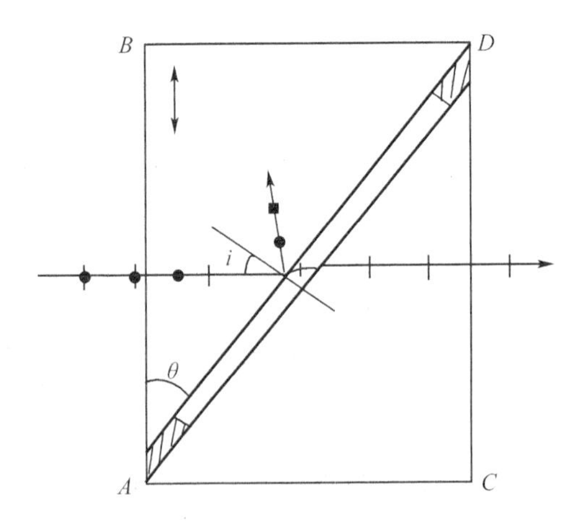

图1.31　格兰－傅科棱镜

(2)偏振片

由于偏振棱镜的通光面积不大,存在孔径角限制,造价昂贵,因而在许多要求不高的场合,都采用偏振片产生线偏振光。

①散射型偏振片。

这种偏振片是利用双折射晶体的散射起偏的,其结构如图 1.32 所示,两片具有特定折射率的光学玻璃(ZK_2)夹着一层双折射性很强的硝酸钠($NaNO_3$)晶体。制作过程:把两片光学玻璃的相对面打毛,竖立在云母片上,将硝酸钠溶液倒入两毛面形成的缝隙中,压紧两毛玻璃,挤出气泡,用硝酸钠填满缝隙,并使溶液从云母片一边缓慢冷却,形成单晶,其光轴恰好垂直云母片,进行退火处理后,即可截成所需要的尺寸。

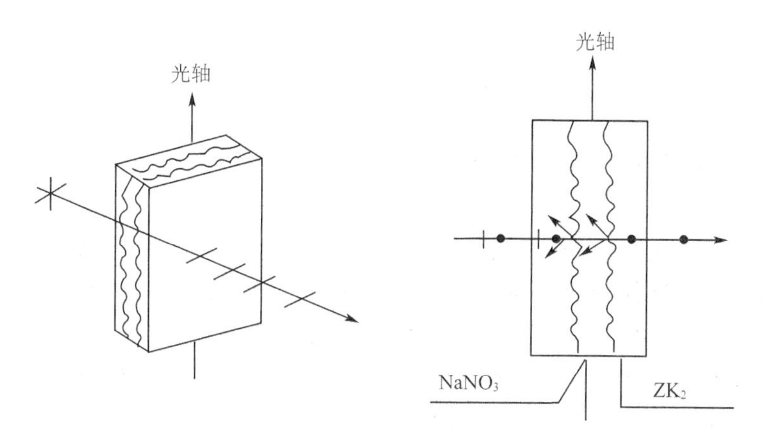

图 1.32　散射型偏振片结构

由于硝酸钠晶体对于垂直其光轴入射的黄绿光主折射率为 $n_o=1.5854$,$n_e=1.3369$,而光学玻璃对这一波段光的折射率为 $n=1.5831$,与 n_o 非常接近,而与 n_e 相差很大,因而,当光通过玻璃与晶体间的粗糙界面时,o 光将无阻地通过,而 e 光则因受到界面强烈散射以致无法通过。

散射型偏振片本身是无色的,而且它对可见光范围的各种色光的透过率几乎相同,又能做成较大的通光面积,因此特别适用于需要真实地反映自然光中各种色光成分的彩色电影、彩色电视中。

②二向色型偏振片。

二向色型偏振片是利用某些物质的二向色性制作成的偏振片。所谓二向色性,就是有些晶体(如电气石、硫酸碘奎宁等)对传输光中两个相互垂直的振动分量具有选择吸收的性能。例如电气石对传输光中垂直光轴的寻常光矢量分量吸收很强烈,吸收量与晶体厚度成正比,而对非常光矢量分量只吸收其某些波长成分。但是因它略带颜色,且大小有限,所以用得不多。

目前使用较多的二向色型偏振片是人造偏振片。例如,广泛应用的 H 偏振片就是一种带有墨绿色的塑料偏振片,它是把一片聚乙烯醇薄膜加热后,沿一个方向拉伸 3 ~4 倍,再放入碘溶液浸泡制成的。浸泡后的聚乙烯膜具有强烈的二向色性。碘附着在直线的长链聚合分子上,形成一条碘链,碘中所含的传导电子能沿着链运动。自然光射入后,光矢量平行于链的分量对电子做功,被强烈吸收,只有光矢量垂直于薄膜拉伸方向的分量可以透过(图

1.33）。这种偏振片的优点是很薄，面积可以做得很大，有效孔径角几乎是 180°，工艺简单，成本低；其缺点是有颜色，透过率低，对黄色自然光的透过率仅约 30%。

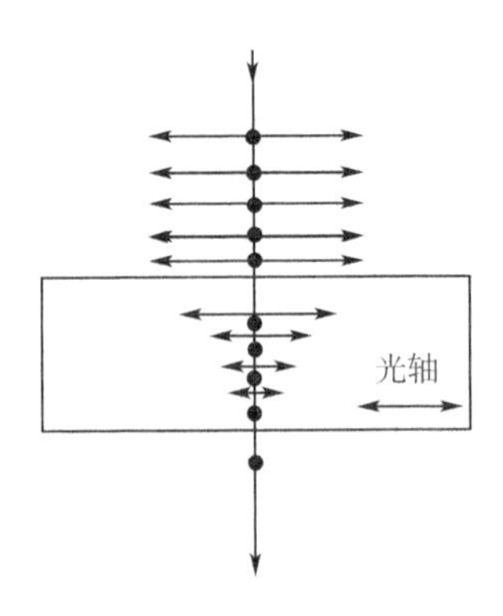

图 1.33　二向色型偏振片

③偏振分光镜（看前面 1.4.1 节中“从自然光获得线偏振光的方法”内容即可）。

2. 波片

波片是一种对两垂直振动分量提供固定相位差的元件。它通常是从单轴晶体上按一定方式切割的、有一定厚度的平行平面薄片，其光轴平行于晶片表面，设为 x_3 方向，如图 1.34 所示。一束正入射的光波进入波片后，将沿原方向传播两束偏振光——o 光和 e 光，它们的 $\boldsymbol{D}$ 矢量分别平行于 x_1 和 x_3 方向，其折射率分别为 n_o 和 n_e。由于两光的折射率不同，它们通过厚度为 d 的波片后，将产生一定的相位延迟差 φ，且

$$\varphi = \frac{2\pi}{\lambda}(n_o - n_e)d \tag{1.66}$$

式中，λ 是光在真空中的波长。于是，入射的偏振光通过波片后，由于其两垂直分量之间附加了一个相位差，将会改变偏振状态。

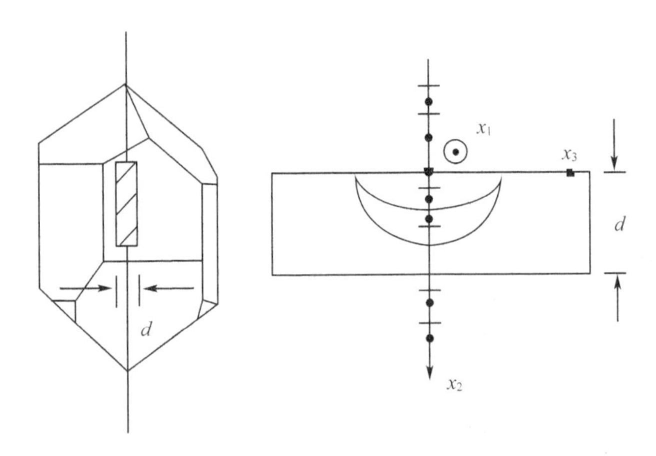

图 1.34　波片

现有一束线偏振光垂直射入波片，在入射表面上所产生的 o 光和 e 光分量同相位，振幅分别为 A_o 和 A_e。两光穿过波片射出时，附加了一个相位延迟差 φ，因而其合成光矢量端点的轨迹方程为

$$\left(\frac{E_1}{A_o}\right)^2+\left(\frac{E_3}{A_e}\right)^2-2\frac{E_1E_3}{A_oA_e}\cos\varphi=\sin^2\varphi \tag{1.67}$$

该式为一椭圆方程。它说明输出光的偏振态发生了变化，为椭圆偏振光。

在光电子技术中，经常应用的是全波片、半波片和1/4 波片。

(1)全波片

这种波片的附加相位延迟差为

$$\varphi=\frac{2\pi}{\lambda}(n_o-n_e)d=2m\pi, m=\pm1,\pm2,\pm3,\cdots \tag{1.68}$$

将其代入式(1.67)，得

$$\left(\frac{E_1}{A_o}-\frac{E_3}{A_e}\right)^2=0$$

即

$$E_1=\frac{A_o}{A_e}E_3=\tan\theta E_3 \tag{1.69}$$

显然，该式为一直线方程，即线偏振光通过全波片后，其偏振状态不变(图 1.35)。因此，将全波片放入光路中，不改变光路的偏振状态。

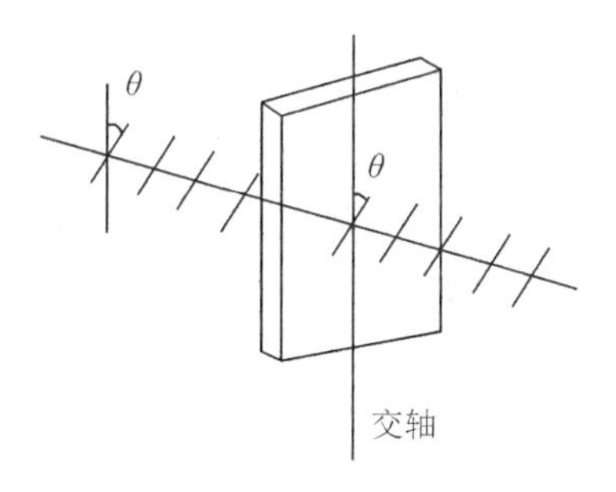

图 1.35　线偏振光通过全波片

全波片的厚度为

$$d=\left|\frac{m}{n_o-n_e}\right|\lambda \tag{1.70}$$

(2)半波片

半波片的附加相位延迟差为

$$\varphi=\frac{2\pi}{\lambda}(n_o-n_e)d=(2m+1)\pi, m=0,\pm1,\pm2,\pm3,\cdots \tag{1.71}$$

将其代入式(1.67)，得

$$\left(\frac{E_1}{A_o}+\frac{E_3}{A_e}\right)^2=0$$

即

$$E_1=-\frac{A_o}{A_e}E_3=\tan(-\theta)E_3 \tag{1.72}$$

该式也为一直线方程，即出射光仍为线偏振光，只是振动面的方位较入射光转过了 2θ 角(图 1.36)，当 $\theta=45°$时，振动面转过 90°。

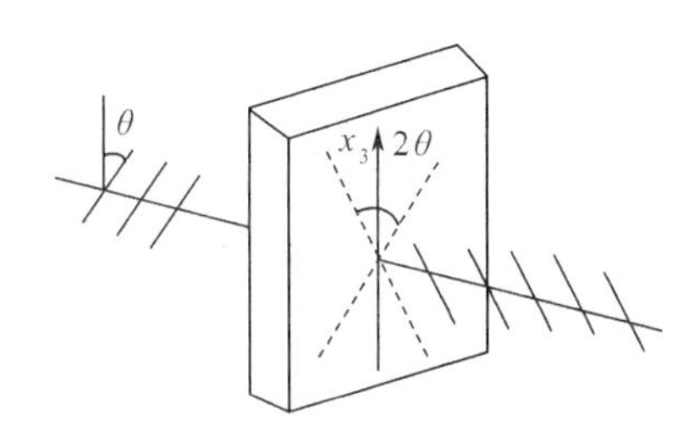

图 1.36　线偏振光通过半波片

半波片的厚度为

$$d = \left|\frac{2m+1}{n_o - n_e}\right|\frac{\lambda}{2} \tag{1.73}$$

(3)1/4 波片

1/4 波片的附加相位延迟差为

$$\varphi = \frac{2\pi}{\lambda}(n_o - n_e)d = (2m+1)\frac{\pi}{2}, m = 0, \pm 1, \pm 2, \pm 3, \cdots \tag{1.74}$$

将其代入式(1.67),得

$$\frac{E_1^2}{A_o^2} + \frac{E_3^2}{A_e^2} = 1 \tag{1.75}$$

该式是一个标准椭圆方程,其长、短半轴长分别为 A_e 和 A_o。这说明,线偏振光通过 1/4 波片后,出射光将变为长、短半轴等于 A_e、A_o 的椭圆偏振光(图 1.37(a));当 $\theta = 45°$时,$A_e = A_o = A/\sqrt{2}$,出射光为一圆偏振光(图 1.4.20(b)),其方程为

$$E_1^2 + E_3^2 = \frac{1}{2}A^2 \tag{1.76}$$

1/4 波片的厚度为

$$d = \left|\frac{2m+1}{n_o - n_e}\right|\frac{\lambda}{4} \tag{1.77}$$

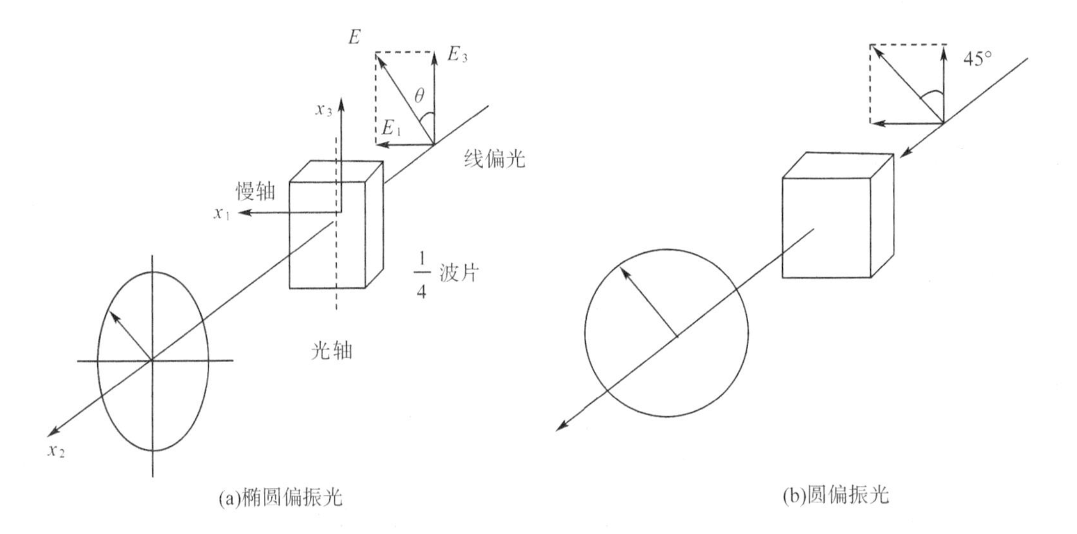

图 1.37　1/4 波片

应当说明的是，晶体的双折射率($n_o - n_e$)数值是很小的，所以，对应于 $m=1$ 的波片厚度非常小。例如，石英晶体的双折射率($n_o - n_e$)为 - 0.009，当波长为0.5 μm时，半波片厚度仅为28 μm，制作和使用都很困难。虽然可以加大 m 值，增加厚度，但将导致波片对波长、温度和自身方位的变化很敏感。比较可行的办法是把两片光轴方向相互垂直的石英粘在一起，使它们的厚度差为一个波片的厚度(对应 $m=1$ 的厚度)。

在使用波片时，有两个问题必须注意：

①波长问题。

任何波片都是对特定波长而言的，例如，波长为0.5 μm的半波片，对于波长为0.632 8 μm的光就不再是半波片了；波长为1.06 μm的1/4波片，对于波长为0.53 μm的光来说恰好是半波片。所以，在使用波片前，一定要弄清这个波片是对哪个波长而言的。

②波片的主轴方向问题。

使用波片时应当知道波片所允许的两个振动方向(即两个主轴方向)及相应波速的快慢。这通常在制作波片时已经指出，并已标明在波片边缘的框架上，波速快的那个主轴方向叫快轴，与之垂直的主轴叫慢轴。

最后还需指出，波片虽然给入射光的两个分量增加了一个相位延迟差 φ，但在不考虑波片表面反射的情况下，因为振动方向相互垂直的两光束不发生干涉，总光强 $I=I_o+I_e$ 与 φ 无关，保持不变，所以波片只能改变入射光的偏振状态，不改变其光强。

3. 补偿器

上述波片只能对振动方向相互垂直的两束光产生固定的相位延迟差，补偿器则是能对振动方向相互垂直的两束线偏振光产生可控制相位差的光学器件。最简单的一种补偿器叫巴比涅补偿器，它的结构如图1.38所示，由两个方解石或石英劈组成，这两个劈的光轴相互垂直。当线偏振光射入补偿器后，产生传播方向相同、振动方向相互垂直的o光和e光，并且，在上劈中的o光(或e光)，进入下劈时就成了e光(或o光)。由于劈尖顶角很小(2°~3°)，在两个劈界面上，e光和o光可认为不分离。

在图1.38所示的三束光 A、M、B 中，相应于通过两劈厚度相同处($d_1=d_2$)的光线 M，从补偿器出射的振动方向相互垂直的两束光之间的相位延迟差为零；相应于通过两劈厚度不相等处($d_1>d_2$)的光线 A 和($d_1<d_2$)光线 B，从补偿器出射的振动方向相互垂直的两束光间，有一定的相位延迟差。因为上劈中的e光在下劈中变为o光，它通过上、下劈的总光程为 $n_e d_1 + n_o d_2$；上劈中的o光在下劈中变为e光，它通过上、下劈的总光程为 $n_o d_1 + n_e d_2$，所以，从补偿器出来时，这两束振动方向相互垂直的线偏振光间的相位延迟差为

$$
\begin{aligned}
\varphi &= \frac{2\pi}{\lambda}[(n_e d_1 + n_o d_2) - (n_o d_1 + n_e d_2)] \\
&= \frac{2\pi}{\lambda}(n_o - n_e)(d_2 - d_1) \qquad (1.78)
\end{aligned}
$$

当入射光从补偿器上方不同位置射入时，相应的 d_2-d_1 值不同，φ 值也就不同。或者，当上劈沿图1.38中所示箭头方向移动时，对于同一条入射光线，d_2-d_1 值也随上劈移动而变化，故 φ 值也随之改变。因此，调整 d_2-d_1 值，便可得到任意的 φ 值。

巴比涅补偿器的缺点是必须使用极细的入射光束，因为宽光束的不同部分会产生不同的相位延迟差。采用图1.39所示的索累(Soldi)补偿器可以弥补这个不足。这种补偿器是由两个光轴平行的石英劈和一个石英平行平面薄板组成的。石英板的光轴与两劈的光轴垂

直。上劈可由微调螺丝使之平行移动，从而改变光线通过两劈的总厚度 d_1。对于某个确定的 d_1，可以在相当宽的区域内（如图 1.39 中的 *AB* 宽度内）获得相同的 φ 值。

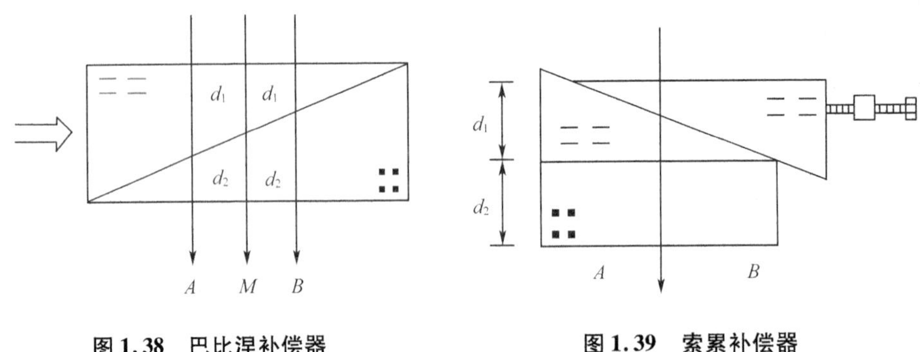

图 1.38　巴比涅补偿器　　**图 1.39　索累补偿器**

显然，利用上述补偿器可以在任何波长上产生所需要的波片，可以补偿及抵消一个元件的自然双折射，可以在一个光学器件中引入一个固定的延迟偏置，或经校准定标后，用来测量待求波片的相位延迟。

1.4.4　偏振光的干涉

两个振动方向相互垂直的线偏振光叠加，即便它们具有相同的频率、固定的相位延迟差，也不能产生干涉，这是我们所熟知的。但是如果让这样的两束光再通过一块偏振片，则它们在偏振片的透光轴方向上的振动分量就在同一方向上，两束光便可产生干涉。图 1.40 是实现这样两束偏振光干涉的装置图。如图 1.40 所示一束平行的自然光经偏振片 P_1 后成为线偏振光，然后入射到波片 *W* 上。设波片的光轴沿 *x* 轴方向，偏振片 P_1 的透光轴与 *x* 轴的夹角为 θ，那么入射线偏振光在波片内将分解为 o 光和 e 光。它们由波片射出后，一般的合成为椭圆偏振光。显然，也可以把它看成两束具有一定位相差的线偏振光，让它们再射向偏振片 P_2 时，则只有在偏振片透光轴方向上的振动分量可以通过，因此出射的两束光的振动在同一方向上能够发生干涉，干涉图样可以直接用眼睛或投射到屏幕上观察。

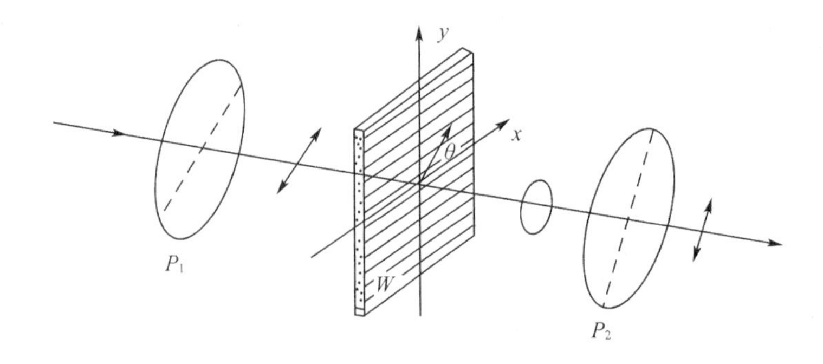

图 1.40　偏振光干涉的装置图

在常见的偏振光干涉装置中，偏振片 P_1 和 P_2 的透光轴方向放置成相互垂直或互相平行的位置。

1. 偏振片 P_1 和 P_2 的透光轴相互垂直下的偏振光干涉

如图 1.41 所示，P_1 和 P_2 代表两偏振片的透光轴方向，A_1 是射向波片 W 的线偏振光的振幅，P_1 与波片光轴（x 轴）的夹角为 θ，因此波片内 o 光和 e 光的振幅分别为 $A_o = A_1\sin\theta$，$A_e = A_1\cos\theta$。o 光和 e 光的振动分别沿 y 轴和 x 轴方向。两束光透出波片再通过 P_2 时，只有振动方向平行于 P_2 透光轴方向的分量，它们的振幅相等，即

$$A_{o2} = A_o\cos\theta = A_1\sin\theta\cos\theta \tag{1.79}$$

$$A_{e2} = A_e\sin\theta = A_1\cos\theta\sin\theta \tag{1.80}$$

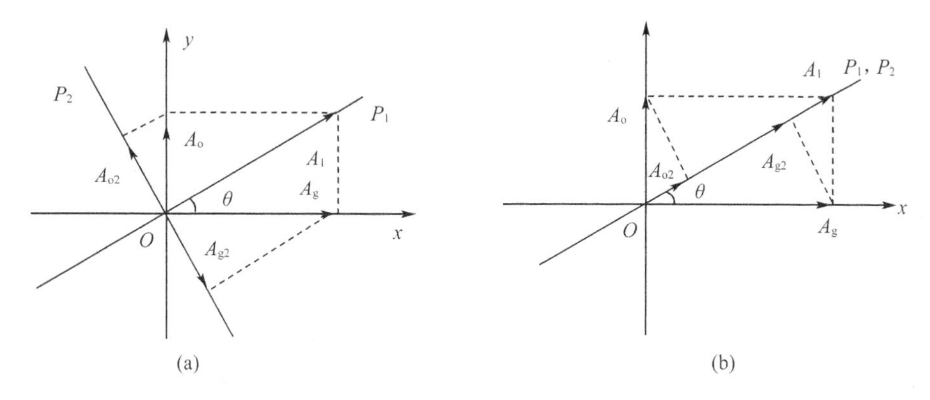

图 1.41　垂直和平行两种情况下入射光振幅的分解

两束光的振动方向相同，因而可以发生干涉，干涉的强度与两束光的位相差有关。两束光由波片射出后具有位相差，即

$$\delta = \frac{2\pi}{\lambda}|n_o - n_e|d$$

式中，d 为波片厚度。另外，从图 1.41(a) 可见，两束光通过 P_2 时振动矢量在 P_2 轴上投影的方向相反，这表示 P_2 对两束光引入了附加的位相差 π。因此，两束光总的位相差为

$$\delta_\perp = \delta + \pi = \frac{2\pi}{\lambda}|n_o - n_e|d + \pi \tag{1.81}$$

根据双光束干涉的强度公式

$$\langle I\rangle = I_1 + I_2 + 2\sqrt{I_1 I_2}\cos\delta$$

上述两束光的干涉强度为

$$I_\perp = A_{o2}^2 + A_{e2}^2 + 2A_{o2}A_{e2}\cos\delta_\perp = A_1^2\sin^2 2\theta\sin^2\frac{\delta}{2} \tag{1.82}$$

可见，当 $\delta = (2m+1)\pi$ 时（m 为整数），干涉强度最大，出射光强度有最大值；而当 $\delta = 2m\pi$ 时，干涉强度最小，系统出射光强为 0。

2. 偏振片 P_1 和 P_2 的透光轴相互平行下的偏振光干涉

偏振片 P_1 和 P_2 的透光轴相互平行时透过 P_2 的两束光的振幅一般不等，它们分别为

$$A_{o2} = A_o\sin\theta = A_1\sin^2\theta \tag{1.83}$$

$$A_{e2} = A_e\cos\theta = A_1\cos^2\theta \tag{1.84}$$

考虑两束光的位相差时，应注意图 1.41(b) 显示的两束光通过 P_2 时振动矢量在 P_2 轴上的方向相同，因此 P_2 对两束光没有引入附加位相差，故两束光的位相差为

$$\delta_{//} = \delta = \frac{2\pi}{\lambda}|n_o - n_e|d \tag{1.85}$$

两束光的干涉强度为

$$I_{//} = A_1^2\left(1 - \sin^2 2\theta \sin^2 \frac{\delta}{2}\right) \tag{1.86}$$

由此可得

$$I_{\perp} + I_{//} = A_1^2 \tag{1.87}$$

上述表明 P_1、P_2垂直和平行两种情况下系统的输出光强是互补的，在 P_1和 P_2垂直情况下产生的干涉强度最大，在 P_1和 P_2平行情况下产生的干涉强度最小。

以上讨论假定波片的厚度是均匀的，并且使用单色光，因此干涉光强也是均匀的。但是，如果波片厚度不均匀，比如使用楔形晶片，如图 1.42(a)所示，这样从晶片不同厚度部分通过的光就将产生不同的位相差，因而干涉光强依赖于晶片厚度。这是等厚干涉的特性，故屏幕上将出现平行于晶片楔棱的一些等距条纹，如图 1.42(b)所示。

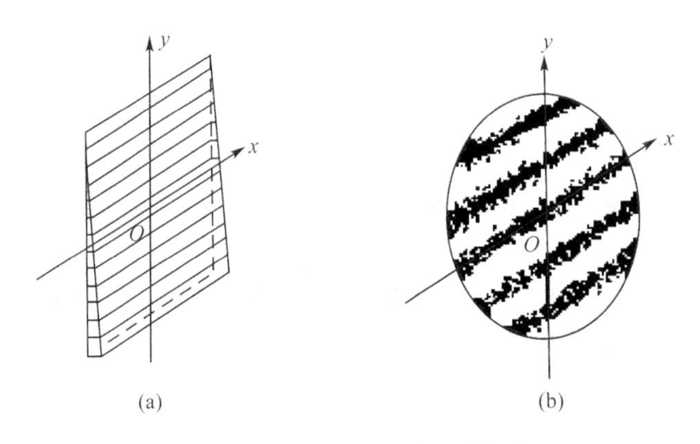

图 1.42　楔形晶片及其干涉条纹

等厚干涉条纹的间距为

$$e = \frac{\lambda}{|n_o - n_e|}\alpha \tag{1.88}$$

式中，α 是镜片的楔角。

在 P_1、P_2垂直和平行两种情况下，当 θ 为 45°时，系统输出光强的最大值都等于入射波片 W 的光强(A_1^2)，最小值都等于零，因此条纹的对比度最好。这是研究晶片时总是使它与两偏振器的相对方位处于上述两种情况的原因。

偏振光干涉系统的照明不仅可以使用单色光，也可以使用白光，这时干涉条纹是彩色的。因为位相差不仅与晶片厚度有关，还与波长有关。即便是晶片的厚度均匀，透射光也会带有一定的颜色。

另外，由于 $I_{\perp} + I_{//} = A_1^2$，故在 P_1和 P_2垂直时透射光的颜色与 P_1和 P_2平行时透射光的颜色合起来应为白色，即两种情况下的颜色是互补的。

当白光照明时，所观察到的晶片的颜色(干涉色)是由光程差 $|n_o - n_e|d$ 决定的。反过来，从干涉色也可以确定光程差 $|n_o - n_e|d$。因此，对于任何单轴晶体，只要测出它的厚度 d 和双折射率 $|n_o - n_e|$ 中的任一个值，再将它夹在正交的两偏振器之间，观察它的干涉色，利

用于涉色与光程差对照表，便可以求得另一个值。这个方法由于简便、灵敏，在地质工作中应用颇多。

1.4.5　晶体的电光效应

某些物质本来是各向同性的，但在强电场的作用下，变成了类似于单轴晶体那样的各向异性；还有一些单轴晶体在强电场作用下变成双轴晶体。这些效应称为电光效应。前者又称克尔效应，后者称泡克耳斯效应。

1. 克尔效应

图 1.43 是克尔效应的试验装置。图中 C 是一个密封的玻璃盒（克尔盒），盒内充以硝基苯（$C_6H_5NO_2$）液体，并安置一对平行板电极。P_1 和 P_2 是两块透光轴互相垂直的偏振片，它们的透光轴又与平板电极法线呈 45°角。在两平板电极间未加上电场时，没有光从偏振片 P_2 射出。但当在两平板电极间加上电场时（$E \approx 10^4$ V/cm），即有光从偏振片 P_2 射出。这表明，它的光轴方向与电场方向对应；线偏振光入射到盒内时，被分解为 o 光和 e 光；o 光和 e 光射出克尔盒后的位相差与电场的平方成正比，即

$$\delta = 2\pi\kappa E^2 d \tag{1.89}$$

式中，d 是克尔盒长度，κ 是克尔常数。硝基苯在 20 ℃对于钠黄光的克尔常数为 244×10^{-12} cm/V^2，是目前发现的克尔常数最大的物质。

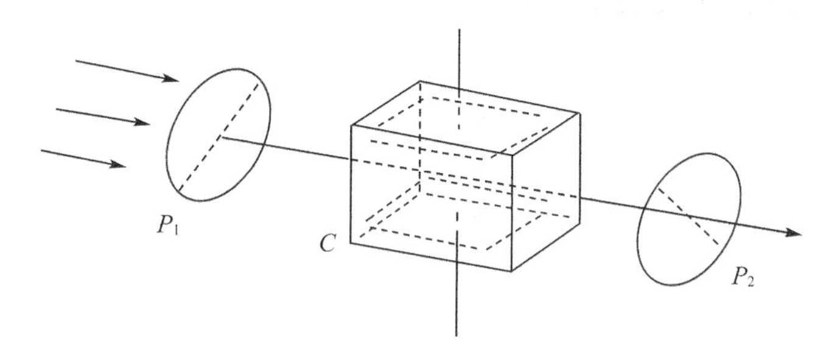

图 1.43　克尔效应的试验装置

将 $\delta = 2\pi\kappa E^2 d$ 代入式（1.82），得到图 1.43 系统输出光强为

$$I = I_1 \sin^2(\pi\kappa E^2 d) \tag{1.90}$$

式中，$I_1 = A_1^2$，是入射克尔盒的线偏振光光强。

由式（1.90）可见，系统输出光强随电场强度而改变。这样一来，若把一个信号电压加在克尔盒的两电极上，系统的输出光强就随信号而变化。或者说，电信号通过上述系统可以转换成受调制的光信号。这就是利用偏振光干涉系统进行光调制的原理。显然，这个系统也可用做电光开关：未加电压时，系统处于关闭状态（没有光输出）；一旦接通电源，系统就处于打开状态。硝基苯克尔盒建立电光效应的时间（弛豫时间）极短，约为 10^{-9} s 的量级，因此它适于作为高速快门，应用于高速摄影等领域。

2. 泡克耳斯效应

图 1.44 是 KDP 晶体的泡克耳斯效应的试验装置。图中 P_1 和 P_2 表示两透光轴正交的起偏器和检偏器，中间放一块 KDP 晶体。KDP 是单轴晶体，未加工前两端四棱锥的顶点的连

线就是光轴方向。晶体切成长方体，两端面与光轴垂直。端面的两边分别跟两个偏振器的透光轴平行。从起偏器透出的线偏振光沿 KDP 的光轴(z 轴)通过，因而从晶体射出时仍为线偏振光，而且光矢量的方向不变，与检偏器的透光轴垂直，不能通过检偏器，视场是暗的。

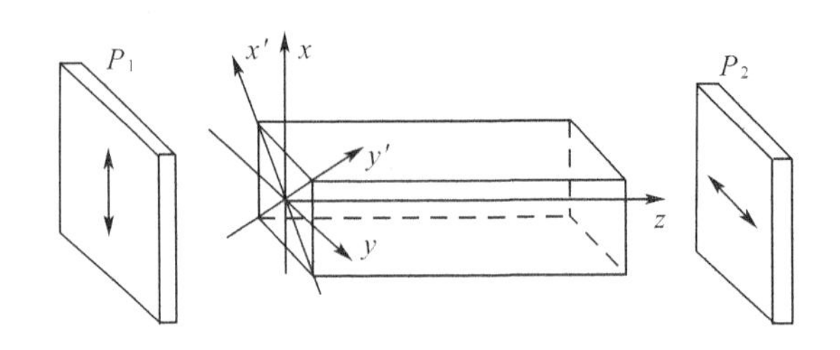

图 1.44　KDP 晶体的泡克耳斯效应的试验装置

现在在晶体两端面镀上一层透明的电极，并且在两极间加上一强电场(电压 4 000 V 左右)，即可发现检偏器的视场变亮。改变外加电场的强度，透过检偏器的光强也随着变化。这是由于在外加电场的作用下，KDP 晶体的光学性质起了变化，由单轴晶体转化为双轴晶体，原来的光轴(z 轴)不再是光轴了。用晶体光学的理论可以证明，在 z 方向施加电场后，KDP 晶体的折射率椭球由原来以 z 轴为旋转轴的旋转椭球变成如图 1.45 所示的一般椭球，它与 $z=0$ 平面的截线是一个椭圆，其长、短方向 x' 和 y' 正好是 KDP 晶体的正方形截面的对角线方向，而长、短半轴的长度分别为 $n_{x'}$ 和 $n_{y'}$。

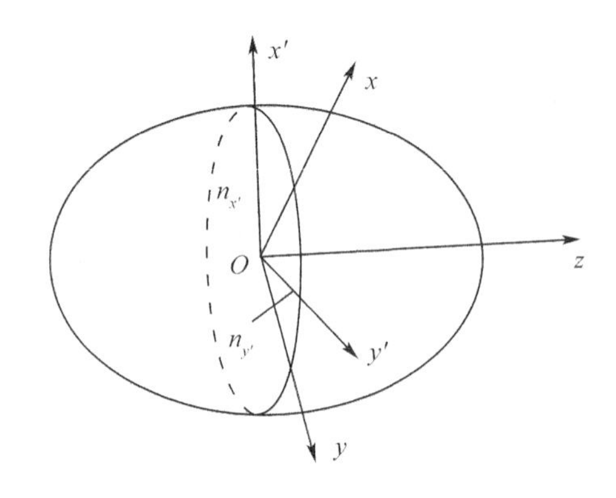

图 1.45　在 z 方向加电场后 KDP 的折射率椭球

试验和理论还证明，$n_{x'}$ 和 $n_{y'}$ 之差与外加电场 E 和 KDP 晶体的 o 折射率 n_o 的三次方成正比，即

$$n_{x'} - n_{y'} = \gamma n_o^3 E \tag{1.91}$$

式中，比例系数 γ 称为电光系数。

当起偏器 P_1 射出的线偏振光射入晶体时，如果线偏振光的光矢量与 x' 轴和 y' 轴呈 45° 角(光矢量平行于 x 轴)，它将分解为两束振幅相等的线偏振光，一束光矢量平行于 x' 轴，另一束光矢量平行于 y' 轴。它们在晶体中传播方向相同(同为 z 方向)，但折射率不同，所以它们通过长度为 d 的晶体后，将有一个固定的位相差，即

$$\delta = \frac{2\pi}{\lambda}(n_{x'} - n_{y'})d = \frac{2\pi}{\lambda}n_o^3\gamma dE \tag{1.92}$$

或者用电压 U 来表示($E = U/d$),即

$$\delta = \frac{2\pi}{\lambda}n_o^3\gamma U \tag{1.93}$$

在一般情况下,这两束具有一定位相差的线偏振光合成为椭圆偏振光。根据 $I = A_1^2 \sin^2 2\theta \sin^2 \frac{\delta}{2}$,从检偏器透射出来的光强为

$$I = I_1 \sin^2 \frac{\delta}{2} = I_1 \sin^2\left(\frac{\pi}{\lambda}n_o^3\gamma U\right) \tag{1.94}$$

式中,I_1 是从 P_1 射向晶体的线偏振光的强度。以透射光强的相对值 I/I_1 为纵坐标,以位相差 δ(或电压 U)为横坐标,可以把光强公式表示为如图 1.46 所示的曲线。图 1.46 中曲线叫作晶体的透射率曲线,它定量地反映了透射率随外加电场的变化关系。

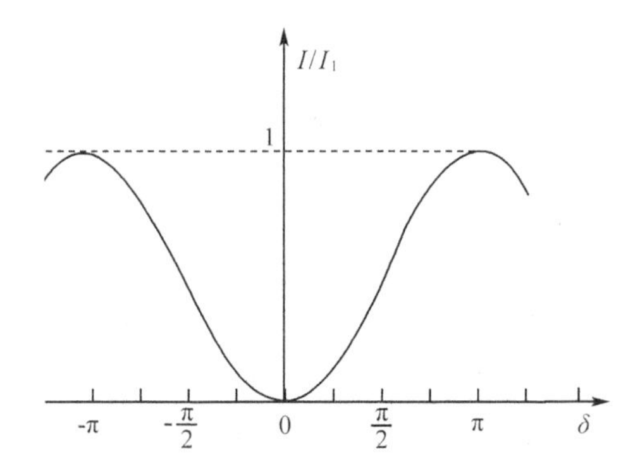

图 1.46　晶体的透射率曲线

晶体的电光系数 γ 是衡量晶体材料性能优劣的一个重要参数。不过,在实际工作中常常使用另一个叫作半波电压的参数。半波电压是指为了达到 π 位相差所需的外加电压,用 $U_{\frac{\lambda}{2}}$ 表示。$U_{\frac{\lambda}{2}}$ 与 γ 成反比,$U_{\frac{\lambda}{2}}$ 越小越好。

在图 1.43 所示装置中,外加电场的方向与光的传播方向平行,这时的电光效应称为纵向电光效应。如果电场方向与光的传播方向垂直,产生的效应称为横向电光效应。还是以 KDP 晶体为例,如图 1.47 所示,让 KDP 晶体的 z 轴与光的传播方向垂直,并重新加工晶体,使它的正方形截面的两边分别与 x' 和 y' 轴平行(与 x、y 轴呈 45°);让 x' 轴与光的传播方向平行,电场加在 z 轴方向。在这种情况下,图 1.45 所示的折射率椭球与 $x' = 0$ 平面的截面也是一个椭圆,它的两个轴中的一个轴沿 z 方向,另一个沿 y' 方向,而且长、短半轴的长度差也与电场强度成正比,即

$$n_{y'} - n_z = n_o^3\gamma' E \tag{1.95}$$

式中,γ' 表示横向使用时的电光系数。当通过起偏器 P_1 入射到晶体上的线偏振光的光矢量与 y'、z 轴呈 45°时,与纵向电光效应相类似,入射的线偏振光也分解为光矢量沿 y' 轴和 z 轴的两个线偏振光,它们通过晶体后的位相差为

$$\delta = \frac{2\pi}{\lambda}(n_{y'} - n_z)d = \frac{2\pi}{\lambda}n_o^3\gamma' dE$$

如果晶体在 z 方向上的厚度为 h，则电场强度与电压的关系为 $E=U/h$，代入式(1.95)得到

$$\delta=\frac{2\pi}{\lambda}n_o^3\gamma'\left(\frac{d}{h}\right)U \tag{1.96}$$

式(1.96)说明，位相差 δ 仍与电压成正比，另外还与因子 d/h 有关。将晶体加工成扁平形，使 $d/h>1$，就可以大大降低样品的半波电压，这是横向电光效应的一个重要优点。

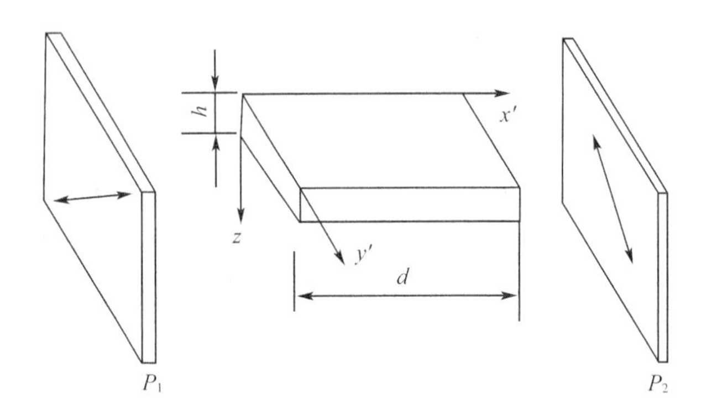

图 1.47　KDP 晶体的横向电光效应

上述的 KDP 晶体，以及磷酸二氢铵(ADP)、铌酸锶钡(SBN)、钽酸锂($LiTaO_3$)、铌酸锂($LiNbO_3$)等晶体，在外加电场作用下感生的两个折射率之差与电场强度的一次方成正比，这种效应称为泡克耳斯效应或一级电光效应。晶体光学的理论指出，只有那些不具有对称中心的晶体才能产生一级电光效应。具有对称中心的晶体和一些液体，如钛酸钡($BaTiO_3$)和硝基苯，在外加电场作用下感生的两个折射率之差与电场强度的平方成正比，称为克尔效应或二级电光效应。

1.4.6　晶体的旋光效应

1. 旋光现象

1811 年，阿拉果(Arago)在研究石英晶体的双折射特性时发现：一束线偏振光沿石英晶体的光轴方向传播时，其振动平面会相对原方向转过一个角度，如图 1.48 所示。由于石英晶体是单轴晶体，光沿着光轴方向传播不会发生双折射，因而阿拉果发现的现象应属于另外一种新现象，这就是旋光现象。

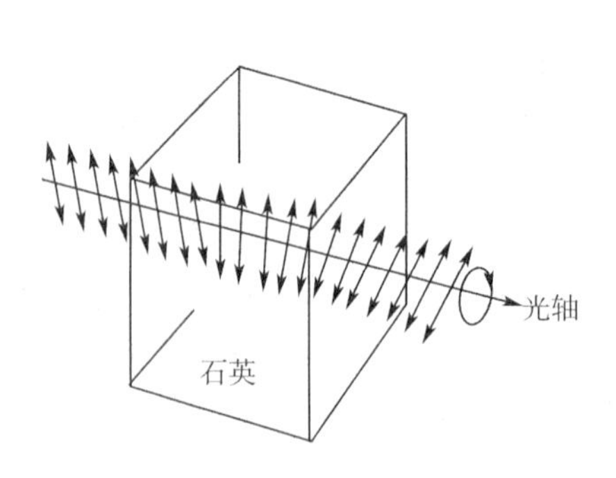

图 1.48　旋光现象

试验证明，一定波长的线偏振光通过旋光介质时，光振动方向转过的角度 θ 与在该介质中通过的距离 l 成正比，即

$$\theta = \alpha l \tag{1.97}$$

比例系数 α 表征了该介质的旋光本领，称为旋光率，它与光波长、介质的性质及温度有关。介质的旋光本领因波长而异的现象称为旋光色散，石英晶体的旋光率 α 随光波长的变化规律如图 1.49 所示。例如，石英晶体的 α 在光波长为 0.4 μm 时，为 49°/mm；在 0.5 μm 时，为 31°/mm；在 0.65 μm 时，为 16°/mm。

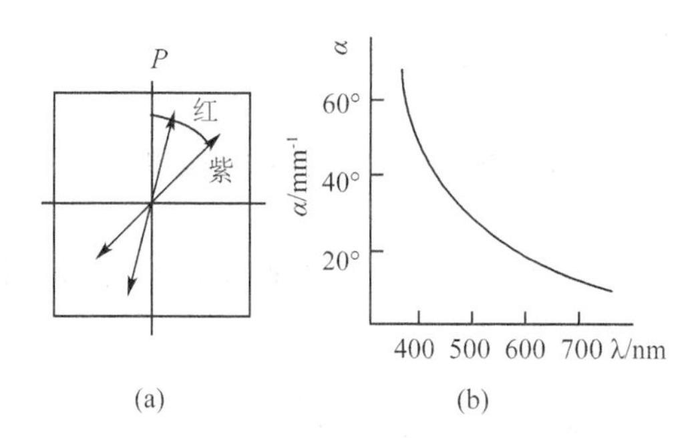

图 1.49　石英晶体的旋光色散

对于具有旋光特性的溶液，光振动方向旋转的角度还与溶液的浓度成正比，即

$$\theta = \alpha c l \tag{1.98}$$

式中，α 称为溶液的比旋光率；c 为溶液浓度。在实际应用中，可以根据光振动方向转过的角度，确定该溶液的浓度。

试验还发现，不同旋光介质光振动矢量的旋转方向可能不同，并因此将旋光介质分为左旋和右旋。当对着光线观察时，使光振动矢量顺时针旋转的介质叫右旋光介质，使光振动矢量逆时针旋转的介质叫左旋光介质。正是由于旋光性的存在，当将石英晶片（光轴与表面垂直）置于正交的两个偏振器之间观察其会聚光照射下的干涉图样时，图样的中心不是暗点，而几乎总是亮的。

2. 法拉第效应

上述旋光现象是旋光介质固有的性质，因此可以叫作自然圆双折射。与感应双折射类似，也可以通过人工的方法产生旋光现象。介质在强磁场作用下产生旋光现象的效应叫作磁致旋光效应或法拉第（Faraday）效应。

1846 年，法拉第发现，在磁场的作用下，本来不具有旋光性的介质也产生了旋光性，能够使线偏振光的振动面发生旋转，这就是法拉第效应。观察法拉第效应的装置结构如图 1.50 所示：将一根玻璃棒的两端抛光，放进螺线管的磁场中，再加上起偏器 P_1 和检偏器 P_2，让光束通过起偏器后顺着磁场方向通过玻璃棒，光矢量的方向就会旋转，旋转的角度可以用检偏器测量。

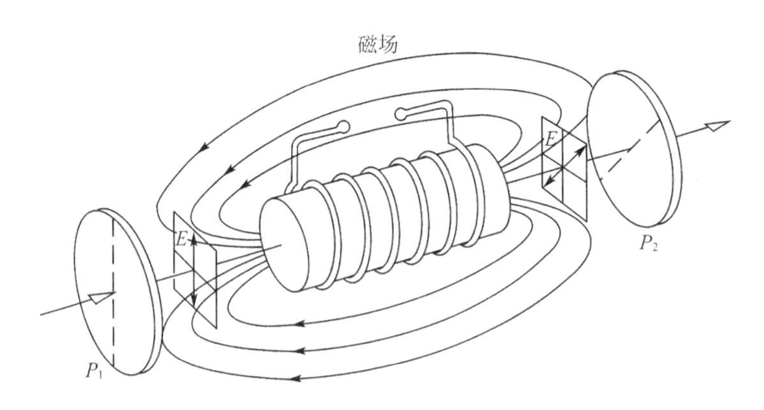

图 1.50　法拉第效应的装置结构

后来，维尔德（Verdet）对法拉第效应进行了仔细的研究，发现光振动平面转过的角度与光在物质中通过的长度 l 和磁感应强度 B 成正比，即

$$\theta = VBl \tag{1.99}$$

式中，V 是与物质性质有关的常数，叫作维尔德常数。试验表明，法拉第效应的旋光方向取决于外加磁场方向，与光的传播方向无关，即法拉第效应具有不可逆性，这与具有可逆性的自然旋光效应不同。例如，线偏振光通过天然右旋介质时，迎着光看去，振动面总是向右旋转，所以，当从天然右旋介质出来的透射光沿原路返回时，振动面将回到初始位置。但线偏振光通过磁光介质时，如果沿磁场方向传播，迎着光线看，振动面向右旋转角度 θ，而当光束沿反方向传播时，振动面仍沿原方向旋转，即迎着光线看振动面向左旋转角度 θ，所以光束沿原路返回，一来一去两次通过磁光介质，振动面与初始位置相比，转过了 2θ 角度。

法拉第效应的不可逆性，使其在光电子技术中有着重要的应用。

参考文献

[1]石顺祥，马琳，王学恩. 物理光学与应用光学[M]. 3 版. 西安：西安电子科技大学出版社，2014.

[2]梁铨廷. 物理光学[M]. 3 版. 北京：电子工业出版社，2008.

第2章　纳米光子学

2.1　纳米光子学概述

纳米光子学是一个崭新的前沿领域,在这个领域内全世界的研究者们可以尽情地发挥自己的想象力与创造力。纳米光子学作为纳米科技新的分支,已经向基础研究提出了新的挑战,并为新技术的诞生创造了机遇。

纳米光子学从概念上可分为三部分,如图2.1所示。

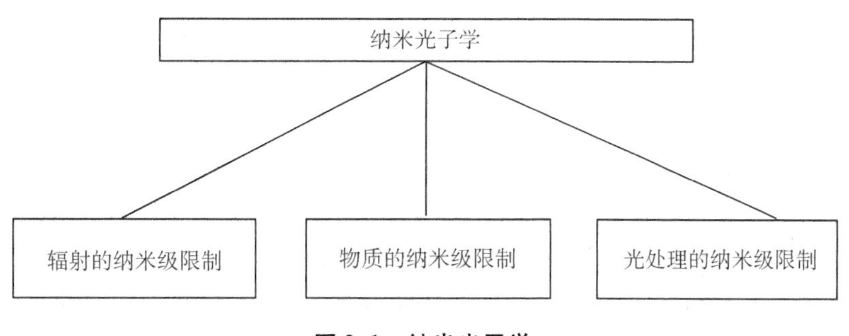

图2.1　纳米光子学

引发光与物质在纳米范围内相互作用的方法有三种:一是将光限制在远小于其波长的纳米范围内;二是将物质的尺寸限制在纳米尺度范围内,从而将光与物质的相互作用限制在纳观范围,这种方法界定了纳米材料的领域;三是对光处理(比如诱导光化学反应或者光诱导相变)的纳米级限制,该方法可以用于对光子的结构与功能单元进行纳米级加工。

对于辐射的纳米级限制,有很多方法可以将光限制在纳米级范围,其中一种方法就是使用近场光学传播。一个比较典型的例子是光通过一个有金属涂层的锥形光纤,由一个远小于光波长的尖端发射出来。

2.2　等离子体光子学

2.2.1　等离子体光子学

最近几年,金属纳米这一话题引起了人们极大的兴趣。现在流行的一种金属纳米结构叫法是等离子体光子学,因为光激发的主要现象是在局部交界面处电子的总体振荡,因此产生的这种波又被称为表面等离子体波。目前情况下，人们的研究方向主要还是集中在金属纳米粒子和纳米壳的应用上。

对于半导体纳米粒子来说，量子限制效应产生的电子和空穴能级的量子化是改变其光谱性质的原因。与之不同的是，金属纳米粒子表现出的光谱的改变可以用经典的电介质理论来解释。金属纳米粒子对光的吸收可以用电子的谐振动来解释，谐振动产生于与电磁场的相互作用。这种振荡产生了表面等离子体波。值得注意的是，术语“表面等离子体”用来描述平面情况下金属－电介质界面的激发。在这种情况下，等离子体只能被特殊的几何形状所激发来获得符合条件的波矢 $\boldsymbol{k}_{sp}$，这个条件就是表面等离子体的波数等于产生它的光的波数。就金属纳米结构来说（如纳米粒子），等离子体的振荡被定域化，因而不能用波矢 $\boldsymbol{k}_{sp}$ 表示。为了区别，金属纳米粒子的等离子体有时也被称为定域化表面等离子体。在纳米粒子中的定域化等离子体通过吸收光被激发。这些特殊的吸收带被称为等离子体带。对于激发这些金属纳米结构内的定域化等离子体，无需特定的几何形状。产生等离子体振荡的特定的光波吸收带被称为表面等离子体带或简称为等离子体带。

金属纳米粒子的主要光子学应用源于等离子体共振条件下产生的局域场增强效应，从而在纳米尺寸上提升了纳米粒子周围纳观体积介质中的各种光诱导产生的线性和非线性过程。金属纳米粒子的另一个应用是利用一系列相互作用的金属纳米粒子，光能被耦合并以电磁波的形式传播穿过尺寸远小于光波长的纳米截面。

2.2.2 金属纳米壳

最近另一种受到关注的金属纳米粒子是金属纳米壳粒子，它由壳与核两种组分组成。壳与核的材料不同，因而金属纳米壳粒子有时也被称为异质结构纳米粒子。壳材料如果为金属，表面等离子体共振的变化将非常大。Zhou 等合成了核为 AuS、壳为金的纳米粒子。粒子直径大小为 30 nm，表面等离子体共振吸收的移动距离超过 500 nm。在 Halas 的论文中，金属纳米壳大一些且核由电介质构成，如硅，半径为 40～250 nm，被厚度为 10～30 nm 的薄金属壳包围。就像前面章节所讨论的金属纳米粒子和纳米棒，这些纳米壳的光学性能由等离子体的共振决定。然而，等离子体共振的变化通常远远大于相应固体金属纳米粒子的变动。

核－壳粒子的核介电常数为 ε_c，壳介电常数为 ε_s，周围媒质的介电常数为 ε_h。球形涂层粒子的介电方程形式为

$$\varepsilon = \varepsilon_h + f\frac{\varepsilon_h[(\varepsilon_s - \varepsilon_h)(\varepsilon_c + 2\varepsilon_s) + \delta(\varepsilon_c - \varepsilon_s)(\varepsilon_h + 2\varepsilon_s)]}{[(\varepsilon_s - 2\varepsilon_h)(\varepsilon_c + 2\varepsilon_s) + 2\delta(\varepsilon_c - \varepsilon_s)(\varepsilon_s - \varepsilon_h)]} \tag{2.1}$$

式中，δ 为核和粒子的体积比。

从上述公式提取的近场增强因子 γ 为

$$\gamma = \frac{[(\varepsilon_s - \varepsilon_h)(\varepsilon_c + 2\varepsilon_s) + \delta(\varepsilon_c - \varepsilon_s)(\varepsilon_h + 2\varepsilon_s)]}{[(\varepsilon_s + 2\varepsilon_h)(\varepsilon_c + 2\varepsilon_s) + 2\delta(\varepsilon_c - \varepsilon_s)(\varepsilon_s - \varepsilon_h)]} \tag{2.2}$$

等离子体共振频率和光谱可以用米氏（Mie）散射来描述，将由超薄金属层结构引起的增强电子散射带入介电质方程，可得到金属壳的以下特征：

减小金属壳的厚度而保持介电核的大小不变，光学谐振转移到较长的波长。例如图 2.2 显示了经计算得到的核半径为 60 nm 的二氧化硅的不同壳的厚度的等离子体共振光谱。由金属壳厚度的变化产生的光谱变化，涵盖了从可见光到红外光的光谱范围。在理论上，甚至

可以将等离子体共振移至超过红外光 10 μm。

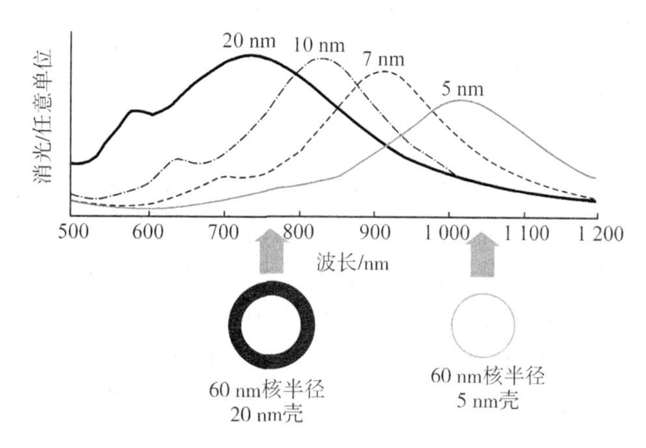

图 2.2　计算得到的核半径为 60 nm 的二氧化硅的不同壳的厚度的等离子体共振光谱

如果核与壳大小比保持不变,粒子的绝对大小变化,小粒子遵循偶极限制（类似于金属纳米粒子),产生显著的光吸收,随着粒子大小的增加,对有关散射的吸收也增加。

若粒子大小的增加超过偶极子的限制,多极等离子体共振出现在粒子的消光光谱区。最近已有人报道了一个制造金属纳米壳的方案,如图 2.3 所示[1]。

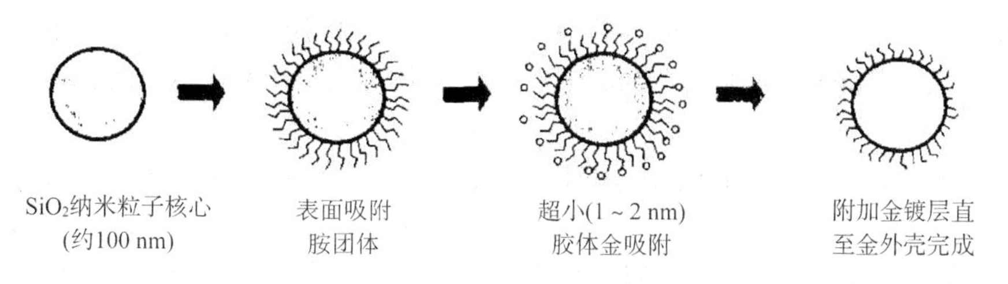

图 2.3　制造金属纳米壳的方案

在这一方案中,用化学方法使胺团体附在硅纳米粒子的表面上,在表面处,由悬浮的黄金胶体吸附到胺团体上形成小的金粒子。表面吸附金纳米粒子的 SiO_2 纳米粒子在甲醛的作用下与 $HAuC_{14}$发生反应,靠这个还原反应生成更多的金,最终导致金属纳米粒子的聚合,这就形成了一个完整的金属外壳。这种方法取得的金属厚度最小为 5 nm。

2.2.3　局域场增强

金属薄膜已用在表面等离子体几何形体中,以在其表面附近产生增强电磁场,在金属纳米粒子和纳米壳的表面附近也会产生明显的增强电磁场。人们很早以前就知道这种场增强效应,并已应用于表面增强拉曼光谱技术[2]。这种场强足够大,大到从单个分子就可以观察到拉曼光谱。最近,利用金属纳米结构的增强电磁场已应用于无孔径近场显微镜中。电磁增强效应缘于粒子内部的等离子体激发。金属纳米粒子具有独特的偶极、四极甚至更高的多极等离子体共振现象,这取决于其大小和形状。这些共振的激发使得粒子外部电磁场大大增强。这个外部增强电磁场决定标准和单分子的拉曼光谱强度,Schatz 等利用离散偶极近似对金属纳米粒子内部的局域场增强做了详细分析。

Hao 等[3]利用离散偶极近似计算表明,对半径小于 20 nm 的球形银粒子,在等离子体共振波长 410 nm 处,最高场增强小于 200。电磁场增强与波长有关。粒子尺寸越大,场强就越小,等离子体共振波长红移。

有一个现象,就是当拉曼光谱增强到一定程度时,竟然能在两个球颗粒之间的热源处检测到单个分子。Hao 等利用离散偶极近似的计算表明,大小为 36 nm,间距为 2 nm 的银粒子二聚物,在 520 nm 处有一个等离子体共振,存在偶极占主导的极化性质,另一个等离子体共振在 430 nm 处,具有四极化性质。对偶极子和多极子,最大场增强都发生在两个球体的中点。比在 430 nm(四极共振)处场增强大 3 500 倍,比 520 nm(偶极共振)处场增强大11 000 倍。因此,这远远大于此前发现的孤立球形银纳米粒子的增强。

Hao 等也表明,在非球形纳米粒子情况下,如三棱柱,场增强远远大于相近尺寸的球形粒子。

2.2.4 等离子体波导

传统的光波导是一种电介质,它的尺寸受到达到单模波导的相对折射率限制,也同时受到光衍射极限的限制。因此,最小尺寸的光限制(横向波导)在 $\lambda/2n$ 数量级。这里 λ 是被导光线的波长;n 是此波长下电介质的有效折射率。在可见光范围内,这个大小是几百纳米数量级。此外,由于在弯曲度较大处,会泄漏大量的光,导致传统的通道波导不能在急剧弯曲处导光。因此,其他的光限制和光导机制正在研发当中,以便开发完整且高度集成的光子电路。

由于电介质的光子晶体有着同样的衍射限制,且波导尺寸的厚度必须较大(数百纳米),因此光波波长比电子波长要长。为了克制这种限制,Atwater 等[4]提供了等离子体波导,在电介质中嵌入周期排列的金属纳米结构,以引导和调节由近场耦合起主导作用的光传输。这种等离子体波导由一系列的金属纳米粒子、纳米棒或纳米线组成,它的等离子体共振落在波导区域。等离子体波导及利用它在染料中产生荧光激发的示意图如图 2.4 所示。

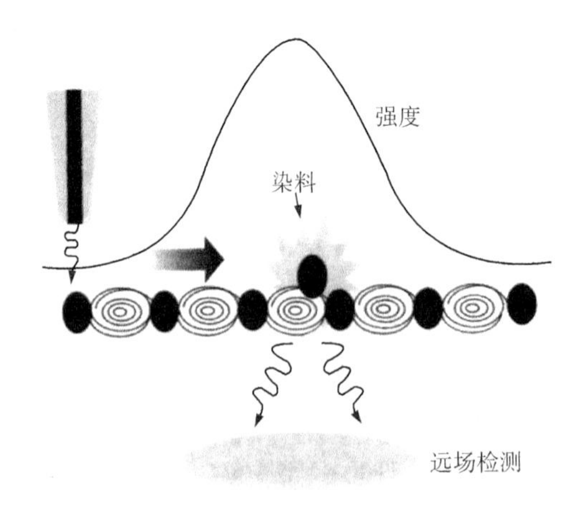

图 2.4　等离子体波导及利用它在染料中产生荧光激发的示意图

纳米粒子的等离子体激发是耦合的,因此对于金或银粒子小于50 nm的情况,由单一金属纳米粒子的等离子体振荡产生的主导偶极场(和多极磁场相比),可以引起周围临近粒子的等离子体振荡。这种等离子体振荡可以以波矢为 $\boldsymbol{k}$ 的相干模式沿纳米粒子阵列传播。图2.4中,来自近场显微镜下锥形光纤的光局部激发等离子体振荡[5],光能转化为电磁能,现在是以等离子体振荡的形式存在,并通过金属纳米粒子矩阵传输。这种被引导的电磁能量能在传输途径中激发染料,由此产生的荧光可以在远场接收,如图2.4所示。

2.2.5 金属纳米结构的应用

金属纳米结构的应用已有很长的历史,其中一个较普遍的应用是前面提到的表面增强拉曼光谱技术(SERS)[6]。近期,出现了许多金属纳米结构的应用,这些应用利用的是它的以下几个特征:

金属纳米结构表面的局域场增强效应;

表面等离子体共振被激发时,发射于表面的倏逝波;

表面等离子体共振对金属纳米结构周围电介质的灵敏度。

1. 局域场增强

应用金属纳米粒子在纳观邻近范围内增强场强,形成了无孔径近场显微镜和光谱的基础。局域场增强——或者说电磁辐射在金属纳米结构周围的限制——已经被用来作为一种新的纳米结构的光加工方法,称为等离子体印刷。

局域场增强也有助于提高在距金属纳米结构纳观距离内的分子的线性和非线性跃迁。利用金属纳米粒子提高荧光等离子体强度,是用来增强荧光检测灵敏度的一个例子,特别是在生物应用和纳米传感器领域。还有一些其他的等离子体相互作用影响荧光性质。有研究者声称双光子激发获得了突破性进展[7]。现在,这一效应在双光子显微镜和三维双光子微细加工中已得到广泛应用。

许多论文已讨论和计算了纳米壳粒子的非线性光学性质[8]。粒子内的近场效应导致一种被称为本征光学双稳态的异常特征出现。这种效应在CdS核的银涂层粒子内被观察到[9]。

2. 倏逝波激发

在金属膜或纳米结构内,当光线耦合为表面等离子体激发时,即产生发射自表面的倏逝电磁场,并且指数衰减至周围电介质场。这种倏逝波可用来择优激发临近金属纳米结构表面的荧光分子或荧光纳米球的跃迁。这种倏逝波激发已被用于各种基于荧光的光学传感器,也被用来在等离子体波导内将等离子体波传播转变为荧光光学信号。

3. 等离子体共振的电介质灵敏度

表面等离子体共振的频率和宽度都对周围电介质很敏感。该特征已在本章第一节的金属纳米结构和第二节的金属纳米壳中进行了论述。这种灵敏度已形成生物抗原检测的基础,它可以通过一种特殊的抗原-抗体型耦合化学物质连接到金属纳米结构的表面。

2.3 纳米材料

纳米粒子(又称超细微粒)是指粒度在1~100 nm的粒子。由这些粒子组成的材料被称为纳米材料。通常,当粒子某一维粒径达到纳米级尺度以后,其构成的材料与普通的传统材料相比会有明显不一样的物理化学性质，如量子尺寸效应、小尺寸效应、表面效应、界面效应和宏观量子隧道效应等，而其独特的光学、抗菌、催化等性质更是在电化学、医学、生物学、电子学等多个领域取得了广泛的应用。

2.3.1 贵金属纳米粒子

在纳米粒子中，金属纳米粒子一直是科研人员研究的热点，作为纳米研究的一个重要方面，其拥有的一些良好特性如合成简便、合成条件易于搭建以及形状可以人为改变的合成效果等受到人们的广泛关注[10]。

1. 贵金属纳米粒子的介绍

贵金属纳米粒子是金属纳米粒子中一种极为特殊的存在，它因为具有一些显著的与其他金属纳米粒子不同的性质而被科研人员关注，其独特性在于除了本身作为贵金属材料拥有的一些物理化学性质，还拥有可以结合纳米材料的特殊性，两者融合后达到其他纳米粒子无可比拟的试验特性。

2. 贵金属纳米粒子的表面等离子共振现象

1957 年，表面等离子激元概念由著名物理学家 Ritchie 提出，在外加电磁场的作用下，金属本身中的电子与光子相互作用会形成电磁振荡，这就是等离子激元。1959 年，这一现象被 Powell 等[11]通过试验证实。表面等离子激元纳米粒子因其表面含有大量自由电子在化学与生物催化过程中表现出了一定的优越性[12]。此外，它自身还具有特异可调的吸收和散射光谱，且光谱峰位置与强度对纳米粒子表面的介电常数改变具有极高的依赖性，可用于研究开发纳米尺度的单粒子生物传感器，甚至可用于监测单分子水平的生物或化学过程。因此，等离子激元光学的深入研究在很大程度上促进了设计构建各种高灵敏度光学生物传感器的快速发展[13]。

贵金属纳米粒子表面的自由电子在与入射光的相互作用下会形成局部表面等离子共振现象[14]。贵金属纳米粒子的尺寸(3 ~ 100 nm)远小于入射光的波长(400 ~ 900 nm)，粒子表面的自由电子会随着入射光的激发产生振荡，因为纳米粒子的尺寸很小，电子在纳米粒子的表面区域是无法传播的，当入射光的频率与电子的振动频率重合时就会产生等离子共振现象[15]。局部表面等离子共振(LSPR)现象示意图如图 2.5 所示。

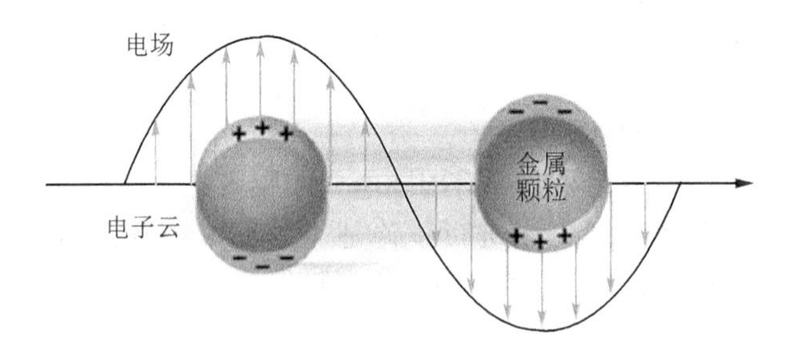

图 2.5 局部表面等离子体共振现象示意图

局部表面等离子共振带隙对周围存在的介质比较敏感，比如，如果介质折射率增大，那么光谱就会相应地产生红移。当有生物大分子吸附在纳米粒子表面，光谱也会产生相应的改变，研究人员利用这种现象可以开发出新的定量检测的方法[16]。

适当改变纳米粒子的形貌和成分，就能调节共振峰值，甚至可以将峰值调到近红外区域，因为金属纳米粒子本身无毒性，而且具有良好的生物相容性，所以被广泛用于生物识别、细胞成像、光热治疗等研究[17]。局部表面等离子共振还可以与电化学相结合，比如局部表面等离子共振信号的移动与表面电子密度密切相关，可以通过这种信号变化来检测表面电子量的转移等现象[18]。

对于大部分金属，如汞、铟、铅、镉、锡等，这些金属纳米粒子在正常环境下极易被氧化，又因为这些金属粒子的表面等离子共振(SPR)光谱波峰位于紫外区域，所以没有明显的颜色，难以用于表面等离子体共振特性研究。但贵金属金、银纳米粒子却可以在空气中稳定存在，而且其SPR频率正好位于可见光区域，这让贵金属纳米粒子成了生物分析、光学传感和物理光学等领域内研究的有效工具[19-24]。

物理学家Mie[24]最早在电磁场作用下通过计算相互作用的球形等离子共振将等离子共振形象进行理论化，得到了最简单的纳米粒子光学响应模型。

$$E(\lambda) = \frac{24\pi^2 N a^3 \varepsilon_{\text{out}}^{\frac{3}{2}}}{\lambda \ln(10)}\left[\frac{\varepsilon_i(\lambda)}{(\varepsilon_r(\lambda)+\chi\varepsilon_{\text{out}})^2+\varepsilon_i(\lambda)^2}\right] \tag{2.3}$$

由此得出纳米粒子的形貌、大小、粒子成分以及周围环境的介电常数都是明显影响局部表面等离子共振的因素。

3. 纳米粒子的表面修饰及组装

贵金属纳米粒子合成过程比较简易，操作并不复杂，且形貌可控，表面功能分子亦可通过物理和化学等方法修饰[25-26]。由于纳米粒子表面具有一些特殊性，因此虽然纳米粒子制备过程简单，但经常会发生团聚现象，为了更好地得到稳定的纳米粒子，可以在制备过程中对粒子表面进行适当的修饰，而通过某些特定分子进行修饰和组装不仅可以极大地改善纳米粒子的生物相容性还可以使纳米粒子获得新的生物活性和特殊的功能。经过表面修饰和组装后形成纳米复合材料的纳米粒子已经成为纳米技术的研究热点。

(1)表面修饰

通过对金属纳米粒子表面进行修饰可以改变其表面结构和状态，相当于形成了一个膜，从而防止纳米粒子发生团聚，而且表面修饰的一些小分子会因为其本身所带的电荷而产生相互排斥的现象，这在一定程度上也能防止团聚。通过表面修饰，其活性基团可以与其他材料进行耦联，还能获得新的特殊性能，甚至可以在不同环境下分散，加强其在多种应用领域的可拓展性，图2.6是纳米粒子表面修饰常见原理与常用分子或基团分类示例[27]。

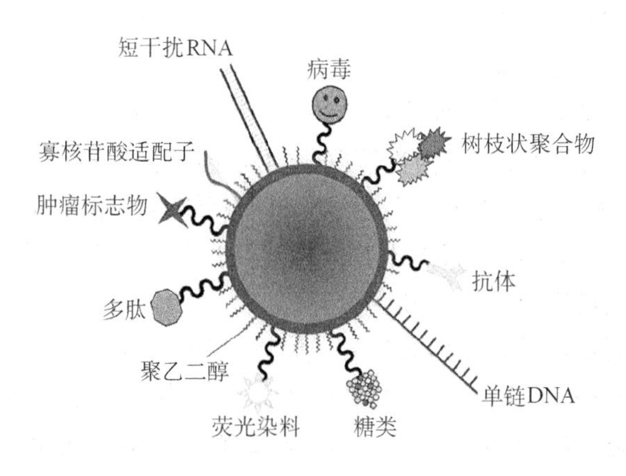

图2.6　纳米粒子表面修饰常见原理与常用分子或基团分类示例

金属纳米粒子表面修饰目前分为共价修饰和非共价修饰两种，亦称为物理修饰法和化学修饰法。非共价修饰方式主要有疏水作用、范德华力作用和静电吸附作用；共价修饰方式主要有化学吸附、点击化学、化学键直接作用等。图 2.7 表现了功能性分子与纳米粒子间不同连接方式的示意图[28]。

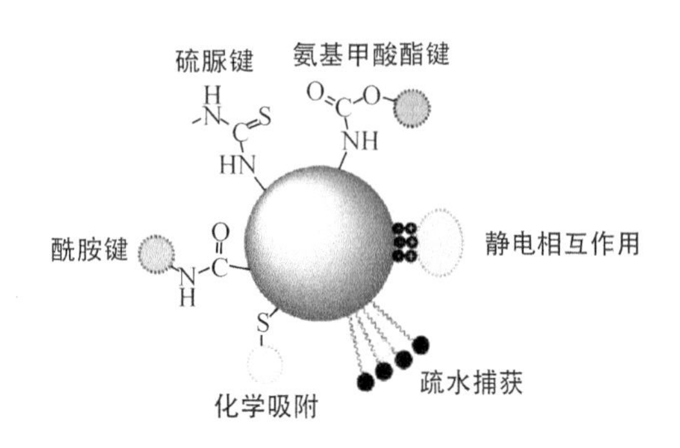

图 2.7　功能性分子与纳米粒子间不同连接方式的示意图

(2)粒子组装

金属纳米粒子通过表面修饰后，还可以利用新的表面特性进行材料间的相互连接和组装，组装以后形成的新的材料又会拥有新的特性和功能，这些新的特性与功能开拓了新的、更为广泛的纳米应用领域，对纳米科学今后的发展起到十分重要的作用。

4. 贵金属纳米粒子的应用

贵金属纳米粒子因为可以自由调控地吸收和散射光谱，所以可以应用于生物成像[29]、医学药物释放[30-31]，以及生物传感技术[32-33]。此外，还可以替代传统的发色团和荧光素成为新型光材料。因为表面等离子共振信号对于周围介质的介电常数和粒子之间的耦合作用十分敏感，所以在光学检测这一方面得到广泛的应用。同时，调控等离子激元纳米粒子的 SPR 光学性质可以获得一定的光谱增强效果[34]，目前纳米科学领域中金属等离子体增强荧光[35]、表面增强拉曼散射(SERS)[36]等技术手段都是基于这个原理开创出来的。

近年来，通过纳米粒子表面修饰组装而成的纳米生物传感器因为在修饰物及组装材料的选择上多种多样，如 DNA 和 RNA 分子[37-39]、蛋白质、各种病毒以及微生物[40-44]，功能化效果层出不穷，具有高选择性、低成本、可调节、易操作、灵敏度高等优点[45-46]，所以经常被用来制作生物传感器进行各种研究。

因为贵金属纳米粒子电子传递性能较好，所以其导电性非常出色，又因为材料本身表面积比较大，以及具有显著的表面反应活性等电化学性能优势，所以广泛地应用于电化学传感器的构建，经过纳米粒子修饰后组装的电化学传感器都能表现出独特的高灵敏度、高稳定性和高选择性等优势，因此基于贵金属纳米粒子构建高性能电化学传感器得到了纳米学和电化学领域内众多科研人员广泛的关注和应用。

电化学生物传感器在最近几年因其显著的优势，如灵敏度高、易于操作、成本低廉、安全方便等得到了快速的发展[47]，通过金属纳米粒子制得的电化学生物传感器在选择性、稳定性和灵敏度上都有了显著的提高[48]，对于检测结果来说，其高度精准及可靠性都显示出了贵金属纳米粒子制备的电化学传感器独特的优势和广阔的发展前景。

2.3.2　纳米复合材料

纳米复合材料是以树脂、陶瓷、橡胶和金属等基体为连续相，以纳米尺寸的金属、半导体、刚性粒子和其他无机粒子、纤维、纳米碳管等改性剂为分散相，通过适当的制备方法将改性剂均匀地分散于基体材料中，形成一相含有纳米尺寸材料的复合体系。纳米复合材料是一种含有纳米尺寸畴或掺杂物的随机介质，这些纳观域或掺杂物也被称为中间相，由它们构成的体相被称为宏观相。光学纳米复合材料根据畴或掺杂物的大小被分为两种不同的类型，其中一种类型，畴或掺杂物的尺寸远远小于光波长。高光学质量的纤维、薄膜或块状都是由这些纳米复合材料制备的，其中每个畴或掺杂物都具有光子或光电子功能。这样就可以引入多功能性，并且每个功能都能够独立地被优化。另外一种复合材料具有尺寸与光波长相当或者大于光波长的畴或掺杂物，这种情况下，该复合材料就是一种散射介质，可以操控穿过它的光传播并且产生各种光子功能。

1. 用作光子介质的纳米复合材料

纳米复合材料与规则的纳米结构不同，纳米复合材料方法提供了利用多种纳米畴的潜在优势，在这些纳米畴中可以通过独立明确地操控光学相互作用和电子激发态动力学来获得光子的多功能性。

2. 超材料

超材料的开发是先进性材料开发的一个活跃的领域。超材料指的是一类具有特殊性质的人造材料，这些材料是自然界没有的。它们拥有一些特别的性质，比如让光、电磁波改变它们的通常性质，而这样的效果是传统材料无法实现的。超材料的成分上没有什么特别之处，它们的奇特性质源于其精密的几何结构及尺寸大小。其中的微结构，尺寸小于它作用的波长，因此得以对波施加影响。对于超材料的初步研究是负折射率超材料。

3. 纳米复合材料波导

人们对光学集成电路的研究兴趣越来越浓厚，这大大地激发了人们对光波导材料的研究。而且已经有许多研究人员付出了大量的心血。溶胶－凝胶加工就是方法之一，因为它产生的材料具有高光学质量，而且还可以自由地注入各种添加剂来修饰它的光学性能。溶胶－凝胶反应是一种通过无需高温处理的化学反应来制造金属氧化和非金属氧化玻璃的技术[49]。前体溶液是醇盐，如硅醇盐或钛醇盐，它和含酸催化剂或碱催化剂的水发生水解反应，随后产生缩聚反应，最终产生了三维氧化物网络。

这些材料具有可以自由改变折射率等显著的光学性质。聚合高分子膜很容易成形并加工成通道波导，通过适当的挑选和选择性的掺杂一些火星分子，就可以充当无源波导或者有源波导。另一种方法是将预聚物材料混入溶胶凝胶前体。

4. 用于光电子学的纳米复合材料

光学纳米复合材料方法为生产高性能、相对低成本并适于多种应用的光电介质提供了机会。光折变介质是多功能光电介质的一个很好的例子，因为光折变性来源于两个功能的综合作用：光电效应和电光效应[50-53]。图2.8展示了产生光折变性的重要步骤。第一步是在中央处称作光敏剂的光致电荷载体的产生；第二步是电荷传输介质的加入，使载体可以移动或迁移，因此产生了电荷的分离（甚至在没有外部电场的时候，在照射区域以外这种分离也可以通过电荷扩散发生）；第三步是黑暗（非辐照）区域的电荷诱捕；第四步是通过电荷分离产生了空间电荷场，如果介质还具有电光效应，其折射率将依赖于外加电场强度；最终结果是折射率的变化由空间电荷场决定。但是，这还是一种光致折射率的变化，因为是光使材料产生空间电荷场，从而导致介质折射率的变化。

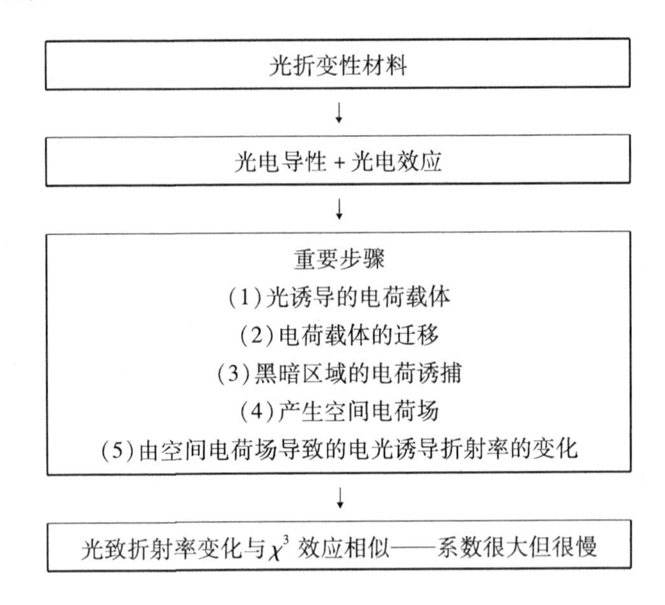

图 2.8 产生光折变性的重要步骤

图 2.9 展示了光折变全息图，由光折变性高分子复合材料介质中的两相干光束的干涉产生。当用由两互相干激光束干涉形成的不均匀光强图形来照射这种材料时，在正弦强度曲线的明亮区域中光诱导产生电荷载体。然后通过漂移和扩散机制，更易流动的电荷载体优先迁移到干涉图样的黑暗区域。由于大多数具有足够光学透明度的高分子材料绝缘良好，所以漂移是外加电场下电荷传输的主要机理。接下来，流动电荷被杂质和缺陷位点捕获，从而建立了非均匀的空间电荷分布。这就导致了内部空间电荷场的产生。如果该材料也能够表现出电光效应，周期空间电荷场就能通过线性 Pockels 效应和/或定向双折射效应(由电场中分子重定向引起)诱导材料折射率的调制。

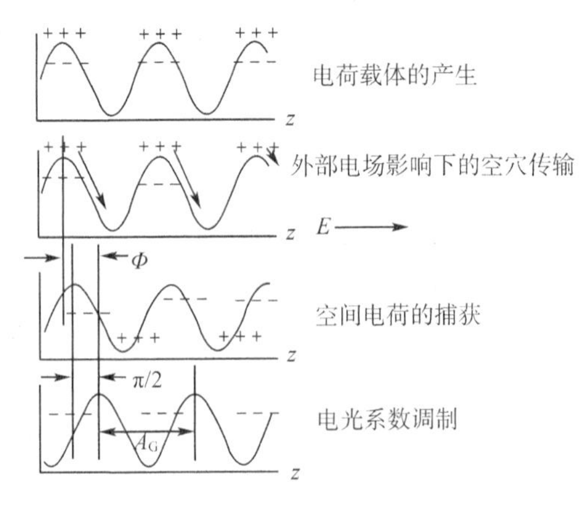

图 2.9 光折变全息图

注：A_G是光栅间距。

光折变的一个独有特性是存在照明强度图形以及由此产生的折射率光栅之间的相位动[54]。这是基于这样一个事实,即电场是空间电荷分布的空间衍生物,两者之间存在 $\pi/2$ 的相移。这样的非局域光栅不能由形成光栅的任何局域机制(即光致变色、热致变色、热致折射)产生,因为电荷跨越宏观距离的传输是很复杂的。光折变不仅为研究局域和非局域电子和光学过程提供了机遇,还在许多实际应用中发挥重要作用,如高密度光学数据存储、光学放大和动态图像处理。

光折变相移的一种重要表现是在这种媒介中,当两个光束部分重叠并形成光折变光栅时,两个光束的耦合发生。一束光将能量转移到另一束,以降低其本身强度为代价来放大另一束光。这种双光束耦合和能量转换有确定的方向(也就是只能从一束到另一束),取决于介质中电光张量如何排列[55]。因此,光折变介质中产生的两个效应延伸于全息光栅和双光束不均匀耦合(能量传递)。光栅可以用来引导光束或衍射以形成动态全息技术的全息图。通过均匀的光照,可以擦除此全息光栅。第二个应用是利用光折变介质的光放大作用。例如,将一个可能含有光噪声的光束与一束干净光束耦合,将其能量转换到干净光束中且放大该干净光束。在光通信中,光束通过一条长光纤传送,而偏振可能使其杂乱。光折变介质中非对称双光束耦合可用于净化这种光束的偏振。

2.4 纳米材料的生长和表征

本节涵盖纳米材料的生长和表征。其中有两个主要部分,第一节描述了纳米材料的生长方法;第二节讨论了纳米材料性能表征普遍采用的技术。纳米材料不断的应用创新,对可再生且经济实用的特殊定制材料的新制造方法的需求也越来越大。

目前应用的化学方法为湿化学,也称之为纳米化学。它的出现为金属、无机半导体、有机材料以及有机无机杂化体系的纳米结构生长提供了强有力的方法。它的优点是表面官能化的纳米粒子以及金属或无机半导体纳米棒可在很多不同的媒介(例如水、聚合物、生物液体)中扩散,便于制备;并且纳米化学本身也可应用于对单分散纳米(所有纳米粒子在非常窄的分布尺寸内分布)的生长条件的精确控制上。

纳米技术发展的一个重要方面是它的组成、结构及形态的表征。一些生长方法,例如分子束外延(MBE),实际上纳入了很多这些表征技术用于生长的原位监测。在半导体成型分析中常用的并且已纳入 MBE 设备中的一项技术是反射式高能电子衍射技术,应用于监测每层的生长情况。已应用的技术着眼于合成及表面分析,同时还包括晶体结构和尺寸确定。

2.4.1 纳米材料的生长方法

这一部分讨论一些制备纳米材料的主要生长方法。这些方法使用的起始原料中有各种物理形态,如固体、液体或气体呈现的最终纳米材料中的化学成分。基于这种划分,生长方法可以被分为气相、液相和固相生长。基板上的有序纳米结构(结晶体)的生长是另一个考虑的因素,其中基板的晶体点阵为生长层自身定位提供了一个模板。这里,基板和生长中的纳米结构的晶格匹配扮演了重要的角色。这一生长方式称为外延生长(或外延附生),并且被认为是假晶性生长。对于半导体量子级结构的生长,外延生长应用较为普遍。另一个分类,对于无机半导体,是以前体的化学特性为基础。分子束外延应用的材料来源一般是元素形式(同种元素材料)。如果前体是复杂分子,例如以金属有机物化合物形式存在的,则该方法称为金属有机物化学气相沉积(MOCVD)。

一种重要且与众不同的方法,可能并不为很多工作于无机半导体领域的研究者所熟悉,这种方法即纳米化学法。这一方法利用了溶液相的一个传统的化学合成方法。为达到纳米结构的成型,纳米化学在纳米级几何(胶团和反胶团)或者生长时精确的反应终止点(化学封盖)等方面都有应用。

1. 外延生长

(1)分子束外延

分子束外延(MBE)是一种广泛应用于量子级纳米结构Ⅱ-Ⅵ和Ⅲ-Ⅴ型半导体以及 Si 和 Ge 的外延生长方法。生长在超高真空(UHV$\approx10^{-11}$托①)的不锈钢容器的环境中进行,其示意图如图 2.10 所示。生成半导体的要素包括原子(Ga)或同元素分子(例如某元素的分子形式(As_2))。这些要素包含在加热单元中,这些单元被称为泻流室或努森池。加热单元产生的蒸气,穿过小的孔板并且被孔板两边的压力差所加速。这样所形成的分子束中微粒之间既不起化学反应又不相互碰撞。然后分子束撞击到一个由容器对侧控制的支架上架设好的基板上(如 GaAs)。使用活动快门控制以及监测不同单元的泻流量,同时调整基板温度、基板上的合成以及外延生长率,可以在单层分辨率的精度上实现精确控制。旋转基板保证通过其的沉积率一致。

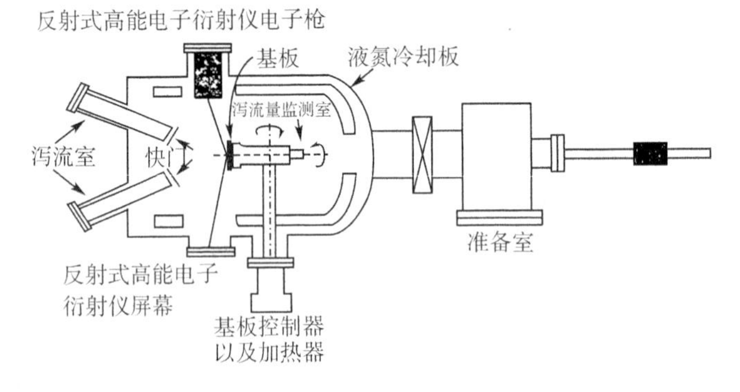

图 2.10　MBE 生长室示意图

MBE 的主要优势是生长室内的超高真空环境允许许多原位分析技术的应用,适用于材料生长表征以及在不同空间分辨率条件下的合成情况。MBE 还适用于量子阱、量子线及量子点的制造,通过控制层与层之间的生长实现量子阱的制造。

(2)金属有机化学气相沉积

化学气相沉积(MOCVD),其半导体结构的元素成分前体的生长形式为金属有机化合物形式[56]。因此这里使用的前体跟 MNE 前体不同,后者为元素形式。当 MOCVD 用于基板上的外延生长时,称它为金属有机气相外延(MOVPE),并且是气相外延法的一个很好的实例。这种方法有以下几个步骤:

① 1 托 = 133.322 Pa。

①蒸发和转运适合制造半导体材料的半导体前体;

②基板上半导体的沉积和生长;

③反应室内残余沉积产物的移除。

MOCVD 生长室由一个玻璃反应器构成,它有一个加热板,与气体层呈某角度。前体被输送气体(一般是氢气)送往基板之上。如图 2.11 所示[57],制备Ⅲ－Ⅴ半导体 GaAs 时,三甲基镓($Ga(CH_3)_3$)是 Ga 的前体,胂(AsH_3)是 As 的前体。在此例子中的化学方程式为

$$Ga(CH_3)_3 + AsH_3 \longrightarrow 3CH_4 + GaAs$$

采用同样的结构,AlAs 的前体是 $Al(CH_3)_3$ 和 AsH_3。

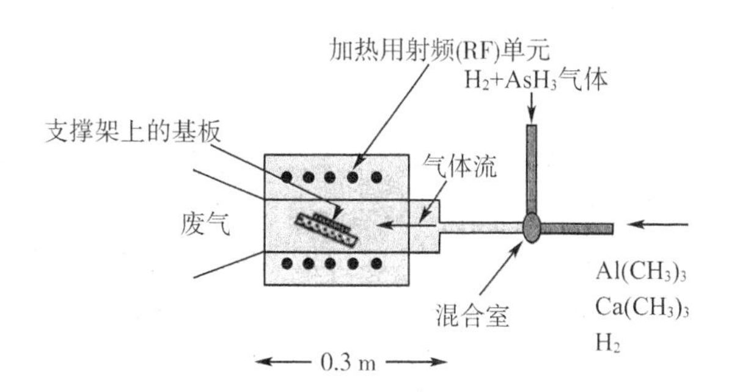

图 2.11　MOCVD 生长室的示意图

MOVCD 提供了一种简单的生长方法,但生长率是 MBE 的 10 倍。

(3)化学束外延(CEB)

这种方法是 MOCVD 和 MBE 的结合。虽然它有一个和 MBE 相似的超高真空室,但组成元素是衍生于 MOCVD 的金属有机前体。所以说,这种方法集结了这两种方法的优点。半导体的生长在超高真空条件下进行,金属有机前体是从外部输入系统的,所以能一直补充原料,这样反应堆就能一直工作,不会因为原料问题而停止工作。

(4)液相外延(LPE)

液相既可以溶解,也可以熔解。液相外延是一种从液相中得到的薄膜沉积法,让基板在合适的温度下与薄膜材料的饱和溶液接触。外延层的生长一般发生在两个不同类型的 LPE 设置上:一个是浸渍过程,就是将基板垂直浸入熔体;另一个是倾倒过程,就是让熔体流到基板表面上,方法是在水平放置的石墨坩埚中盛放熔体和基板,倾斜坩埚,使熔体流动到基板上,让基板上的溶液在合适的速度下冷却成薄膜。

LPE 的要求是需要达到薄膜的高沉积率和结晶的完整性,这种方法经济有效,在工业中得到了广泛应用,通常用来制造Ⅲ－Ⅴ型半导体化合物和合金。

LPE 的优点是高沉积率、成本低,可以控制化学计量和低浓度缺陷;同时,也有缺点,可溶性很大程度限制了这种方法适用的材料数目,而且它的形态控制很困难,表面质量一般很差。

(5)激光辅助气相沉积

激光辅助过程已经应用在了薄膜及纳米粒子的沉积上。激光辅助沉积包括固体目标的激光消融,该固体目标是可以自动沉积在基板表面的。然而,消融的材料可以与反应气体混合起来制造合适的材料,然后由惰性气体通过一个喷嘴送至真空中来产生分子束,再让它沉积在一个温度控制的基板上。这种方法也被称为激光辅助分子束沉积法。TiO_2 纳米粒子就是用这种方法制造的。这种方法也可以制作纳米有机无机复合材料。

2. 纳米化学

这是一个活跃的新兴领域——纳米化学。通过处理纳米级长度范围的化学反应约束来制造纳米级直径(一般为 1 ~100 nm)的化学产品[58]。纳米化学同时提供了一种设计及制造分层建立多层纳米结构的可能。

(1)纳米化学的功能

①多种金属、半导体、玻璃材料、聚合物的纳米粒子的制备;

②多层、核壳型纳米材料的制备;

③表面、表面功能化的纳米模型,以及在这种模型下的结构的自我合成;

④纳米粒子周期或非周期功能结构的组织;

⑤纳米级探测器、传感器,以及仪器的原位制造。

(2)化学反应的纳米级控制方法

①反胶团合成,CdS(量子点)纳米粒子在反胶团(也称纳米反应物)腔内的合成。

金属纳米粒子就是通过上述方法获得的,选择合适的表面活性剂或者表面活性剂的混合物,再设计好想要的反应腔,便能得到自己理想形状的纳米制品。比如制成圆柱形状的腔,就可以得到纳米棒。反胶团合成同时也提供了壳核结构多层纳米粒子多步合成的方法[59]。

②胶体合成,这种方法是通过对无机材料(包括元素及化合物)前体的化学反应过程中溶剂的选择制造纳米粒子或纳米棒。

通常,固体当通过化学反应从其前体形成时,就开始快速形成多种核。越来越多的固体产物随之被添加多种核,形成微晶的尺寸随之缓慢增长。在微晶尺寸未达到过大时截断微晶的增长过程,由此制造纳米粒子或纳米晶体(NC)。这可以通过运用合适的表面活性剂对微晶表面进行封盖而实现,形成一个具有官能群的长链有机分子。表面活性剂是否应该在反应过程中加入,在什么时候加入,或者是否应该原位产生,显然取决于所研究的材料。同时,表面活性剂的选择取决于 NC 组成材料的特性。比如 Fe_3O_4 的氧化纳米粒子通过羧酸或胺稳定化。

几乎所有的胶体合成过程中,时间、温度、前体的浓度等,以及试剂和表面活性剂的化学特性等反应条件的系统调整,都可以控制 NC 的尺寸和形状[60]。双官能有机分子可能作为链发生以连接两种纳米粒子。

③半导体晶体合成法,这种方法不要求配合使用溶剂、添加剂或表面活性剂,尤其是使用了合成Ⅱ族和Ⅲ族这些不稳定溶剂(如十八烷烯、苯、甲苯、正乙烷)中可溶的前体。在快速注入Ⅵ族和Ⅴ族前体后,这些前体分别产生大量Ⅱ-Ⅵ型和Ⅲ-Ⅴ型种子,同时产生一种可以控制尺寸分布的表面活性剂,通过控制前体浓度及反应温度,就可以获得高分散的纳米晶体。

2.4.2 纳米材料的表征

纳米材料表现出的属性及改进的性能很大程度上取决于它们的组成、大小、表面结构和粒子间的相互作用。因此这些属性的表征在纳米材料的发展和理解结构-功能关系方面就显得极为重要。这就促使一系列适合于纳米结构研究的显微镜方法以及分光镜方法的应用。广泛应用于纳米材料表征上的重要的显微镜成像及衍射技术的方法一共有 3 种,即 X 射线表征法、电子显微镜法和扫描探针显微镜法。

1. X射线表征法

①X射线衍射(XRD),普遍用于纳米材料的晶体结构表征及估计晶体尺寸方面。通常令X射线通过纳米粒子粉末进行衍射,所以X射线衍射也常被称为粉末衍射。

晶体材料的X射线衍射基于X射线通过宽范围排列次序决定的周期性晶格而产生弹性分散的原理。这是一种基于空间的相互作用的方式,即它给出了关于材料周期性表现出来的信息,而不是单个原子的真实空间分布,并且提供了关于晶体结构及纳米结构材料的微粒尺寸的总体均值的信息。当一束单色X射线射在一个样品上,射线穿透样品并通过纳米材料周期排列的晶格而发生衍射,根据众所周知的布拉格等式可得

$$n\lambda = 2d\sin\theta \tag{2.4}$$

式中,n是一个整数;λ是X射线波长;d是晶体衍射平面所导致的特定衍射束之间的距离;θ是入射角度。

由散射的X射线的结构间相互作用而决定的衍射模式提供了材料的晶体图谱信息。在纳米材料中,把样品制作成粉末或者薄膜曝露于X射线中,可以改变射线的入射角度。对于包含多晶体的材料(粉末),X射线衍射图谱是一系列的二维角度上的峰,满足布拉格衍射定律。

②X射线光电子光谱(X - ray photoelectron spectroscopy, XPS),同样被认为是一种化学分析电子光谱(electron spectroscopy for chemical analysis, ESCA),它可以研究样本表面的组成及电子状态。其原理是利用光点效应产生光子(这里是X射线)撞击材料的表面,以使得电子以不同的能级离开材料表面。

样本——用于研究的薄膜形式的纳米材料,被能量在200 ~ 2 000 eV的单色X射线照射。光电子在离开时,具有的动能是一种结合能,是特定原子的化学环境。这种方法仅讨论那些从样品表面的前几个纳米发射的电子。电子分光计可以根据电子的动能探测到那些离开样品的电子。

样品的XPS通过光谱呈现发射的电子流量,$N(E)$是结合能(决定于发射电子的动能)的函数。图2.12是磷化铟(InP)纳米微粒的测量光谱,给出了样品表面不同元素的信息。O和C之间的峰值来自污染物。高分辨率的扫描显示在图2.13和图2.14中,用来计算原子浓度。峰值区(具有合适的灵敏度因子)用来确定元素的浓度。

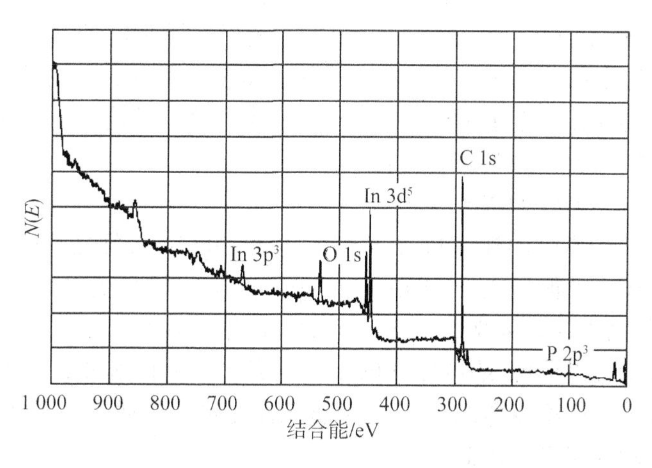

图2.12　InP纳米微粒的测量光谱

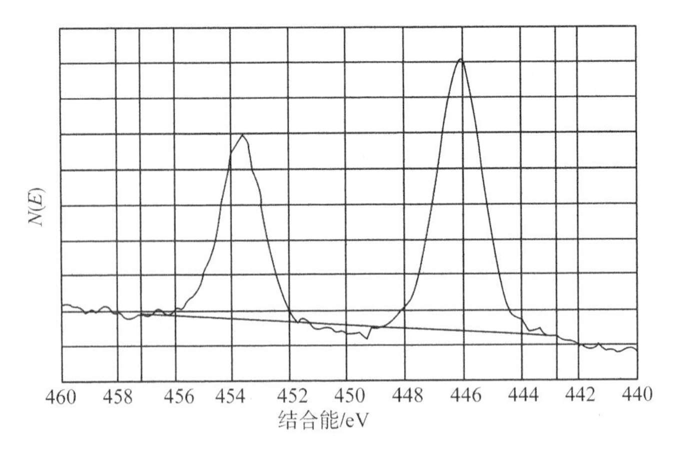

图 2.13　In 3d^5 电子的结合能

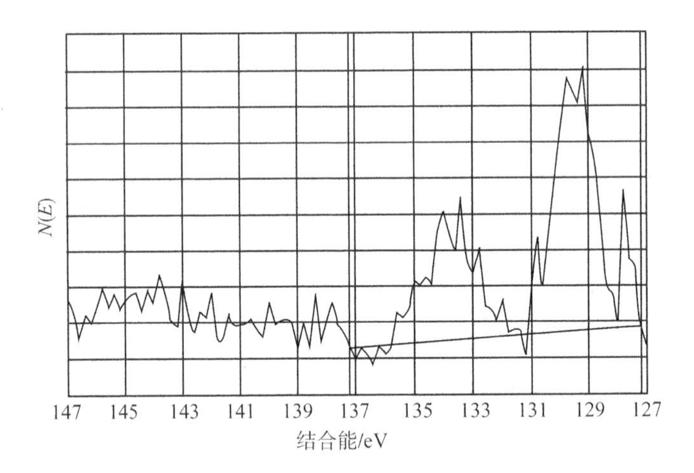

图 2.14　InP 中 P 2p^3 电子的结合能

2. 电子显微镜法

电子显微镜是一种在纳米结构材料尺寸及形态的表征方面强有力的工具[61]。如同光学显微镜一样,它提供了材料在直接空间的图像。电子显微镜提供的纳米级分辨率非常适合观察纳米材料。这里描述了两种主要的电子显微镜法。透射电子显微镜法是应用集中的电子束而非可见光,去照射(电子透镜)样品的透射式光学显微镜的电子显微镜法。扫描电子显微镜法主要是使用集中的电子束扫描样品。

(1)透射电子显微镜法(TEM)

TEM 是用来分析非常薄的样品的,其探针是电子,用它透过样品。透射电子显微镜的结构与光学显微镜在原理上很相似,一束电子束,就和透射式显微镜中的光是一样的,它穿过样品,同时也会被样品中的结构改变。TEM 中的样品室处在高真空状态中。穿透的电子束被透射到一个磷屏上得以呈现,或被计算机数字化成数据进行处理和使用。TEM 中的电磁透镜含有铁圈包围的再载流线圈,所以电子束被电磁透镜聚焦通过检验样品。最终,透镜电子束被物镜拦截显示在荧光屏幕上。

TEM 的组成如下：

①制造单色电子束的电子；

②能够将电子聚光为细束的电磁透镜；

③通过去除大角度电子来限制电子束的聚光器孔径；

④放置样品的样品台；

⑤聚焦透射电子束的物镜；

⑥通过阻挡大角度衍射以提高对比度，同时也获得电子衍射的可选择目标及区域的金属孔径；

⑦后续媒介以及投影透镜以扩大图像，允许由透射电子束所呈图像的光学记录。

这个方法的要求就是样品应该很薄才能让高能量电子通过。当电子穿过样品时，由于库仑作用在原子上会发生散射。散射（可以是弹性的，也可以是非弹性的）的程度取决于样品的原子组成。较重的原子（原子数较大）发生强烈的散射。与透过原子数较小的区域相比，透过这部分区域的射线强度较低。到达荧光屏的电子的强度分布取决于透射的电子数目。这导致了含有重原子较丰富的样品，图像区域相对较黑。

（2）扫描电子显微镜法（SEM）

SEM 是一项以通过特别准备好的样品表面的电子束扫描来获得样品图像的技术。SEM 很好地解决了样品无遮挡的三维结构图像。为达到这一目的，将一个电子枪中射出的电子束通过聚焦透镜聚焦到样品表面上。将电子束聚焦到一个很小的范围内，一般直径在 10 ~ 20 nm 是可实现的。这一聚焦点的直径决定了最终扫描得到的图像的分辨率。在聚集透镜下方的扫描线圈组（由可控制电流通过的导线构成）使电子束发生偏转。电子束偏转可使在表面上的扫描呈网格形式（类似电视机），在每一个点停留一段时间，停留时间取决于扫描速度（通常在微秒范围内）。

当聚焦电子束撞击样品表面时，通常激发电子、背向散射电子、阴极射线发光，以及撞击电子产生的超能 X 射线等信号可以被用来 SEM 成像。信号是通过样品特定的发射量获得的，并且用于测量样品的许多特性，如位置、表面形状、晶体形状、电磁特性等。

检测器俘获激发电子及背向散射电子，主要用来呈现表面形状的图像。检测器将每一个电子转变形成一个闪光，之后得到电子脉冲。信号放大器把脉冲信号放大，并且用来调节图像中的亮点强度，然后通过阴极射线管（CRT）显像二维图像。因此，理论上来说，样品上的每一点都被能转移成像到相应的 CRT 点上。激发电子的强度取决于 SEM 图像中点的亮度，这个亮度的强弱取决于样品的表面形状，检测器被不对称地放置，所以直面检测器的表面区域显示亮度很强，而孔洞和缝隙显示则较暗。

值得注意的是，我们希望样本具有导电性，因为使用绝缘样品时表面电荷的聚集会阻碍激发电子的产生，所以对于不导电的样品，要沉积一层薄石墨或者金属，以使其具有导电的特性，防止电荷的产生。

SEM 比 TEM 好的地方是它提供了极大的聚焦深度，因此可以获得样品曝光表面的三维图像，如图 2.15 所示。相比较而言，TEM 仅能提供薄样品的透射对比度，但是 TEM 的分辨率远比 SEM 高。因此为获得直径小于 10 nm 的纳米粒子尺寸和形状方面的信息，使用 TEM 技术比较适合。

（3）其他电子束技术

反射式高能电子衍射（RHEED）技术是在 MBE 生长室中配合使用的，因为他是监控逐层生长的标准方法。此方法采用电子枪中的高能电子束(10 ~ 20 keV)以一个掠射角(0.5° ~ 3°)撞击在生长表面。电子穿透表面若干层,出射的电子投到磷光屏上[62],得到的图像就是衍射图像。

RHEED 是通过监测衍射形式作为基板上薄膜生长的函数,提供了薄膜晶体对称、长程序列宽度(模式锐度),以及生长模式(不管是三维或二维)方面的信息。然而,RHEED 最实用的作用是检测生长的厚度,逐层地运用入射角和反射角相同的镜像电子束的强度。

图 2.15　密集结构的 200 nm 聚苯乙烯 SEM 断层突像

3. 扫描探针显微镜法(SPM)

SPM 在获得纳米结构的三维空间图像上,以及纳米结构显微的物理特性局部测量(例如局部电子密度[63])方面已经成为一种强有力的工具。SPM 的图像是通过运用小的局部探针(纳米半径)以及样品表面的相互作用而获得的,取决于局部相互作用的特性(同时也是小区域的特性)。我们可以获得图像以提供表面形状的空间分布、电子结构、磁性结构或是其他局部特性。SPM 技术可以提供丰富的信息(如局部物理特性或连接),这也是它的一个主要优点。它的分辨率达到了单个原子水平,重点是可以在不破坏样品的前提下,不需要特殊的样品制备。

最普遍的扫描探测技术是扫描隧道显微镜法(scanning tunneling microscopy,STM)及原子力显微镜法(atomic force microscopy,AFM)。

(1)扫描隧道显微镜法(STM)

STM 中的探针(金属的)和表面之间的相互作用是电性的,产生电子隧穿,这是最古老的扫描探测显微技术,测量探针及样品之间的隧穿电流。因为它们之间有一定的距离所以会出现一个电场。

STM 最早用于在超高真空条件下的导电表面分析。从那时起这项技术就已经做了改进以适用于更广泛的范围,因此它可以在很多不同的环境条件下使用,例如空气中、水中、油及电解质中[64]。

(2)原子力显微镜法(AFM)

AFM 是基于探针和表面之间的原子力,取决于探针和样品的分离,各种力都有可能占主导地位。

AFM 检测探针和样品表面之间的全部的力[65]。在这种情况下,探针附着在一个悬臂弹簧上。与 STM 不同,这一成像技术不依赖于样品的电导率,由样品表面施加到探针上的力使悬臂产生弯曲。通过使用已知弹性系数 C 的悬臂,净力 F 可以由悬臂弹簧的偏转度(弯曲)Δz,由等式 $F = C\Delta z$ 而直接获得。产生 AFM 图像最常用的模式是接触和轻敲。

从本质上来说,AFM 是通过测量样品和探针之间的吸引力或排斥力而获得的。在接触模式中,探针工作在斥力状态(扫描时,探针与样品相接触);在非接触模式中,探针工作在引力状态(探针和样品距离很近但不接触)。接触模式可以用在空气和液体中的样品上,而非接触模式不能用于液体。

2.5　纳米光子学的应用及前景展望

纳米光子学(nanophotonics)是目前发展最为迅速的现代光学分支之一,所涉及的器件特征尺寸与波传感测量、显示、固体照明、生物医学、安全、数据存储常在同一个量级,其发展动力不仅来自人们对微纳尺度上或亚波长尺度上对光性质变化的浓厚的研究兴趣,同时还来自市场的巨大需求和工业界的强力投入。微纳米光子学有望设计出超级光子器件,并突破现有的一些技术极限,其实际应用包括半导体制造、光通信、传感成像、太阳能、光互联等。

近日,暨南大学光子技术研究院海外英才创新团队与关柏鸥团队在纳米光子结构色打印与光电器件集成方面取得了重要的突破。针对目前纳米光子结构色超快激光打印各向同性的局限性,暨南大学光子技术研究院张轶楠副研究员、李向平教授等人提出一种全可见光各向异性的精细等离子结构激光打印方法,利用紧聚焦的单个飞秒脉冲对“十字铝－二氧化硅－铝膜”的三明治结构进行直接辐照,通过控制飞秒单脉冲的偏振方向,利用金属铝的高电子晶格耦合系数,实现了复杂金属铝结构的各向异性形貌的精确操控,从而实现了全可见光的多功能超表面功能性器件。同时,该团队还进一步探索了结构色在光电功能器件领域的应用。

近年来,学术界大量学者对研究基于电磁学的微纳米光子学模型十分感兴趣。纳米粒子的电磁波传播以及散射的数值仿真需要考虑合适的物理色散媒介,用来表示所涉及纳米材料在光学频率的物理特性。

2.5.1　纳米粒子在光学诊断和靶向治疗中的应用

纳米粒子的尺寸小于 50 nm,明显小于生物细胞膜的孔隙尺寸,在细胞诊断和靶向治疗中有着很大的优势。纳米结构可以是聚合体、陶瓷、硅、树状的或是基于脂质体的结构。基于聚合体、陶瓷和硅的纳米粒子更为刚性,树状和脂质体的结构相对更为软性,这些纳米结构提供了多功能的结构弹性。纳米粒子具有以下优势。

①无免疫性。它们在进入人体循环系统时不会引起任何的免疫反应。

②可以结合化合物。比如和硅或者有机修饰的硅,它们可以抵御微生物的侵蚀,不会被酶促降解,可以有效地保护胶囊化的探针或者药物。

③提供了三种不同的诊断治疗结构平台。第一种是内部具有可以胶囊化的探针和治疗剂的溶剂;第二种是表面可以与靶向目标结合而使纳米粒子到达细胞或特定细胞受体的生物点;第三种是纳米粒子中的孔隙可以被修饰成特定的尺寸从而选择性地摄取或释放生物活性分子或活性治疗剂。

④具有合适功能化表面且尺寸小于 50 nm 的纳米粒子,以通过细胞内吞作用穿透细胞膜的孔隙,这提供了细胞内诊断和治疗的合适机制。

⑤具有高光透性,可以很容易地完成光活化和光探测。

图 2.16 列出了几种纳米粒子在光学诊断和治疗中的应用。

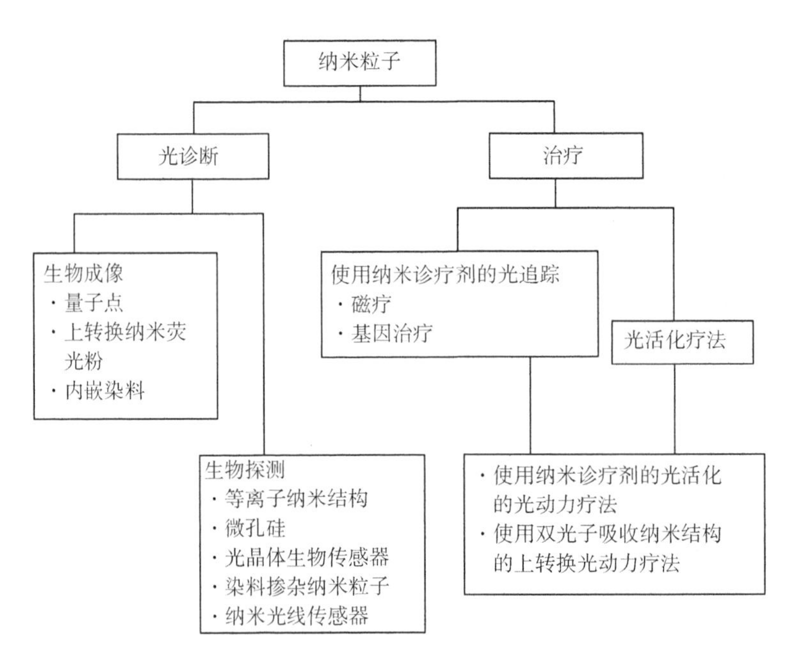

图 2.16　几种纳米粒子在光学诊断和治疗中的应用

2.5.2　生物传感器

1. 等离子体生物传感器

金属纳米结构已经用于生物传感器中。一个广泛的应用生物传感器的方法是Kretchmann模型的表面等离子体共振。薄膜表层等离子传感器在《生物光子学》这本书中有着详细的讨论[66]。这种类型的表面等离子传感器已在市场上销售。近年来的研究工作聚焦于金属纳米粒子和金属壳。在每一个实际应用中,不是由于金属纳米结构表面结合了被测物,就是由于被测物引起粒子间相互作用的改变而导致荧光增强或等离子体共振改变。下面讨论纳米粒子和纳米壳的一些应用例子。

Aslan 等[36]使用金属增强荧光来探测 DNA 杂交,形成了一门应用广泛的生物技术和诊断技术。

Mirkin 等[38]把一个末端采用强金属 - 硫磺反应的硫醇修饰的单链 DNA 链接到一个 15 nm 的金纳米粒子上。15 nm 的金纳米粒子显示出良好的限定的表面等离子体共振。由于这个共振效应,单一的金粒子结合到 DNA 上时,立即显示出酒红色,当这个结合了金粒子的 DNA 在试棒中同它的互补 DNA 杂交后,双编列导致了纳米粒子的聚合,改变了表面等离子体共振,由此改变了颜色,变为蓝黑色。颜色改变的原因在于等离子体对粒间距离和聚合尺寸非常敏感。

2. 光子晶体生物传感器

这一类利用纳米光子学进行生物传感器设计的方法是基于光子晶体中禁带波长的转换,该转换是通过被测物的结合而制造出来的。

3. 多孔硅微腔生物传感器

多孔硅是一种包含硅纳米的材料,具有高发光性。然而其发射分布相当宽(150 nm 为中心宽达750 nm)。Fauchet等使用多孔硅微腔谐振调节器来限制荧光线宽(约3 nm),并提高它的灵敏度,进一步论述了这一材料在生物传感器中的应用。介于两层布拉格反射介质间的多孔硅构成了微腔结构。他们利用微腔进行DNA检测,氧化的多孔硅表面硅烷化,并且链接了单链DNA,当接触到互补DNA时微腔共振模结构的荧光模式发生了转变,这一结果表现在图2.17中。相反,在接触无互补性DNA时没有荧光变化。Chan等[67]使用这一硅微腔传感器进行了革兰氏阴性菌的检测,结果表明多孔硅传感器在分辨革兰氏阴性菌和革兰氏阳性菌上卓有成效。

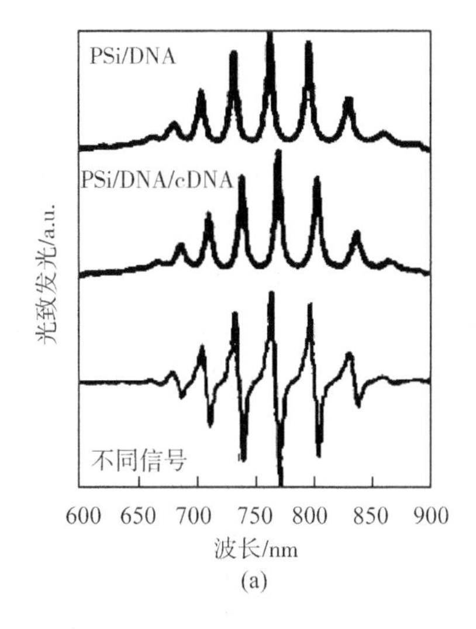

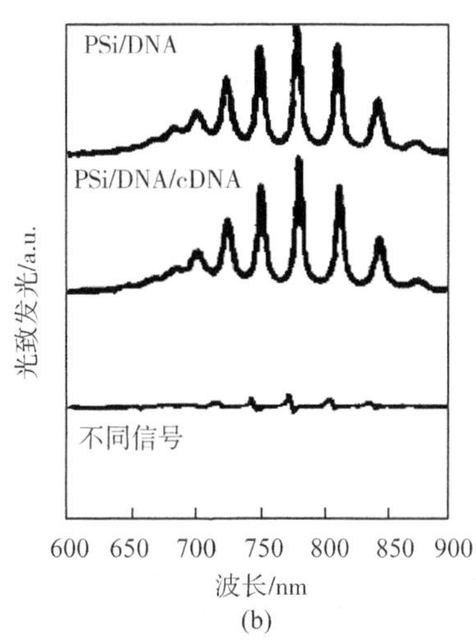

图2.17 利用微腔进行DNA检测结果

注:结合多孔畦微腔的DNA模结构光谱处于两幅图的最上方。当互补DNA接触到结合多孔硅微腔的DNA后,观察到有7 nm的红移(图(a)的中间谱线),再结合前后获得的有着极大差别的信号;当无互补性DNA接触到多孔硅传感器(图(b)的中间谱线),观察不到发光峰值的变化,而且发出的差异信号不明显。

4.用于体外生物检测的PEBBLE纳米传感器

局部生物包埋封装探针(PEBBLE)是由Xu等[68]共同发明的,它能够对细胞内钙离子浓度、pH值和其他生化参数进行光测量,在纳米探针和纳米医学应用上有着无可比拟的优点。PEBBLE是纳米尺度的球状材料,它包含着被包埋于化学惰性基体间质中的分子传感器。

5.染料掺杂的纳米粒子传感器

Tan等[69]在DNA传感方面发展了染料掺杂纳米粒子(NP)技术。在这个方法中,将多个发光分子植入到二氧化硅纳米粒子中,这些纳米粒子有着很强的发光性和抗环境光漂白性,已经作为色素应用于细胞的染色和生物标记中。Tan等同时研究了修饰二氧化硅纳米粒子的表面来满足一定的生化功能的方法,这些生化功能包括细胞染色、酶促NP和DNA生物传感器。

利用这些纳米粒子,他们研究了实用的DNA/mRNA分析分离生物技术,同时也发展了单微生物检测和细胞成像技术。灵敏的DNA检测在临床诊断、基因治疗和多种生物医学中非常重要。

6.纳米光纤传感器

这类传感器是用锥形光纤制成的。锥形纤维尖端直径介于20~100 nm,这些锥形纤维又被称为纳米光纤。正如在近场显微镜中一样，这些纤维是由涂在其外壁上的金属来限制光路的。生物标记探针与被测物相结合，固定在尖端开口处（纳米光纤末端）。首枚光纳米传感器是由 Kopelman 小组制造出并用作细胞内化学传感的。自那以后，出现了多份关于 pH 值、各种离子和其他化学成分测量的报告[69-71]。由 Alarie 等[72]发表的关于纳米生物传感器的报告便是其中之一。在这项工作中，硅烷化纤维尖端使得与羰基二咪唑反应的抗体共价键合。传感器探针处的抗体可以作为特定检测苯并芘四醇（BPT）的抗原而识别苯并芘，苯并芘四醇是细胞分解化学致癌物而产生的苯并芘的 DNA 加合物。这为快速检测被某种化学物质恶性侵蚀了的细胞提供了一个便捷的方法。

2.5.3 纳米光子学的前景展望

纳米光子学不仅涉及多学科理论，例如光学、物理学、化学、半导体科学、电子学、材料科学和数学等，同时还需要昂贵的制造设备和测量仪器等试验/检测手段的大量投入。我国在纳米光子学方面起步基本与国际同步，并且最近几年的经费投入增长幅度也非常大，先后成立了一些国家级、省部级、市级等重点试验室及区域研究中心等，研究队伍不断壮大，研究面不断拓宽，有些研究已达到领先水平，取得了一些令人瞩目的成果。

1. 信息技术

尽管 2000 年年初 IT 市场增长放慢，但由于社会必须处理不断增多的信息并对信息进行存储、显示和传播，可以预期 IT 市场还是会继续增长。因此，处理速度的加快、带宽的增加（更多渠道来传递信息）、高密度的存储和高效率处理，以及灵活的显示都将需要新的技术。此外，光子和 RF/微波的耦合将在未来的信息技术中发挥重大作用。纳米光子学有望在所有这些领域中产生重大影响。以光子晶体为基础的集成光路，以杂化纳米复合材料为基础的显示设备，以及射频/光子连接器就是其中一些典型例子。制订明确的处理方法以满足设备的可靠性、批处理和成本效益等方面的需求是目前面临的主要挑战。

2. 传感器技术

人们迫切需要将传感器技术应用到卫生、结构和环境监测等领域。一个引起人们极大关注的问题是微生物有机体菌株和传染病的快速检测与识别，这需要进行定点检测及环境监测；另一个全球关注的焦点领域是应对生化武器的威胁，不仅需要检测生化武器对生态系统的破坏力，还需要检测爆炸时对建筑结构（桥梁、纪念碑等）造成的破坏。纳米光子传感器利用多元纳米探针对多种威胁进行同步监测及遥感。未来可将纳米光电子用于光电混合检测。

3. 纳米医学

全球范围的老龄化带来了一系列医疗保健问题，对疾病进行早期发现和干预治疗变得很重要。纳米医学利用光诱导和光活化疗法，对药物进行实时监测，产生出更有效的个性化分子疗法。此外，纳米医学还可用于化妆品工业。因此，我们认为，纳米医学将是一个有巨大发展潜力的领域。同时，应该指出的是，由于任何技术的应用都是一个长期的过程，不能指望纳米医学很快出现在应用市场中，许多人指出纳米医学应用中的一个主要问题是，纳米粒子的长期使用会对健康产生不利影响，如毒性在重要器官积累，引起循环系统梗阻等。

总之，强有力的证据显示，纳米光子学拥有光明的商业前景，其创新将对市场产生革命性的影响。

参 考 文 献

[1]HIRSCH L R, JACKSON J B, LEE A, et al. A whole blood immunoassay using gold nanoshells[J]. Analytical Chemistry,2003,75(10):2377 - 2381.

[2]LASEMA J J. Modem techniques in Raman spectroscopy[M]. New York:John Wiley & Sons,1996.

[3]HAO E, SCHATZ G C. Electromagnetic fields around silver nanoparticles and dimers [J]. Journal of Chemical Physics,2004,120(1):357 - 366.

[4]ATWATER H. Guiding light[J]. SPIE's Oemagazine,2002:42 - 44.

[5]MAIER S A ,KIK P G ,ATWATER H A ,et al. Local detection of electromagnetic energy transport below the diffraction limit in metal nanoparticle plasmon waveguides[J]. Nature Materials,2003,2(4):229 - 232.

[6]CHANG R K, FURTAK T A. Surface enhanced Raman scattering[M]. New York : Plenum Press,1982.

[7]WENSELEERS W, STELLACCI F, MEYER-FRIEDRICHSEN T, et al. Five orders-of-magnitude enhancement of two-photon absorption for dyes on silver nanoparticle fractal clusters [J]. Journal of Physical Chemistry B,2002,106(27):6853 - 6863.

[8]KALYANIWALLA N, HAUS J W, INGUVA R, et al. Intrinsic optical bistability for coated particles[J]. Physical Review A,1990,42(9):5613 - 5621.

[9]NEUENDORF R, QUINTEN M, KREIBIG U. Optical Bistablility of Small Heterogeneous Cluster[J]. Journal of Chemical Physics,1996(104):6348 - 6354 .

[10] ZHU Y, CHANDRA P, SHIM Y B. Ultrasensitive and selective electrochemical diagnosis of breast cancer based on a hydrazine-Au nanoparticle-aptamer bioconjugate [J]. Analytical Chemistry,2013,85(2):1058 - 1064.

[11] POWELL C J, SWAN J B. Origin of the characteristic electron energy losses in magnesium[J]. Physical Review,1959,115(4):869 - 875.

[12]PRASHANT K J, KYEONG S L, IVAN H, et al. Calculated absorption and scattering properties of gold nanoparticles of different size, shape, and composition: applications in biological imaging and biomedicine[J]. Journal of Physical Chemistry B,2006,110(14):7238 - 7248.

[13]HUANG X, EI-SAYED I H, QIAN W, et al. Cancer cell imaging and photothermal therapy in the near-infrared region by using gold nanorods[J]. Journal of the American Chemical Society,2006,128(6):2115 - 2120.

[14] KELLY K L, CORONADO E, LIN L Z, et al. The optical properties of metal nanoparticles: the influence of size, shape, and dielectric environment [J]. Journal of Physical Chemistry B,2003,34(16):668 - 677.

[15]LONG Y T, JING C. Localized surface plasmon resonance based nanobiosensors[M]. New York: Springer-Verlag,2014.

[16]HEO C J, KIM S H, JANG S G, et al. Gold 'nanograils' with tunable dipolarmultiple

plasmon resonances[J]. Advanced Materials,2009, 21(17):1726 - 1731.

[17]JOKERST J V,COLE A J,VAN D S D,et al. Gold nanorods for ovarian cancer detection with photoacoustic imaging and resection guidance via Raman imaging inliving mice[J]. ACS Nano,2012,6(11):10366 - 10377.

[18]HAYNES C L,DUYNE R P V. Nanosphere lithography:a versatile nanofabrication tool for studies of size-dependent nanoparticle optics[J]. Journal of Physical Chemistry B,2001,105(24):5599 - 5611.

[19]NG S P,QIU G,WU C M L. Differential phase-detecting localized surface plasmon resonance sensor with self-assembly gold nano-islands[J]. Optics Letters, 2015, 40(9): 1924 - 1927.

[20]PARK J H,BYUN J Y,SHIM W B,et al. High-sensitivity detection of ATP using a localized surface plasmon resonance (LSPR) sensor and split aptamers[J]. Biosensors and Bioelectronics,2015,73:26 - 31.

[21]KAWAWAKI T,SHINJO N,TATSUMA T. Backward-scattering-based localized surface plasmon resonance sensors with gold nanospheres and nanoshells[J]. Analytical Sciences the International Journal of the Japan Society for Analytical Chemistry,2016,32(3):271 - 274.

[22] MAYER K M, HAFNER J H. Localized surface plasmon resonance sensors[J]. Chemical Reviews,2011,111(6):3828 - 3857.

[23]LI Y,JING C,ZHANG L,et al. Resonance scattering particles as biolgical nanosenors in vitro and in vivo[J]. Journal of Physical Chemistry B,2012,43(18):632 - 642.

[24] MIE G. Beitrage zur optik truber medien, speziell kolloidaler metallosungen[J]. Annalen Der Physik,1908,330(3):377 - 455.

[25]BURDA C,CHEN X,NARAYANAN R,et al. Chemistry and properties of nanocrystals of different shapes[J]. Chemical Reviews,2005,105(4):1025 - 1102.

[26]KATZ E,WILLNER I. Integrated nanoparticle-biomolecule hybrid systems: synthesis, properties,and applications[J]. Angewandte Chemie International Edition,2010,43(45):6042 - 6108.

[27]CONDE J,DIAS J T,GRAZÚ V,et al. Revisiting 30 years of biofunctionalization and surface chemistry of inorganic nanoparticles for nanomedicine[J]. Frontiers in Chemistry,2014,2(48):48.

[28]AUSTIN L A,MACKEY M A,DREADEN E C,et al. The optical, photothermal, and facile surface chemical properties of gold and silver nanoparticles in biodiagnostics, therapy, and drug delivery[J]. Archives of Toxicology,2014,88(7):1391 - 1417.

[29]EL-SAYED I H,HUANG X,EL-SAYED M A. Surface plasmon resonance scattering and absorption of anti-egfrantibody conjugated gold nanoparticles in cancer diagnostics: applications in oral cancer[J]. Nano Letters,2005,5(5):829 - 834.

[30]PISSUWAN D,NIIDOME T. Polyelectrolyte-coated gold nanorods and their biomedical applications[J]. Nanoscale Cambridge,2015,7(1):59 - 65.

[31] ZHANG W, WANG F, WANG Y, et al. pH and near-infrared light dual-stimuli responsive drug delivery using DNA-conjugated gold nanorods for effective treatment of multidrug

resistant cancer cells[J]. Journal of Controlled Release,2016,232(8):9-19.

[32]ADAM D L Z,PRABHULKAR S,PEREZ V L,et al. Optical coherence contrast imaging using gold nanorods in living mice eyes[J]. Clinical and Experimental Ophthalmology,2015,43(4):358-366.

[33]ROSI N L,MIRKIN C A. Nanostructures in biodiagnostics[J]. Chemical Reviews,2005,105(4):1547-1562.

[34]ALIVISATOS P. The use of nanocrystals in biological detection[J]. Nature Biotechnology,2004,22(1):47-52.

[35]CHEN C K, HEINZ T F, RICARD D, et al. Surface-enhanced second-harmonic generation and Raman scattering[J]. Physical Review B,1983,27(4):1965-1979.

[36]ASLAN K,LAKOWICZ J R,GEDDES C D. Plasmon light scattering in biology and medicine:new sensing approaches, visions and perspectives[J]. Current Opinion in Chemical Biology,2005,9(5):538-544.

[37]JIANG J,BOSNICK K,MAILLARD M,et al. Single molecule Raman spectroscopy at the junctions of large Ag nanocrystals[J]. Journal of Physical Chemistry B,2003,107(37):9964-9972.

[38]MIRKIN C A,LETSINGER R L,MUCIC R C,et al. A DNA-based method for rationally assembling nanoparticles into macroscopic materials[J]. Nature,1996,382(6592):607-609.

[39]PINTO Y Y,LE J D,SEEMAN N C,et al. Sequence-encoded self-assembly of multiple-nanocomponent arrays by 2D DNA scaffolding [J]. Nano Letters,2005,5(12):2399-2402.

[40]MUCIC R C,STORHOFF J J,MIRKIN C A,et al. DNA-directed synthesis of binary nanoparticle network materials[J]. Journal of the American Chemical Society,1998,120(48):12674-12675.

[41]WANG S,MAMEDOVA N,KOTOV N,et al. Antigen/antibody immunocomplex from CdTe nanoparticle bioconjugates[J]. Nano Letters,2002,2(8):817-822.

[42]BERRY V,SARAF R F. Self-assembly of nanoparticles on live bacterium:an avenue to fabricate electronic devices[J]. Angewandte Chemie International Edition,2005,44(41):6668-6673.

[43]MAO C,SOLIS D J,REISS B D,et al. Virus-based toolkit for the directed synthesis of magnetic and semiconducting nanowires[J]. Science,2004,303(5655):213-217.

[44]LEE S W,MAO C,FLYNN C E,et al. Ordering of quantum dots using genetically engineered viruses[J]. Science,2002,296(5569):892-895.

[45]AMINE A,MOHAMMADI H,BOURAIS I,et al. Enzyme inhibition-based biosensors for food safety and environmental monitoring[J]. Biosensors and Bioelectronics,2006,21(8):1405-1423.

[46]HONG P,LI W,LI J. Applications of aptasensors in clinical diagnostics[J]. Sensors,2012,12(2):1181-1193.

[47]XIN J,DOU B,WANG Z,et al. Direct electrochemistry of methanobactin functionalized gold nanoparticles on Au electrode[J]. Journal of Nanoscience and Nanotechnology,2018,18(7):4805-4813.

[48] SALAHANDISH R, GHAFFARINEJAD A, NAGHIB S M, et al. A novel graphene-grafted gold nanoparticles composite for highly sensitive electrochemical biosensin [J]. IEEE Sensors Journal, 2018, 18(6): 2513 - 2519.

[49] BRINKER C J, SCHERER G W. Sol-gel science: the physics and chemistry of sol-gel processing[M]. New York: Academic Press, 1990.

[50] YEH P. Introduction to photorefractive nonlinear optics[M]. New York: John Wiley & Sons, 1993.

[51] MOEMER W E, SILENCE S M. Polymeric photorefractive materials [J]. Chemical Reviews, 1994, 94(1): 127 - 155.

[52] ZHANG Y, BURZYNSKI R, GHOSAL S, et al. Photorefractive Polymers and Composites [J]. Advanced Materials, 1996, 8(2): 115 - 125 .

[53] MOSES D. High quantum efficiency luminescence from a conducting polymer in solution: a novel polymer laser dye[J]. Applied Physics Letters, 1992, 60(26): 3215 - 3216.

[54] WINIARZ J G, ZHANG L, LAI M, et al. Photogeneration, charge transport, and photoconductivity of a novel PVK/CdS-nanocrystal polymer composite [J]. Chemical Physics, 1999, 245(1 - 3): 417 - 428.

[55] WINIARZ J G, ZHANG L, LAI M, et al. Observation of the photoreftactive effect in a hybrid organic-inorganic nanocomposite[J]. Journal of the American Chemical Society, 1999, 121(22): 5287 - 5298.

[56] JONES A C, O' BRIEN P. CVD of compound semiconductors: Precursor Synthesis, Development and Applications[M]. Weinheim: VCH, 1997.

[57] KELLY M J. Low-dimensional semiconductors[M]. Oxford: Clarendon Press, 1995.

[58] MURRAY C B, KAGAN C R, BAWENDI M G. Synthesis and characterization of monodisperse nanocrystals and close-packed nanocrystal assembles[J]. Annual Review Materials Science, 2000, 30: 545 - 610.

[59] LAL M, LEVY L, KIM K S, et al. Silica nanobubbles containing an organic dye in a multilayered organic/inorganic heterostructure with enhanced luminescence [J]. Chemistry of Materials, 2000, 12(9): 2632 - 2639.

[60] FENDLER J H, MELDRUM F C. The colloid chemical approach to nanostructured materials[J]. Advanced Materials, 1995, 7(7): 607 - 632 .

[61] HEIMENDAHL M V. Electron microscopy of materials: an introduction [M]. New York: Academic Press, 1980.

[62] VVEDENSKY D. Low-dimentional semiconductor structures [M]. Cambridge: Cambridge University Press, 2001.

[63] BONNELL D, HUEY B D. Scanning probe microscopy and spectroscopy—theory, techniques, and applications[M]. New York: John Wiley & Sons, 2001.

[64] MANNE S, MASSIE T, ELINGS B, et al. Electrochemistry on a gold surface observed with the atomic force microscope[J]. Journal of Vacuum Science & Technology B, 1991, 9(2): 950 - 954.

[65] MEYER E. Atomic force microscopy: fundamentals to most advanced applications[M].

New York:Springer-Verlag,2003.

[66]PRASAD P N. Introduction to biophotonics[M]. New York:Wiley-Interscience,2003.

[67]CHAN S,LI Y,ROTHBERG L J,et al. Nanoscale silicon microcavities for biosensing [J]. Materials Science & Engineering C,2001,151(1):277 -282.

[68]XU H,AYLOTT J W,KOPELMAN R,et al. A real-time ratio-metric method for the determination of molecular oxygen inside living cells using sol-gel-based spherical optical nanosensors with applications to rat C6 glioma[J]. Analytical Chemistry,2001,73(17):4124 - 4133 .

[69]TAN W H,SHI Z Y,KOPELMAN R. Miniaturized fiberoptic chemical sensors with fluorescent dye-doped polymers[J]. Sensors & Actuators B Chemical,1995,28(2):157 -163.

[70]SONG A,PARUS S, KOPELMAN R. High-performance fiber optic pH microsensors for practical physiological measurements using a dual-emission sensitive dye [J]. Analytical Chemistry,1997,69(5):863 -867 .

[71]BUI J D,ZELLES T,LOU H J. et al. Probing intracellular dynamics in living cells with near-field optics[J]. Journal of Neuroscience Methods,1999,89(1):9 -15.

[72]ALARIE J P,VO-DINH T. Antibody-based submicron biosensor for benzo [A]pyrene DNA adduct[J]. Polycyclic Aromatic Compounds,2012,8(1):45 -52.

第3章　表面增强拉曼散射

自然界中光散射是最常见的现象之一，当一束光照射到物质时，大部分的光被物质反射或透过物质，但是会有极少部分光偏离原来传播方向向各个方向散射。散射包含许多形式。

在散射过程中，如果散射光波长不发生改变，则称之为弹性散射，如瑞利散射和丁德尔散射，它们的共同点是散射光的频率与入射光的频率相同，即散射前后光子能量并未发生变化。如果物质对入射光的散射还产生一种波长发生变化的散射光，则称之为非弹性散射，如布里渊散射和拉曼散射，它们是由物质中存在弹性波所引起，但其频率变化量很小。

3.1　拉曼散射效应

拉曼散射属于非弹性散射，其过程是：当入射光照射介质时，除了大部分光被介质透射和反射外，还有一小部分光会向各个方向散射，而且散射光频率与入射光频率不同。这种频率偏移的散射就称为拉曼散射，其过程示意图如图3.1所示。

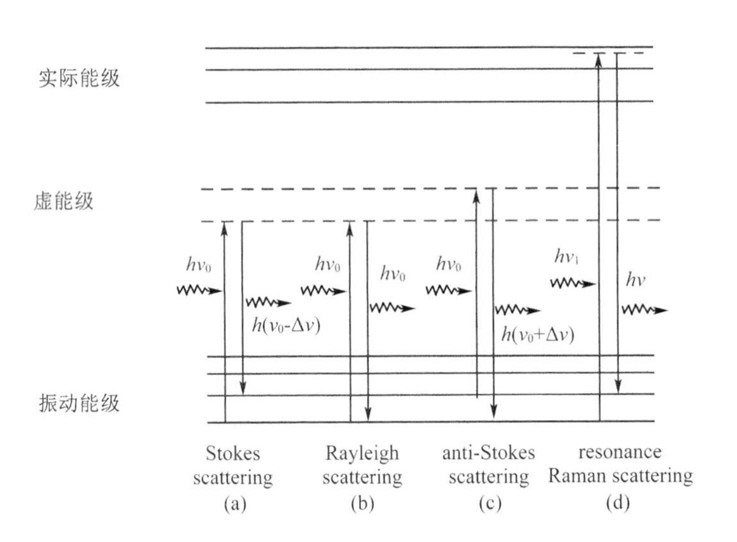

图3.1　拉曼散射过程示意图

当频率为 ν_0 的单色光照射分子时，分子被极化而产生散射光，h 为普朗克常数。若散射光与分子没有能量交换，光子改变运动方向但频率不变，如图3.1(b)所示，这种弹性散射称为瑞利散射(Rayleigh scattering)。若散射光与分子之间发生能量交换，光子频率和运动方向都改变，这种非弹性散射过程称为拉曼散射(Raman scattering)，如果过程中分子吸收入射光子的部分能量，则释放出的光子能量为 $h(\nu_0 - \Delta\nu)$，此为斯托克斯(Stokes)线，如图3.1(a)所示；若入射光子吸收分子能量，则释放出的光子能量为 $h(\nu_0 + \Delta\nu)$，此为反斯托克斯

(anti-Stokes)线,如图3.1(c)所示。尽管常态下低能态与高能态可以并存,但是分子能量遵循波尔兹曼(Boltzmann)分布定律,所以,相对而言反斯托克斯线比斯托克斯线弱很多[2]。两种谱线与入射光频率之差$\Delta\nu$称为拉曼频移。若入射光能量接近分子第一激发态与基态之间的能级差或几乎一致时,如图3.1(d)所示,此时散射强度可高达10^6,此种散射称为共振拉曼散射(resonance Raman scattering)。

自发现拉曼散射以来,随之建立的拉曼光谱分析法使拉曼光谱应用到了化学、生物、材料等领域。可是其应用仅限于高功率光源分析采样较多且纯度较高的样品,而对于样品表面分子分析还不能满足要求。造成这种情况的主要原因就是物质表面一般是单分子或亚单分子层,由于只能采样很少的分子,因此不能产生足够的拉曼强度。

3.1.1 拉曼散射理论

1. 经典理论

当物质的尺寸远远小于入射光的波长时,会发生散射现象。瑞利散射与散射光的强度都与入射光的频率的四次方成正比。但是,瑞利散射光的波长没有变化,而散射光的波长则发生了变化。这个现象,从经典的理论来说,可以看作是入射光电磁波使原子或者分子电极化以后产生的,因为原子和分子都是可以被极化的,所以产生瑞利散射,又因为极化率随着分子内部运动、转动、振动而变化,所以产生拉曼散射。

拉曼散射的经典理论依据是以物质分子(散射体)当作电介质,光波当作电磁场,当物质分子受电场强度为$\boldsymbol{E}$的电磁场作用时,会产生感应电偶极矩$\boldsymbol{P}$,即

$$\boldsymbol{P} = \boldsymbol{P}^{(1)} + \boldsymbol{P}^{(2)} + \boldsymbol{P}^{(3)} + \cdots \tag{3.1}$$

$$\boldsymbol{P}^{(1)} = \boldsymbol{\alpha} \cdot \boldsymbol{E} \tag{3.2}$$

$$\boldsymbol{P}^{(2)} = 1/2\boldsymbol{\beta} \cdot \boldsymbol{E} \cdot \boldsymbol{E} \tag{3.3}$$

$$\boldsymbol{P}^{(3)} = 1/6\boldsymbol{\gamma} \cdot \boldsymbol{E} \cdot \boldsymbol{E} \cdot \boldsymbol{E} \tag{3.4}$$

式中,$\boldsymbol{\alpha}$是分子的极化率,数量单位在$10^{-40}\mathrm{C \cdot V^{-1} m^2}$,是二阶张量;$\boldsymbol{\beta}$是分子的超极化率,数量单位在$10^{-50}\ \mathrm{C \cdot V^{-2} m^3}$,是三阶张量;$\boldsymbol{\gamma}$是分子的二级超极化率,数量单位在$10^{-61}\ \mathrm{C \cdot V^{-3} m^4}$,是四阶张量。

若不考虑超极化率和二级超极化率的影响,将式(3.1)改为

$$\boldsymbol{P}^{(1)} = \boldsymbol{\alpha} \cdot \boldsymbol{E} \tag{3.5}$$

假设入射光是频率为ν_0的单色光,有

$$\boldsymbol{E} = \boldsymbol{E}_0 \cos 2\pi\nu_0 t_0 \tag{3.6}$$

$$\boldsymbol{P} = \boldsymbol{\alpha}\boldsymbol{E}_0 \cos 2\pi\nu_0 t_0 \tag{3.7}$$

如果将产生感应电偶极矩的分子视为各向同性,即$\boldsymbol{\alpha}$作为常数,感应电偶极矩将发射频率为ν_0的电磁辐射,它的频率和入射频率相同,这就是瑞利散射。

但实际上分子是非各向同性的,极化率$\boldsymbol{\alpha}$是一个张量,那么所加电场在x、y、z轴方向上产生的感应电偶极矩可以表示为

$$P_x = \alpha_{xx}E_x + \alpha_{xy}E_y + \alpha_{xz}E_z \tag{3.8}$$

$$P_y = \alpha_{yx}E_x + \alpha_{yy}E_y + \alpha_{yz}E_z \tag{3.9}$$

$$P_z = \alpha_{zx}E_x + \alpha_{zy}E_y + \alpha_{zz}E_z \tag{3.10}$$

α_{xx}、α_{xy}等9个系数称为极化率张量分量,α_{xy}的意义是沿y轴方向的单位电场强度E_y在

x 轴方向所产生的极化率张量,其他 8 个依此类推。

如考虑实对称的极化率张量分量,则

$$\alpha_{xy} = \alpha_{yx},\ \alpha_{xz} = \alpha_{zx},\alpha_{yz} = \alpha_{zy}$$

这 6 个极化率张量分量与坐标 x、y、z 可以组成一个椭球方程,即

$$\alpha_{xx}x^2 + \alpha_{yy}y^2 + \alpha_{zz}z^2 + 2\alpha_{xy}xy + 2\alpha_{xz}xz + 2\alpha_{yz}yz = 1 \tag{3.11}$$

极化率椭球的尺度决定于上述极化率张量分量的值,如果分子在振动或转动时,6 个极化率张量分量的任何一个发生变化,那么产生拉曼光谱的条件就可以满足。

简正振动:组成分子的所有原子都近似看作在平衡位置附近做同频率、同位相的谐振动,分子中任何一个复杂振动都可以看作是这些简正振动的叠加。

$$\alpha = \alpha_0 + \sum_{\nu}\left(\frac{\partial\alpha}{\partial Q_\nu}\right)Q_\nu + \sum_{\nu,l}\frac{1}{2}\left(\frac{\partial\alpha}{\partial Q_\nu\partial Q_l}\right)Q_\nu Q_l + \cdots \tag{3.12}$$

式中,α_0 为极化率在平衡位置时的值;$Q_\nu, Q_l, \cdots$ 是振动频率为 $\nu_\nu, \nu_l, \cdots$ 的振动的简正坐标;脚标“0”,是导数在平衡位置时的取值。只考虑一个简正振动 Q_ν,有

$$\alpha = \alpha_0 + \sum_{\nu}\left(\frac{\partial\alpha}{\partial Q_\nu}\right)_0 Q_\nu \tag{3.13}$$

简正振动频率与简正坐标的相互关系为

$$Q_\nu = Q_0\cos 2\pi\nu_0 t_0 \tag{3.14}$$

Q_0 为初始位置的简正坐标,由式(3.7)和式(3.8)可得

$$P_x = (\alpha_{xx}E_{0x} + \alpha_{xy}E_{0y} + \alpha_{xz}E_{0z})\cos 2\pi\nu_0 t_0 \tag{3.15}$$

将式(3.13)和式(3.14)代入式(3.15)可以得到

$$\begin{aligned} P_x = {} & (\alpha_{xx}E_{0x} + \alpha_{xy}E_{0y} + \alpha_{xz}E_{0z})\cos 2\pi\nu_0 t_0 + \\ & \left[\left(\frac{\partial\alpha_{xx}}{\partial Q_0}\right)_0 E_{0x} + \left(\frac{\partial\alpha_{xy}}{\partial Q_0}\right)_0 E_{0y} + \left(\frac{\partial\alpha_{xz}}{\partial Q_0}\right)_0 E_{0z}\right]\cos 2\pi\nu_\nu t_0\cos 2\pi\nu_0 t_0 \end{aligned}$$

利用三角公式化简可得

$$\begin{aligned} P_x = {} & (\alpha_{0xx}E_{0x} + \alpha_{0xy}E_{0y} + \alpha_{0xz}E_{0z})\cos 2\pi\nu_0 t_0 + \\ & \left[\frac{Q_0}{2}\left(\frac{\partial\alpha_{xx}}{\partial Q_\nu}\right)_0 E_{0x} + \left(\frac{\partial\alpha_{xy}}{\partial Q_\nu}\right)_0 E_{0y} + \left(\frac{\partial\alpha_{xz}}{\partial Q_\nu}\right)_0 E_{0z}\right] \\ & [\cos 2\pi(\nu_0 - \nu_\nu)t_0\cos 2\pi(\nu_0 + \nu_\nu)t_0] \end{aligned} \tag{3.16}$$

式(3.16)右边的第一项包含入射光频率 ν_0,它对应于瑞利散射,并确定了瑞利散射的性质;右边的第二项除了包含入射光频率 ν_0 以外,还包含有 $\nu_0 - \nu_\nu$ 和 $\nu_0 + \nu_\nu$ 的光频率,它们对应于振动拉曼频率,分别代表斯托克斯线和反斯托克斯线,这一项实际上确定了拉曼散射的性质是一种非弹性散射。

由经典理论可以得出拉曼光谱与分子极化率的关系如下:

分子在静电场 $\boldsymbol{E}$ 中,极化感应偶极距 $\boldsymbol{P}$ 为

$$\boldsymbol{P} = \boldsymbol{\alpha}\cdot\boldsymbol{E}$$

式中,$\boldsymbol{\alpha}$ 为分子极化率。即诱导偶极矩与外电场强度之比为分子极化率,分子中两原子距离最大时,$\boldsymbol{\alpha}$ 也最大;拉曼散射强度与分子极化率成正比。

2. 量子理论

入射频率为 ν_0 的单色光是具有能量 $h\nu_0$ 的光子,光子与物质的分子碰撞产生弹性散射和非弹性散射。在非弹性散射过程中,光子与物质之间有能量交换,光子的频率发生改变。

放出或者吸收的能量是分子的两定态之间的能量差，引入虚能级用来表示高于初始态对应于入射光量子能级的能级，E_n和E_m分别为分子的初始态和终态的能量，ν_0和ν_1分别为入射光和散射光的频率。光与物质作用时，会产生三种情况，如图 3.2 所示。

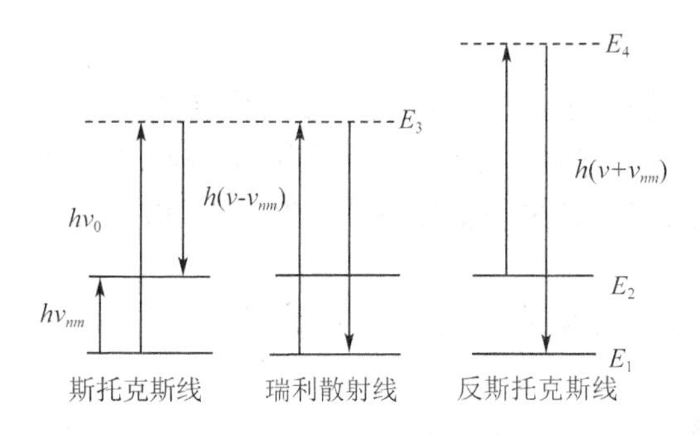

图 3.2　拉曼和瑞利散射的能级图

与其他光谱的原理相同，拉曼散射的强度正比于初始态中的分子数。对于斯托克斯线来说，初始态E_1为振动态基态，而对于反斯托克斯线来说，它的初始态E_2为一振动激发态。

$$h\nu_1 = h\nu_0 + (E_n - E_m) \tag{3.17}$$

对于瑞利散射线：

$$E_n - E_m = 0 \tag{3.18}$$

$$h\nu_0 = h\nu_1 \tag{3.19}$$

$$\nu_1 = \nu_0 \tag{3.20}$$

对于斯托克斯线：

$$E_n - E_m = -h\nu_{nm} \tag{3.21}$$

$$\nu_1 = \nu - \nu_{nm} \tag{3.22}$$

对于反斯托克斯线：

$$E_n - E_m = -h\nu_{nm} \tag{3.23}$$

$$\nu_1 = \nu + \nu_{nm} \tag{3.24}$$

处于基态的分子总是占绝大多数，所以斯托克斯线强度远远高于反斯托克斯线强度。斯托克斯线与反斯托克斯线的强度比可用这样一个式子表示，即

$$I_{反斯托克斯}/I_{斯托克斯} = \frac{(\nu_0 + \nu)^4}{(\nu_0 - \nu)^4}\exp(-h\nu/kT) \tag{3.25}$$

3.1.2　拉曼散射的特点

①在每一条原始的入射光谱线旁边都伴有散射线，在原始光谱线的长波长方向的散射谱线称为红伴线或斯托克斯线，在短波长方向上的散射线称为紫伴线或反斯托克斯线，它们各自和原始光的频率差相同，只是反斯托克斯线相对斯托克斯线出现得少且弱。

②这些频率差的数值与入射光波长无关，只与散射介质有关。

③每种散射介质有它自己的一套频率差，其中有些和红外吸收的频率相等，它们表征了

散射介质的分子振动频率。

3.2 表面增强拉曼散射效应

拉曼散射光谱的最大优点是光谱灵敏度高,最大缺点是散射截面极小。当选取的入射光波长非常接近或处于散射分子的电子吸收峰范围内时,拉曼跃迁的概率大大增加,产生共振拉曼,使得分子的某些振动模式的拉曼散射截面增大 10^6倍。

3.2.1 表面增强拉曼散射效应的发现

当分子吸附到某些粗糙金属,如金、银、铜等金属表面时,它们的拉曼信号强度比正常的拉曼散射强度高 10^4 ~ 10^7倍,这种特殊的拉曼散射现象被称作表面增强拉曼散射(surface enhanced Raman scattering,SERS)效应。

SERS 效应是 1974 年由 Fleischman 等[3]在对吸附在粗糙银电极上的吡啶分子进行检测时首次观察到的,但他们只是把这种现象归功于粗糙基底的表面积增加。然后在 1977 年由 Jeanmarie 等[4]和 Albrecht 等[5]指出拉曼信号的增强倍数远远大于由于金属表面粗糙而引起的吸附分子的倍数。随后在 1978 年 Moskovits[6]提出拉曼散射截面的增加是激发表面等离子体的结果。而这一结果就是所谓的表面增强拉曼散射效应,即吸附在特殊金属粗糙表面的某些分子,其拉曼光谱会出现明显的增强,其增强系数至少为 10^5。

对于 SERS 效应的研究在 10 多年前处于停滞状态,直到 Kneipp 小组[7]和 Nie 小组[8]分别独立报道了 SERS 的强度足以对单分子进行检测时,才再次引发了研究高潮。此外,近场光学[9]和等离子体学[10]也促成了这一技术的飞速发展。

自 SERS 效应被发现近 30 年来,得到了国内外相关专家学者的高度重视,并且得到了迅猛发展。究其原因主要有两点:一是在有利的环境下利用 SERS 效应对单分子进行检测时,拉曼信号增强可以达到 10^{14};二是最近对基于 SERS 分子识别能力的超敏感传感平台的研发,尤其是对于生物分子水平的鉴别。尽管到目前为止人们对 SERS 效应存在如此强大增强内部机理的认识还比较粗浅,缺乏 SERS 的完整理论,并且也有很多问题需要经过理论研究及试验验证去解决,但是我们仍然对 SERS 充满信心与希望,并尽力去完善 SERS 系统及进行 SERS 试验研究。

3.2.2 表面增强拉曼散射的特点

表面增强拉曼散射的特点如下[11]。

1. SERS 效应具有很大的增强因子

根据精确计算,吸附在粗糙的银、金或铜表面的分子散射截面要比普通分子增强 10^4 ~ 10^7倍,吸附在银纳米表面的增强因子可达 10^{14}。

2. SERS 具有表面选择性

物质分子只有吸附在少数金属表面上才能出现 SERS。这些金属为:币族金属金、银、铜;碱金属锂、钠和钾;另外,过渡金属铁、钴和镍等也能产生 SERS 效应。铂和铑在可见光下也能产生 SERS 效应。

3. 具有 SERS 效应的金属表面有一定的粗糙度

对于不同的金属，对应于最大增强因子的表面粗糙度是不同的，如银表面平均粗糙度达到 1 000 埃时在可见光范围内具有最大的增强因子，铜在粗糙度为 500 埃左右时，在红光范围内具有最好的增强效果。

3.2.3　SERS 增强机理

自 SERS 效应被发现以来，对于 SERS 增强机理的研究一直在进行，并且人们也提出了不同理论来解释此现象的具体增强机理，但是直到现在也没有对其增强的本质达成共识[12]。根据经典光散射理论，可以对 SERS 的增强过程定性理解[13]。光与物质相互作用时，物质分子将会引发振荡，进而产生次级发射。若入射光不强时，可认为只有偶极发射产生，诱导偶极矩如下

$$\boldsymbol{\mu}_{\mathrm{in}} = \boldsymbol{\alpha}\boldsymbol{E} \tag{3.26}$$

式中，$\boldsymbol{\mu}_{\mathrm{in}}$是诱导偶极矩；$\boldsymbol{\alpha}$ 为分子极化张量；$\boldsymbol{E}$ 为电场强度。由式(3.26)可知，诱导偶极矩与电场强度和分子极化张量是正比关系。由此可得出结论：SERS 增强机理包含两部分，即电磁增强和分子极化增强（化学增强），这是目前能够得到公认的增强机理。

1. SERS 电磁增强机理(electromagnetic enhancement mechanism)

电磁增强机理属于物理模型，也称为表面等离子体共振模型。此理论即将激发的表面等离子体转化成 SERS。最早是 1980 年 Gersten[14] 提出的所谓电磁模式，后来被 Kerker 等[15]延伸为被照射的小金属粒子周围的电磁场。

(1)原理

入射光照射孤立金属小球表面时，会使表面等离子体保持随入射光电场矢量摆动，此外，光还可以在金属粒子内部引发能级跃迁。对于一个比激发光波长小得多的粒子而言，除了极化表面等离子体以外都可以忽略。带有自由或几乎自由电子的系统可以维持这种跃迁，并且电子越自由极化表面等离子体共振将会越强。当激发光与极化表面等离子体发生共振时，金属粒子将会辐射极化电磁波。这一电磁辐射是激发场的相干过程，并且由场振幅的空间分布决定其特性，即粒子周围某些光强消弱了，而在金属粒子附近的某些光强却得到增强，即表面局域电磁场增强。此场增强可以用式(3.27)表示，即

$$\boldsymbol{E}_{\mathrm{s}} = g\boldsymbol{E}_0 \tag{3.27}$$

式中，$\boldsymbol{E}_{\mathrm{s}}$ 为金属粒子表面的局域近场增强平均电场；$\boldsymbol{E}_0$ 是入射电场；g 是粒子表面的平均增强因子。分子产生的拉曼散射光场强可表示为

$$\boldsymbol{E}_{\mathrm{R}} \propto \boldsymbol{\alpha}_{\mathrm{R}}\boldsymbol{E}_s \propto \boldsymbol{\alpha}_{\mathrm{R}} g\boldsymbol{E}_0 \tag{3.28}$$

式中，$\boldsymbol{\alpha}_{\mathrm{R}}$ 是拉曼张量分量之和。同样拉曼散射场也会被金属粒子进一步增强，也就是说金属粒子在拉曼频移波长处发射散射光，增强因子用 g' 表示，这样拉曼散射场可以表示为

$$\boldsymbol{E}_{\mathrm{SERS}} = \boldsymbol{\alpha}_{\mathrm{R}} g g' \boldsymbol{E}_0 \tag{3.29}$$

而 SERS 的平均强度与 $\boldsymbol{E}_{\mathrm{SERS}}$的平方成正比，则

$$I_{\mathrm{SERS}} \propto |\boldsymbol{\alpha}_{\mathrm{R}}|^2 \, |gg'|^2 I_0 \tag{3.30}$$

式中，I_{SERS}和 I_0分别是拉曼散射场的强度和入射场的强度。

对于低频波段，当 $g \cong g'$时，拉曼散射场的强度将以 $|g|^4$ 增强（而对于高频波段拉曼散

射场的强度非常复杂,在此不做讨论)。而 $|g|^4$ 与局域近场入射光强 $|\boldsymbol{E}_L|^4$ 相等,这样就很容易将 SERS 增强因子 G 定义为有金属小球存在时的拉曼散射光强与没有金属小球时的光强之比,即

$$G = \left|\frac{\boldsymbol{\alpha}_R}{\alpha_{R_0}}\right| |gg'|^2 = \left|\frac{\boldsymbol{\alpha}_R}{\alpha_{R_0}}\right| |g|^4 = \left|\frac{\boldsymbol{\alpha}_R}{\alpha_{R_0}}\right| |\boldsymbol{E}_L|^4 \tag{3.31}$$

式中,α_{R_0}是单个金属小球的拉曼极化因子;$\boldsymbol{E}_L$ 是金属球近场入射光强。

通过对单个金属小球 SERS 效应的电磁增强机理深入分析,Kneipp 等[16]于 2002 年得出结论,单个金属粒子的 SERS 增强因子可以表示为

$$G = |A(\nu_L)|^2 \, |A(\nu_S)|^2 \sim \left(\frac{r}{r+d}\right)^{12} \tag{3.32}$$

式中,r 是粒子曲率半径;d 是分子与金属粒子表面的距离;$|A(\nu_L)|$、$|A(\nu_S)|$分别是激发场增强因子和散射场增强因子。这一结论的得出进一步证明了 SERS 效应具有长程性[17-18]。

当入射光照射金属粒子团聚体,即多个粒子时,其 SERS 效应同样可以由电磁增强机理解释。如图 3.3 所示[19],若偏振光的电场方向与粒子间连线一致,则会在两个粒子之间产生很大的增强,若二者互相垂直,则不会有增强产生。这是因为二者方向一致时,共振及诱导偶极子之间的相互作用都会使粒子表面的自由电子极化,因此分子周围的电场会大大增强,从而产生 SERS 效应。而二者垂直的时候,诱导电荷不会影响粒子间的分子,因此不会产生额外的增强。后来 Xu 等[20-21]经过理论计算,进一步证明偏振光对金属粒子团聚体 SERS 效应的影响,但是粒子间的增强大小与粒子的结构有很大关系,此部分内容将在第 4 章中介绍。

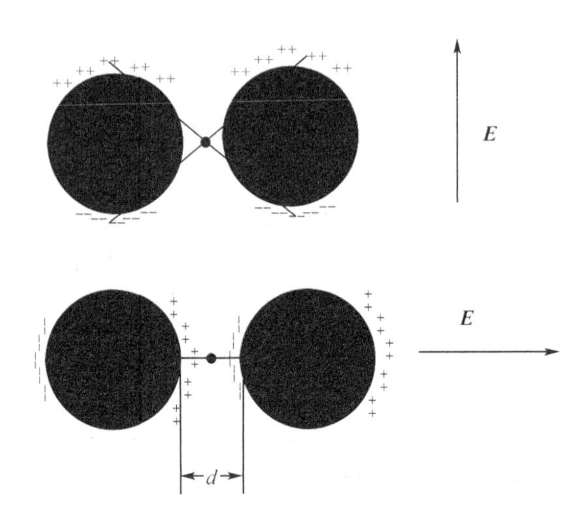

图 3.3　纳米粒子簇 SERS 效应示意图

对于 SERS 电磁增强机理,有以下几点需要重点关注。

①SERS 效应主要贡献是金属粒子散射而不是分子;

②尽管 SERS 强度与局域电场的四次方成正比,但仍然属于线性效应,并且依赖于入射场强 I_0;

③尽管有人认为将 $\boldsymbol{\alpha}_R$ 作为分子的拉曼极化因子有些欠妥,但是实际上散射粒子的拉曼

极化因子是包含分子的极化因子的(条件是分子吸附在金属粒子的表面);

④SERS效应是近场现象,尤其是指在金属粒子的表面。

(2)影响因素

SERS效应是可以用纳米科学描述的极少现象之一,这主要是因为要产生SERS效应,决定因素——金属粒子或者金属结构尺寸相对于激发光波长而言必须很小,这一般意味着SERS系统的活性结构尺寸应该在5~100 nm。同样活性结构的尺寸也不能比分子平均尺寸的下限尺寸小很多。SERS活性系统尺寸上限是由激发光波长决定的。因为激发光波长太大的话,光场不能激发偶极等离子体,只能激发高阶极化等离子体,而高阶极化等离子体是属于非辐射模式,对激发SERS效应没有任何作用。相应地,如果粒子太大的话,SERS效应也会大打折扣,这是因为太多的激发辐射被限制在高阶多极化等离子体内以至于SERS效应会被掩盖。

另外一种情况是如果产生SERS效应的纳米结构太小的话,粒子表面的电子散射过程会使金属纳米粒子的导电性大幅下降[22-23],结果导致偶极等离子体共振品质因数和辐射场强度下降。若金属粒子足够小,则其体积描写在表面等离子体的定义中就不再适用,而是需要把它们当作电学性能表现为量子尺寸效应的量子物体。进一步减小金属粒子的尺寸使粒子只由几个金属原子构成,进而可以用分子来确切表达粒子的性能参数。

以上描述可以用下面的基本模型进行描述。一个放置在真空中的金属球介电常数为$\varepsilon(\lambda)$,半径为r,其极化率可以表示为

$$\alpha = r^3 \frac{\varepsilon - 1}{\varepsilon + 2} \tag{3.33}$$

将式(3.33)与因带间跃迁而稍做改变的金属介电常数Drude模型表达式相结合,可以得到

$$\varepsilon = \varepsilon_b + 1 - \frac{\omega_p^2}{\omega^2 + i\omega\gamma} \tag{3.34}$$

式中,ε_b是带间跃迁对介电常数的贡献;ω_p是金属等离子体共振频率,其平方值与金属中的电子密度成正比;γ是电子散射率,其大小与电子平均自由行程成反比,因而与金属的直流电导率也成反比。将式(3.34)代入到式(3.33)可得

$$\alpha = \frac{R^3(\varepsilon_b\omega^2 - \omega_p^2) + i\omega\gamma\varepsilon_b}{[(\varepsilon_b + 3)\omega^2 - \omega_p^2] + i\omega\gamma(\varepsilon_b + 3)} \tag{3.35}$$

式中,当ω与$\omega_R = \frac{\omega_p}{\sqrt{\varepsilon_b + 3}}$相等时,极化率$\alpha$的实部和虚部极性相反,共振带宽是$\gamma(\varepsilon_b + 3)$。所以当因为金属固有导电率差或者因为金属纳米粒子尺寸太小,以至于粒子表面的电子散射变为主要的电子散射过程从而导致γ很大时,共振的质量及SERS增强会下降。同样在考虑的波长范围内,对于那些介电常数被带间跃迁改变很严重的金属,共振带宽会增加并且SERS增强会下降。这样就可以解释为什么银比金的SERS增强要强,而铜紧随其后。此外大多数过渡金属因为两种效应(导电率很低及带间跃迁对介电常数的贡献很大)结合而降低了其SERS增强能力。

总之,对于给定的金属其SERS效应的强度主要取决于纳米粒子的尺寸及间距。如果激发光的波长不会比载流子平均自由行程小太多的话,相对而言小尺寸金属粒子的SERS增强效果更好。

(3)计算方法

早期的电磁增强因子估算都是基于分析理论(球形结构采用 Mie 理论球状体采用准静态近似)。最近几年对于吸附于金属纳米粒子上的非共振分子的 SERS 增强因子估算出现了许多应用电动力学的理论方法,如离散偶极逼近法(discrete dipole approximation, DDA)、时域有限差分法(finite difference time - domain, FDTD),这些方法可以解麦克斯韦方程组以确定局域电场。在这些方法中粒子的结构用有限元进行描述,因而很容易对任何形状、尺寸为几百纳米的粒子进行计算,而且还可以对好多粒子进行计算。关于这两种计算方法,将在后续章节中进行详细描述。

2. SERS 化学增强机理(chemical enhancement mechanism)

尽管电磁增强机理可以理解激发波长和表面粗糙度对 SERS 效应的影响,但是在试验过程中人们发现不同的分子有不同 SERS 增强因子,不是所有的吸附分子都会产生 SERS 效应等现象,而这些用电磁增强机理不能解释。所以说除了电磁增强以外,肯定还有其他增强效应,经证实有化学增强存在。

化学增强是以分子与金属之间的相互作用引发 SERS 效应作为出发点,这种相互作用首先使分子极化率增加,从而增大拉曼散射信号。到目前为止,对于化学增强能够达到共识的有两种模型——活位模型和电荷转移模型,相对而言电荷转移模型更受人关注。

(1)活位模型

活位模型认为要产生 SERS 效应,必须要有吸附在基体表面上某些处于活位的分子。比如在用电化学方法使银电极表面粗糙以后,吸附在上面的分子可以产生 SERS 信号,可是当用欠电位法在上面覆盖 3% 的金属钛后,SERS 信号就会消失。由此表明基体表面只有一小部分才可以产生 SERS 信号。此理论模型可以很好地解释 SERS 效应的选择性及非弹性。

(2)电荷转移模型

当配位体与过渡金属离子结合成络合物时,会有新的吸收峰产生。相似地,当分子吸附在纳米金属粒子基体表面时,也会有新的吸收峰形成。如有合适波长的光照射金属表面,金属费米能级附近的电子就会发生共振跃迁,从而由吸附分子跃迁到金属或者由金属跃迁到吸附分子。这样就使得分子的有效极化率发生变化,从而产生 SERS 信号。这种模型就称为电荷转移模型,是由 Otto 等[24]提出来的,此模型一般包括 4 个步骤:

①光子淹没,电子被激发跃迁到高能态;

②高能态电子跃迁到吸附分子的未占据分子轨道(LUMO);

③电子由 LUMO 跃迁回到金属表面;

④产生斯托克斯光,电子与金属基体表面的空穴复合而产生斯托克斯光。

由电荷转移模型可得出结论,即若要产生 SERS 效应,金属和分子之间必须形成化学键,重点突出金属与分子发生化学吸附。许多试验结果都与这种电荷转移模型机理符合。

一般而言,化学增强对 SERS 效应的贡献相对于电磁增强而言很弱,不会超过 10 ~ 100[25]。但是在实际过程中发现这两种模型各具特色,对某些试验现象可以很好地解释,但对另一些试验现象却相互矛盾。因此直到现在也没有一个十分完善的理论模型能够完美解释 SERS 试验的各种现象。能够达到共识的就是在 SERS 效应的产生过程中电磁增强机理和化学增强机理同时存在,只是相对贡献有所不同而已。

通过对这两种增强机理综合考虑,Kneipp 等[26]于 1999 年得出了 SERS 强度的表达式,即

$$I_{SERS}(\nu_S) = N'I(\nu_L)\ |A(\nu_L)|^2\ |A(\nu_S)|^2 \sigma_{ads}^R \tag{3.36}$$

式中,σ_{ads}^R 表示的是吸附分子的拉曼增强散射截面(对应于化学增强);$A(\nu_L)$ 和 $A(\nu_S)$ 是在激发光和斯托克斯光频率下的场增强因子(对应于电磁场增强);N' 是参与 SERS 效应过程的分子数目。

3.2.4　SERS 基底

SERS 效应最初是在经反复氧化还原粗糙的金属电极上发现的,后来在银或金溶胶中也有发现。目前由于溶胶容易制备,所以它仍然是 SERS 系统应用最广泛的基底。可是开发溶胶或粗糙化表面的技术限制了控制基底结构的间距及周期性,这样就导致了 SERS 信号从这些基底上自由发散,进而限制了 SERS 效应对于分析应用的广泛开展。SERS 基底的发展可以拓宽 SERS 的应用范围,高活性 SERS 基底可以为 SERS 的学术研究提供理想模型。所以新型 SERS 基底的制备是基本技术。对于 SERS 基底的要求是:①与被测物或细胞具有良好的化学和生物兼容性;②化学和时间稳定性;③可重复使用及易于制备。

众所周知 SERS 的增强程度基本取决于基底结构形态[27],进而科学家们付出了很大的努力去研发各向同性、可重复利用及可大量生产的 SERS 基底,以便产生足够强的拉曼增强因子。迄今为止已经有多种类型的基底报道,如金属岛膜型[28]、金属纳米溶胶膜[29-30]、球型覆盖涂层[31]、粗糙的金属基底[32-33]、生物模板基底[34]等。最近又有采用自底向上法[35]、缺口表面等离子体极化法[36]、静电自组装法[37]制备 SERS 活性基底的内容报道。然而这些方法或者成本昂贵,或者耗时,并且不容易制备合适且可重复利用的高增强因子的基底。因此普通的 SERS 基底严重地限制了 SERS 效应作为理想分析技术的作用。更为关键的是,若要开发光纤 SERS 传感器,以上的这些技术对于光纤处理都不适合。为了研发基于 SERS 的光子晶体光纤传感器,对其基底的制备还需继续努力研究。尽管如此,由于 SERS 传感器灵敏度高、分辨率高等优点,其在海水污染监测、食品安全检测、生物医学检测等领域得到了广泛应用[38]。

3.3　银纳米粒子 SERS 效应数值仿真

为了更大发挥 SERS 技术在生物检测及传感领域的作用,需要不断发展新型 SERS 基底。而制造 SERS 基底结构相对于制备金属纳米粒子而言非常费时且成本很高,因此,必须要在基底的性能、复用性及成本之间寻求平衡,通过选取适当形状的金属纳米粒子达到良好的增强效果,而且,设计和仿真基底要比制造基底节省大量的人力、物力和财力。本章接下来就对三种主要类型的银纳米粒子的 SERS 效应进行数值仿真,并且对相近尺寸、间距的基底进行仿真以便对结果进行比较,并以此指导制备耐用、精确的 SERS 基底模型,进而提高对 SERS 效应的研究效率和发展进程。

仿真中银纳米粒子的光学常数取自广泛应用的文献[39]。波长在 200 ~ 1 000 nm 的入射波的偏振方向在入射面上以保证激发等离子。输入的电磁波为

$$\begin{aligned} E(\boldsymbol{r},t) &= E_0\exp(\mathrm{i}k\cdot\boldsymbol{r} - \mathrm{i}\omega t) \\ H(\boldsymbol{r},t) &= H_0\exp(\mathrm{i}k\cdot\boldsymbol{r} - \mathrm{i}\omega t) \end{aligned} \tag{3.37}$$

式中，$E(\boldsymbol{r},t)$ 和 $H(\boldsymbol{r},t)$ 分别表示在 $\boldsymbol{r}$ 位置、t 时刻的电场和磁场；E_0 和 H_0 分别是电场强度和磁场强度；$\boldsymbol{k}$ 是波矢；ω 是入射波角频率。若忽略光学非线性效应，且只考虑弹性散射，则散射体周围的电磁场互相独立，即

$$\begin{aligned} E(\boldsymbol{r},t) &= E_{\text{in}}(\boldsymbol{r},t) + E_{\text{sc}}(\boldsymbol{r},t) \\ H(\boldsymbol{r},t) &= H_{\text{in}}(\boldsymbol{r},t) + H_{\text{sc}}(\boldsymbol{r},t) \end{aligned} \tag{3.38}$$

式中，下脚标 in 和 sc 表示入射波和散射波。在仿真区域内电磁波满足麦克斯韦方程组，在媒介和散射体的交界面处符合边界方程，从而

$$\begin{cases} \nabla\times(\nabla\times E) - \omega^2\varepsilon\mu E = 0 \\ \nabla\times(\nabla\times H) - \omega^2\varepsilon\mu H = 0 \\ [E_2(\boldsymbol{r}) - E_1(\boldsymbol{r})]\times\boldsymbol{n} = 0 \\ [H_2(\boldsymbol{r}) - H_1(\boldsymbol{r})]\times\boldsymbol{n} = 0 \end{cases} \tag{3.39}$$

式中，ε、μ 分别是复介电常数和复磁导率；$\boldsymbol{r}$ 是散射体的范围；$\boldsymbol{n}$ 是边界处的直角坐标下单位矢量。

仿真区域内的场分布肯定是这个方程组的解，因而采用基于有限元方法的 COMSOL 软件可对每种基底进行仿真求数值解。仿真输出是电场强度的二维图，其电场强度可以按下式计算拉曼增强 $G_{(r,\omega)}$[40]，即

$$G_{(r,\omega)} = \left|\frac{\hat{E}_{\text{loc}}}{\hat{E}_{\text{free}}}(\omega_{\text{L}})\right|^2 \left|\frac{\hat{E}_{\text{loc}}}{\hat{E}_{\text{free}}}(\omega)\right|^2 \tag{3.40}$$

式中，ω_{L}、ω 分别是入射光和散射光的角频率；$\hat{E}_{\text{loc}}$、$\hat{E}_{\text{free}}$ 是有、无基底时局部矢量的绝对值（对入射光和散射光归一化），当散射光的极性与入射光相同时，预期的拉曼信号电磁增强可表示为[41]

$$G_{(r,\omega)} = \left|\frac{E_{(r,\omega)}}{E_{\text{inc}(\omega)}}\right|^4 \tag{3.41}$$

式中，$E_{(r,\omega)}$ 是在 r 处总的电场；$E_{\text{inc}(\omega)}$ 是入射电磁波电场。

在运用基于有限元法的 COMSOL 软件进行数值计算过程中，选择三维空间进行计算，选用 RF module-electromagnetic waves-scattered harmonic propagation 模块，对入射波取电场为 0.1 V/m，采用“散射边界条件”和“吸收边界条件”以将仿真区域缩减到一个有限的区域，而且在仿真中也用到了“完美匹配层”边界条件。除此之外的仿真计算过程与光子晶体光纤的相同，在此不再赘述。

目前常见银纳米粒子主要有纳米球、棒及半球，结构如图 3.4 所示。对 SERS 产生的影响叙述如下[42]。

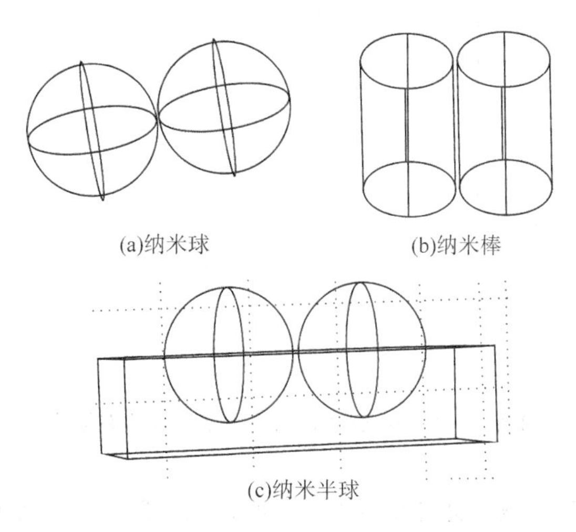

图 3.4　常见银纳米粒子结构示意图

3.3.1　纳米球的结构尺寸对增强效果的影响

首先通过对两个半径为 30 nm、间距为 1 nm 的银纳米球进行仿真,其场分布如图 3.5 所示。

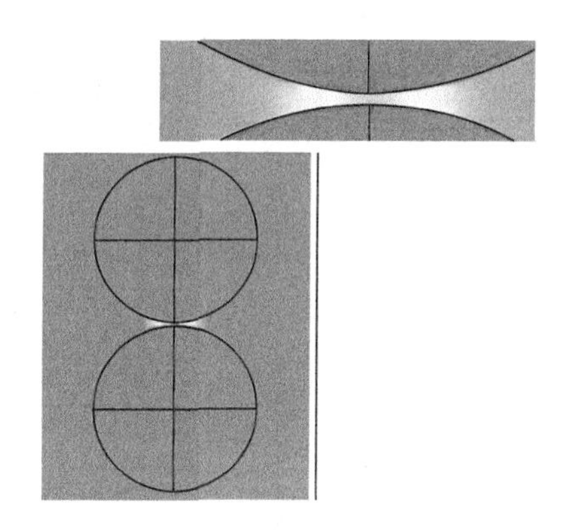

图 3.5　$r=30$ nm、$d=1$ nm、$\lambda=785$ nm 银纳米球的场分布

经过对计算结果进行后处理,可得输出电场随距离的变化关系,如图 3.6 所示。由图 3.6可见其电场在粒子间距 d 最小处有明显的增强,可达到2.7 V/m。然后根据式(3.41)就可以得到在此处的 SERS 增强因子为 531 441。

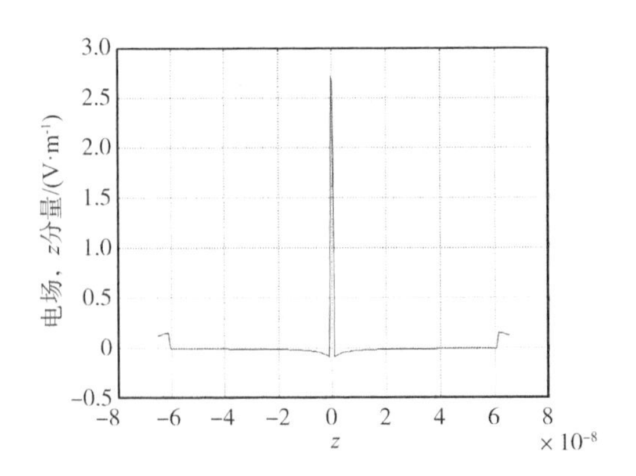

图 3.6　后处理得到的输出电场随距离的变化关系

同样的方法,我们经过数值计算得到 SERS 增强因子随粒子大小(半径为 r)、间距 d 及入射波长(wave length)的变化情况仿真结果如图 3.7 所示(图中 VS 表示“随……变化”)。

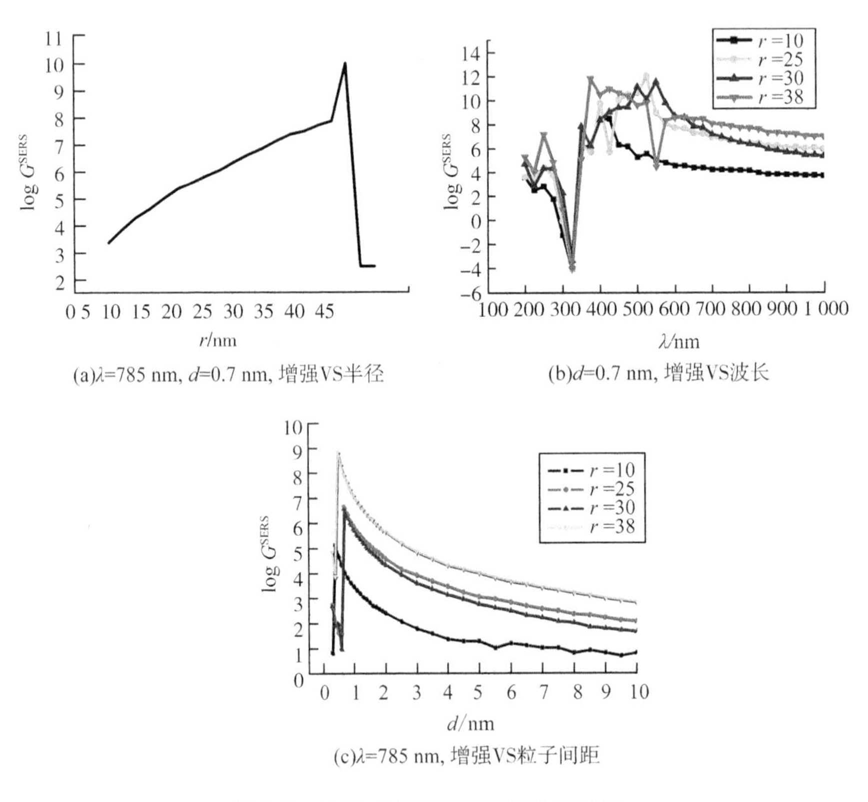

图 3.7　纳米球表面拉曼增强仿真结果

由图 3.7(c)可见,SERS 增强因子随间距的增加而减小,间距为 0.7 nm 与 10 nm 时增强因子相差近 6 个数量级。由图 3.7(b)可见,在间距 $d=0.7$ nm 时,若波长 $\lambda=514$ nm,增强因子 $G_{r=30}>G_{r=25}>G_{r=38}>G_{r=10}$;若 $\lambda=785$ nm 时,增强因子 $G_{r=38}>G_{r=30}>G_{r=25}>G_{r=10}$,即增强因子随粒子半径的增加而增加,但由图 3.7(a)可见,半径超过 38 nm 时增强会急剧下降。

3.3.2　纳米棒的结构尺寸对增强效果的影响

对银纳米棒进行仿真时，棒的长度取为 150 nm，从而可以避免因棒的长度对拉曼增强造成影响。通过对半径 $r = 50$ nm，间距 $d = 1$ nm 的银纳米棒进行仿真，令波长 $\lambda = 785$ nm，其场分布如图 3.8 所示。

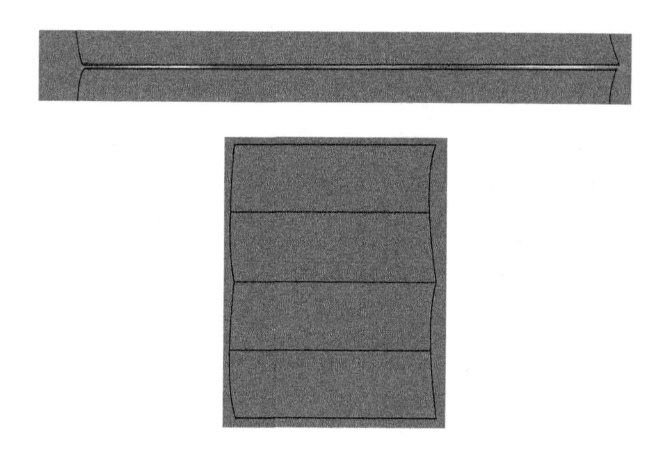

图 3.8　银纳米棒的场分布图

对 $r = 50$ nm，$d = 1$ nm 的银纳米棒进行仿真，令 $\lambda = 785$ nm，其 SERS 增强因子随纳米棒尺寸、间距及输入波长的变化仿真结果如图 3.9 所示。

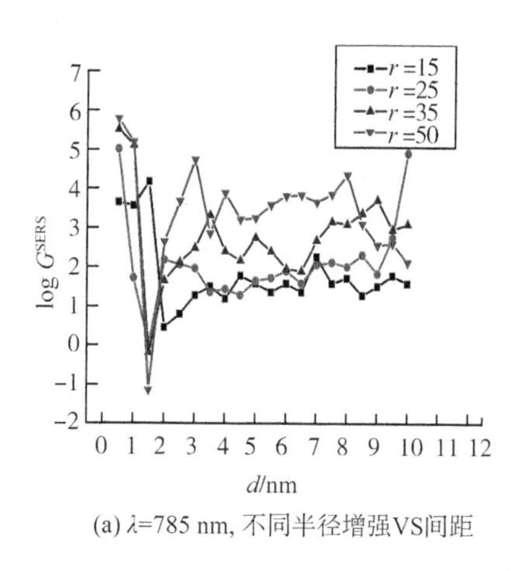

(a) λ=785 nm, 不同半径增强VS间距

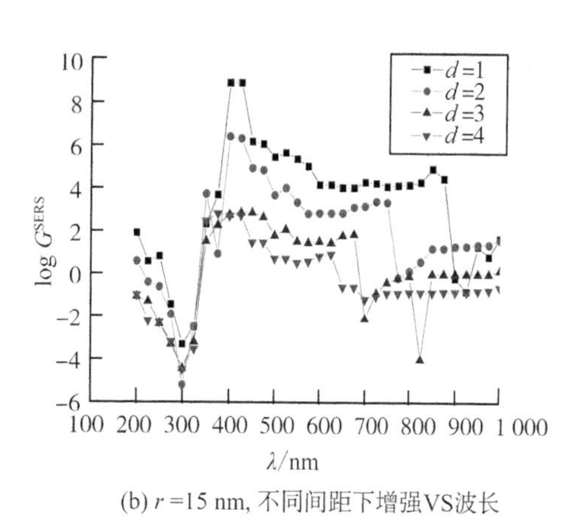

(b) r =15 nm, 不同间距下增强VS波长

图 3.9　纳米棒表面拉曼增强因子仿真结果

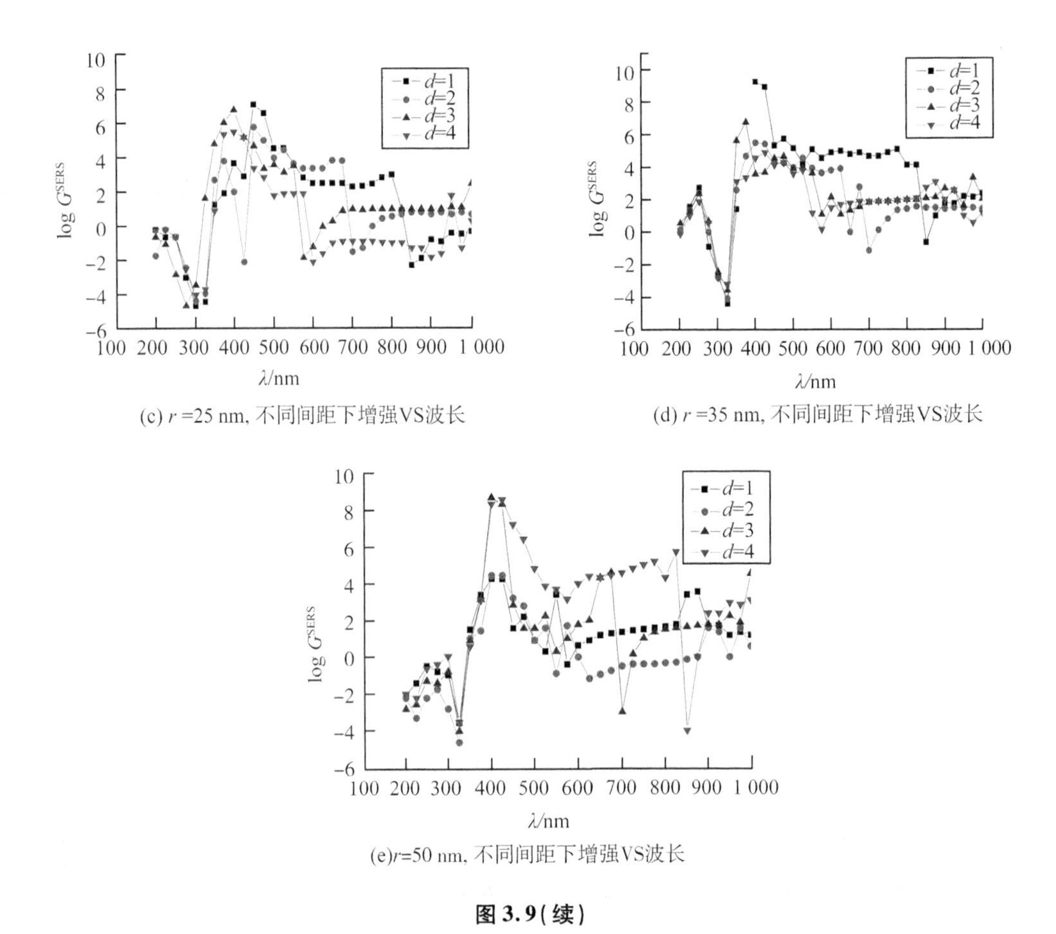

(c) r =25 nm, 不同间距下增强VS波长

(d) r =35 nm, 不同间距下增强VS波长

(e)r=50 nm, 不同间距下增强VS波长

图 3.9(续)

由图 3.9(a)可见,对于不同半径的纳米棒,若 $\lambda=785$ nm,当 $d=0.5$ nm 时增强最大,$d=1.5$ nm 时增强最弱;间距 d 在 2 ~ 8 nm 时,增强随纳米棒半径 r 的增大而增大。由图 3.9(b)(c)(d)可见,对常用的拉曼光谱检测波长 $\lambda=514$ nm,$r=15$ nm 时,$d=1$ nm 具有明显大的增强;而对于另外三种半径则无明显区别。$\lambda=785$ nm,$r=15$ nm、25 nm、35 nm 时,$d=1$ nm 增强因子最大;而 $r=50$ nm 时,$d=4$ nm 时增强因子最大。

3.3.3 纳米半球的结构尺寸对增强效果的影响

对银纳米半球进行仿真,波长 $\lambda=785$ nm 时,半径 $r=15$ nm,纳米半球间距 $d=1$ nm,其场分布如图 3.10 所示。

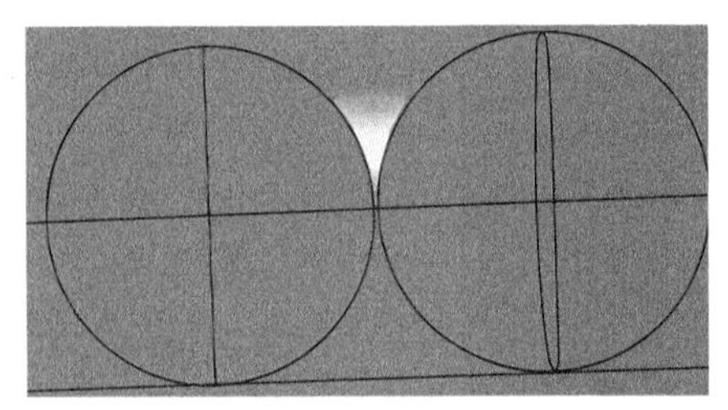

图 3.10 银纳米半球的场分布图

此外，通过改变半球的半径、间距、波长从而分别得出各种情况下的表面拉曼增强因子随结构参数的变化，如图 3.11 所示。

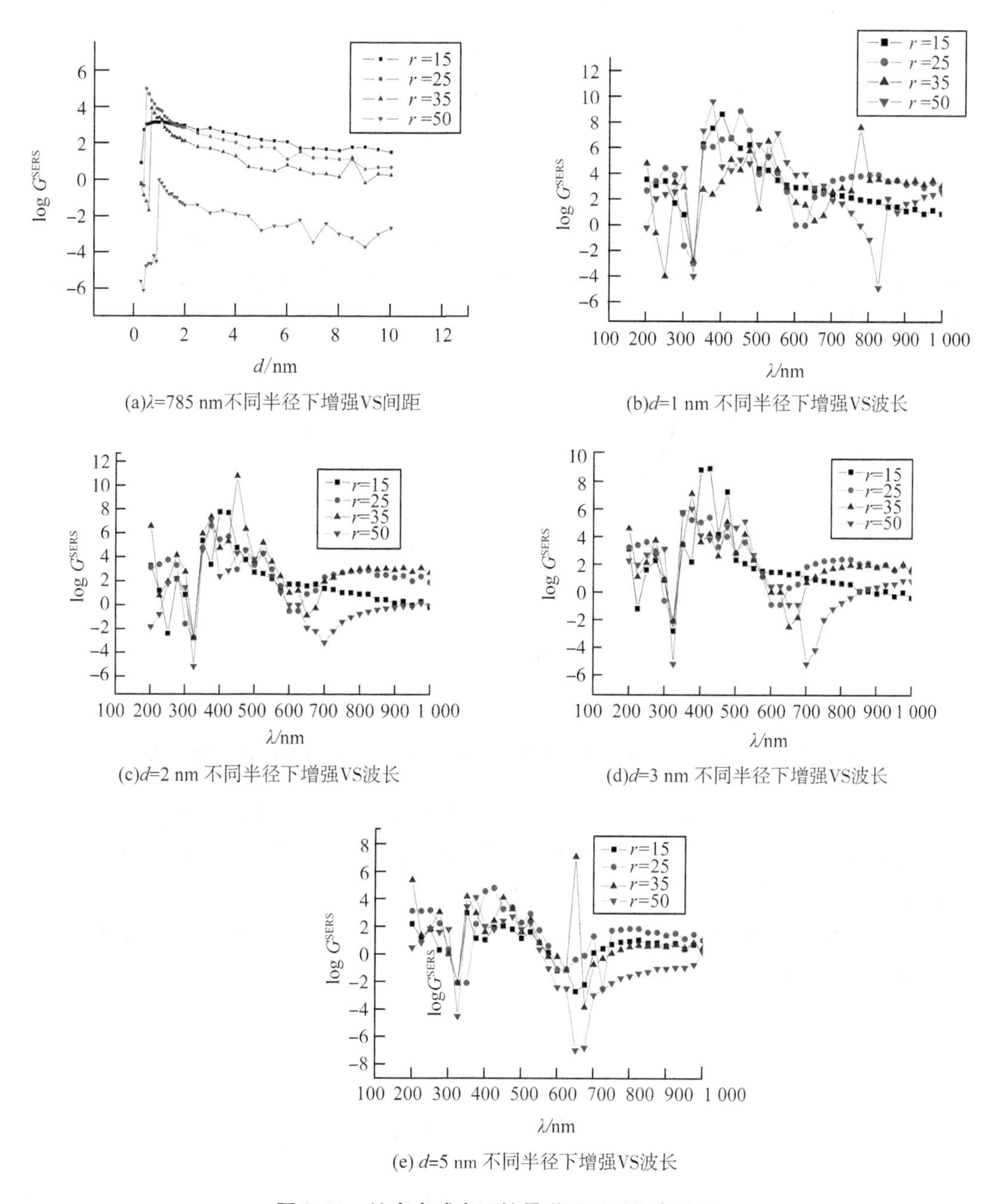

(a)λ=785 nm不同半径下增强VS间距

(b)d=1 nm 不同半径下增强VS波长

(c)d=2 nm 不同半径下增强VS波长

(d)d=3 nm 不同半径下增强VS波长

(e) d=5 nm 不同半径下增强VS波长

图 3.11　纳米半球表面拉曼增强因子仿真结果

由图 3.11(a)可见，若 $\lambda=785$ nm，$r=15$ nm 时，$d=1.1$ nm 增强因子最大；$r=25$ nm 时，$d=0.5$ nm 增强因子最大；$r=35$ nm 时，$d=0.7$ nm 增强因子最大；$r=50$ nm 时，$d=1$ nm 增强因子最大为 0，其余均小于 0，即没有增强产生。此外当 $r=15$ nm、25 nm、35 nm 时，增强因子随间距增大而减小，而且随着半径的增大，增强因子也增大。由图 3.11(b)(c)(d)(e)可见，当波长为 514 nm 时，增强因子随间距增大而明显减小，但对于粒子半径不太敏感。$\lambda=$

785 nm, $d=1$ nm 时, $r=35$ nm 增强因子明显最大,可达 10^8; $d=2$ nm、3 nm、5 nm 时,增强因子依次减小,且

$$G_{d=2,r=35} > G_{d=2,r=25} > G_{d=2,r=15} > G_{d=2,r=50}$$
$$G_{d=3,r=25} > G_{d=3,r=35} > G_{d=3,r=15} > G_{d=3,r=50}$$
$$G_{d=5,r=25} > G_{d=5,r=15} > G_{d=5,r=35} > G_{d=5,r=50}$$

3.3.4 仿真结果比较

经过对三种主要结构仿真,当输入波长 $\lambda=785$ nm 时,纳米球 $r=38$ nm,纳米棒 $r=50$ nm,纳米半球 $r=25$ nm 时增强因子最大,通过对三种结构的间距变化仿真,其增强因子变化如图 3.12 所示。

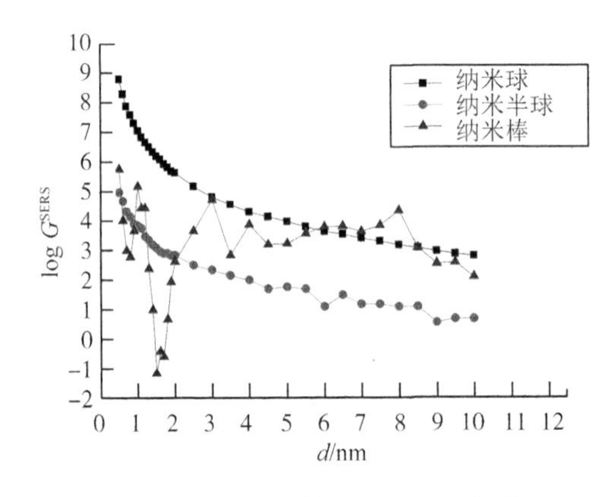

图 3.12　$\lambda=785$ nm,球 $r=38$ nm、棒 $r=50$ nm、半球 $r=25$ nm 增强 VS 间距

由图 3.12 可见,间距 $d=0.5$ nm 时三种结构的增强因子最大,相比较而言,增强因子规律是 $G_{纳米球} > G_{纳米棒} > G_{纳米半球}$;此外纳米球和纳米半球的增强因子随间距的增加而减小,而纳米棒没有明显的变化规律。

此外,对半径 $r=25$ nm,间距 $d=1$ nm 的三种结构,对其增强因子随输入波长的变化情况进行仿真,结果如图 3.13 所示。

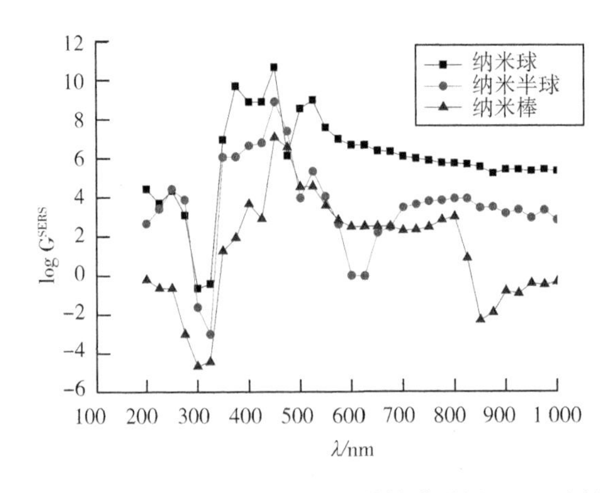

图 3.13　$r=25$ nm, $d=1$ nm 不同结构增强因子 VS 波长

由图3.13可见,在 $\lambda=450$ nm 时三种结构有最大的增强因子,而且 $G_{纳米球}>G_{纳米半球}>G_{纳米棒}$。在拉曼检测常用的波长 $\lambda=514$ nm 处,纳米球增强因子最大,纳米棒次之,纳米半球最小;在 $\lambda=785$ nm 处,纳米球增强因子最大,纳米半球次之,纳米棒最小。

分析仿真结果可得出以下结论:首先,对于给定结构的基底,增强因子与入射波长有很强的依赖关系,这主要是由强烈依赖于纳米结构尺寸和形状的等离子体的分散特性决定的;其次,小的尺寸不一定能够产生大的增强因子;最后,对于球形和半球形纳米粒子而言,小的粒子间距对于产生大的增强很关键。

参考文献

[1]RAMAN C V,KRISHNAN K S. A new type of secondary radiation[J]. Nature,1928,121 (3048):501-502.

[2]吴征铠,唐敖庆. 分子光谱学专论[M]. 1版. 济南:山东科学技术出版社,1999.

[3] FLEISCHMANN M, HENDRA P J, MCQUILLAN A J. Raman spectra of pyridine adsorbed at a silver electrode[J]. Chemical Physics Letters,1974,26(2):163-166.

[4]JEANMAIRE D L,VANDUYNE R P. Surface Raman spectroelectro chemistry:Part I. heterocyclic,aromatic,and aliphatic amines adsorbed on the anodized silver electrode[J]. Journal of Electroanalytical Chemistry and Interfacial Electrochemistry,1977,84(1):1-20.

[5]ALBRECHT M G,CREIGHTON J A. Anomalously intense Raman spectra of pyridine at a silver electrode[J]. Journal of the American Chemical Society,1977,99(15):5215-5217.

[6]MOSKOVITS M. Surface roughness and the enhanced intensity of Raman scattering by molecules adsorbed on metals[J]. Journal of Chemical Physics,1978,69(9):4159-4161.

[7] KNEIPP K, WANG Y, KNEIPP H, et al. Single molecule detection using surface-enhanced Raman scattering[J]. Physics Review Letters,1997,78(9):1667-1670.

[8] NIE S, EMORY S R. Probing single molecules and single nanoparticles by surface-enhanced Raman scattering[J]. Science,1997,275(5303):1102-1106.

[9]PAESLER M A,MOYER P J. Near-field optics:theory,instrumentation and applications [M]. New York:Wiley-Interscience,1996.

[10]STEELE J M,MORAN C E,LEE A,et al. Optical properties of crossed metallodielectric gratings[J]. Proceedings of SPIE,2003,5221(1):144-150.

[11]常大虎,宗征军,陈林峰. 一种新的拉曼散射:表面增强拉曼散射[J]. 洛阳工业高等专科学校学报,2007(6):30-32.

[12] KIM Y, JOHNSON R C, HUPP J T. Gold nanoparticle-based sensing of "spectroscopically silent" heavy metal ions[J]. Nano Letters,2001,1(4):165-167.

[13] FURTAK T E, MIRAGLIOTTA J, KORENOKSKI G M. Optical second-harmonic generation from thallium on silver[J]. Physical Review B,1987,35(6):2569-2572.

[14]GERSTEN J, NITZAN A. Electromagnetic theory of enhanced Raman scattering by molecules adsorbed on rough surfaces [J]. Journal of Chemical Physics, 1980, 73 (7): 3023-3037.

[15]KERKER M,SIIMAN O,WANG D S,Effect of aggregates on extinction and surface-enhanced Raman scattering spectra of colloidal silver[J]. Journal of Physics Chemistry,1984,88(15):3168 - 3170.

[16] KNEIPP K, KNEIPP H, ITZKAN I, et al. Surface-enhanced Raman scattering and biophysics[J]. Journal of Physics Condensed Matter,2002,14(18):R597 - R624.

[17]BAO L,MAHURIN S M,DAI S. Controlled layer-by-layer formation of ultrathin TiO_2 on silver island films via a surface sol-gel method for surface-enhanced Raman scattering measurement [J]. Analytical Chemistry,2004,76(15):4531 - 4536.

[18] LAL S, GRADY N K, HALAS N J, et al. Profiling the near field of a plasmonic nanoparticle with Raman-based molecular rulers[J]. Nano Letters,2006,6(10):2338 - 2343.

[19] MOSKOVITS M. Surface-enhanced Raman spectroscopy: a brief retrospective [J]. Journal of Raman Spectroscopy,2005,36(6 - 7):485 - 496.

[20] XU H, KALL M. Polarization-dependent surface-enhanced Raman spectroscopy of isolated silver nanoaggregates[J]. Chemphyschem,2003,4(9):1001 - 1005.

[21]XU H,AIZPURUA J,KALL M,et al. Electromagnetic contributions to single molecule sensitivity in surface-enhanced Raman scattering [J]. Physical Review E, 2000, 62 (3B): 4318 - 4324.

[22]KREIBIG U,ZACHARIA P. Surface plasma resonances in small spherical silver and gold particles[J]. Physics and Astronomy,1970,231(2):128 - 143.

[23]DIGNAM M J,MOSKOVITS M. Influence of surface roughness on the transmission and reflectance spectra of adsorbed species[J]. Journal of the Chemical Society,1973,69:65 - 78.

[24]OTTO A,MROZEK I,GRABHORN H,et al. Surface enhanced Raman scattering[J]. Journal of Physics:Condensed Matter,1992,4(5):1143 - 1212.

[25] OTTO A. The "chemical" (electronic) contribution to surface enhanced Raman scattering[J]. Journal of Raman Spectroscopy,2005,36(6 - 7):497 - 509.

[26]KNEIPP K, KNEIPP H, ITZKAN I, et al. Ultrasensitive chemical analysis by Raman spectroscopy[J]. Chemical Reviews,1999,99(10):2957 - 2976.

[27]OTTO A. In light scattering in solids IV: electronic scattering, spin effects, SERS and morphic effects[J]. Topics in Applied Physics,1984:8 - 36.

[28] ALEXANDER B D, DINES T J. Chemical interactions in the surface-enhanced resonance Raman scattering of ruthenium poly pyridyl complexes[J]. Journal of Physics Chemistry B,2005,109(8):3310 - 3318.

[29]SHI C,YAN H,GU C,et al. A double substrate "sandwich" structure for fiber surface enhanced Raman scattering detection[J]. Applied Physics Letters,2008,92(10):103 - 107.

[30]FENG H J,YANG Y M,YOU Y M,et al. Simple and rapid synthesis of ultrathin gold nanowires, their self-assembly and application in surface enhanced Raman scattering [J]. Chemical Communications,2009,15:1984 - 1986.

[31]STOKES D L,VO-DINH T,Development of an integrated single fiber SERS sensor[J]. Sensors and Actuators B,2000,69(1 - 2):28 - 36.

[32]MULLEN K I,CARRON K T. Surface enhanced Raman spectroscopy with abrasively

modified optic probes[J]. Journal of America Chemical Society,1991,63(5):2196－2199.

[33]YANG K H,LIU Y C,YU C C. Enhancements in intensity and stability of surface enhanced Raman scattering on optimally electrochemically roughened silver substrates[J]. Journal of Material Chemistry,2008,18(40):4849－4855.

[34]KOSTOVSKI G, WHITE D J, MITCHELL A, et al. Nanoimprinted optical fibres: biotemplated nanostructures for SERS sensing[J]. Biosensors and Bioelectronics,2009,24(5):1531－1535.

[35]DHAWAN A,DU Y,WANG H N,et al. Development of plasmonics active SERS substrates on a wafer scale for chemical and biological sensing applications[J]. IEEE International Electron Devices Meeting,2008:487－490.

[36]KIM H C,CHENG X. SERS-active substrate based on gap surface plasmon polaritons[J]. Optics Express,2009,17(20):17234－17241.

[37]LIU R,SI M,KANG Y,et al. A simple method for preparation of Ag nanofilm used as active,stable,and biocompatible SERS substrate by using electrostatic self-assembly[J]. Journal of Colloid and Interface Science,2010,343(1):52－57.

[38]邸志刚,杨健俠,王彪,等.表面增强拉曼散射及其应用进展[J].激光杂志,2020,41(4):1－7.

[39]VIETS C,HILL W. Single fibre surface enhanced Raman sensors with angled tips[J]. Journal of Raman Spectroscopy,2000,31(7):625－631.

[40]VIETS C,HILL W. Fiber optic SERS sensors with angled tips[J]. Journal of Molecular Structure,2001,565(2):515－518.

[41]YAN H,GUA C,YANG C X,et al. Hollow core photonic crystal fiber surface enhanced Raman probe[J]. Applied Physics Letters,2006,89(20):204101－204103.

[42]邸志刚,姚建铨,贾春荣,等. 纳米银基底表面增强拉曼散射效应仿真及优化[J]. 激光与红外,2011,41(8):850－855.

第4章　光纤及光纤传感技术

光纤(optic fiber)是光导纤维的简称,它是截面为圆形的介质光波导。1966年,华裔科学家高锟(Charles Kao)博士在英国发表了一篇论文"用于光频率的绝缘纤维表面波导管",同时和Hockham通过试验证明利用玻璃可以制作光导纤维。但是当时玻璃使光衰减严重,无法应用于传输,在1970年,康宁公司(Corning Glass Corporation)根据高锟博士的思想,采用化学气相沉积(CVD)工艺第一个制出衰减少于20 dB/km的光纤,此光纤比同轴电缆5~10 dB/km的损耗略大,但已为可接受的损耗,是世界上公认的第一根通信用光导纤维。之后各国纷纷开始对光纤通信进行研究,基于光纤的通信、各种传感器技术得到了快速发展。本章主要从光纤传感器的应用角度,介绍相关的光纤传感技术的基础知识及应用。

4.1　光纤结构及分类

4.1.1　光纤的结构

光纤一般是由纤芯、包层和涂敷层构成的同心玻璃体,结构十分简单,呈柱状,其基本结构如图4.1所示。

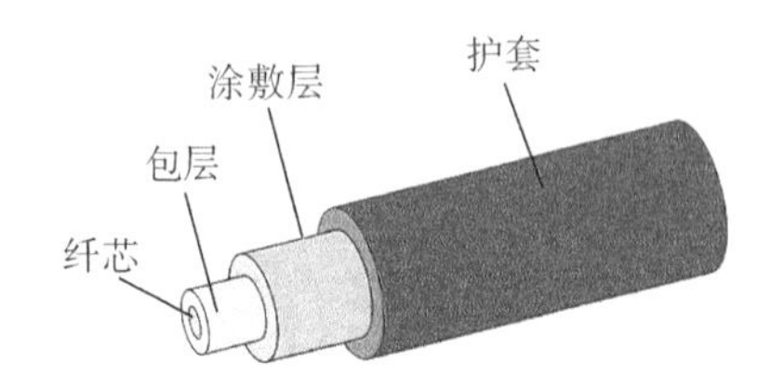

图4.1　光纤的基本结构

光在纤芯中传播,纤芯之外是折射率略低的包层,图4.2为光纤导光的基本原理。

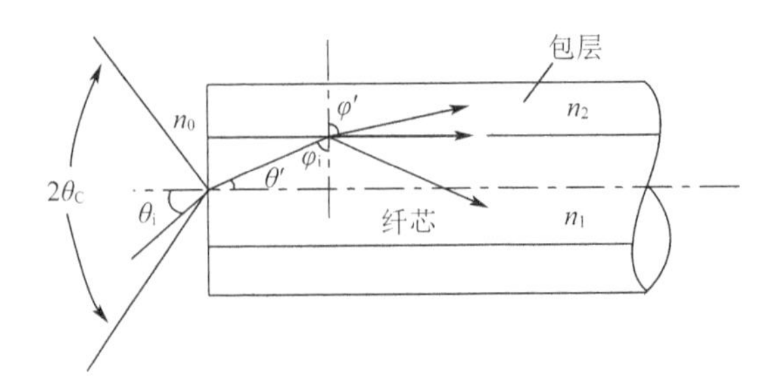

图4.2　光纤导光的基本原理

纤芯的折射率比包层略大一些，光以一定角度从光纤端面入射时，在芯包界面的入射角大于全反射角的光会被全反射，从而被束缚在纤芯中向前传播；在芯包界面入射角小于全反射角的光在每次反射时都有部分光折射入包层，导致部分能量损失，最终无法传输。纤芯和包层为光纤结构的主体，对光波的传输起着关键性作用，涂敷层及护套主要作用是隔离外界环境干扰，提高光纤强度，保护光纤。在特殊的场合不需要涂覆层及护套的光纤，为裸体光纤，简称裸纤。

光纤的纤芯是由折射率比包层略高的光学材料制成的，这样可引起全内反射，从而引导光线在纤芯内传播。不同类型光纤的纤芯和包层的几何尺寸差别很大，如下所述：

①通信光纤纤芯小、包层厚，其标准包层直径是 125 μm，塑料护套的直径约 250 μm（便于操作和保护光纤内部的玻璃表面，防止刮痕或其他机械损伤）；

②传像光纤束（内窥镜用）中单根光纤的直径小到几微米，包层薄；

③传能量光纤的纤芯大（可到几毫米），包层薄；

④特殊用途光纤可有多层结构（光纤激光器用双包层光纤，增加耦合效率）。

4.1.2　光纤的分类

光纤的分类有多种方式，可以按照光纤横截面上的折射率分布、光纤纤芯内传输的模式、构成光纤的材料成分、传输光的工作波长等进行分类。

1. 按折射率分布

根据折射率在纤芯和包层的径向分布的不同，可以分为阶跃光纤和渐变光纤，阶跃光纤的纤芯和包层间的折射率分别是一个常数，在纤芯和包层的交界面，折射率呈阶梯形突变。渐变光纤纤芯的折射率随着半径的增加按一定规律减小，在纤芯与包层交界处减小为包层的折射率。纤芯的折射率的变化近似于抛物线。

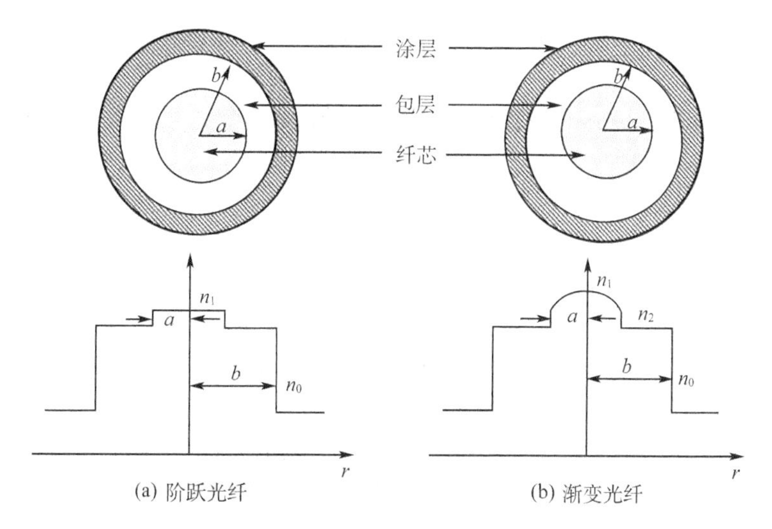

图 4.3　阶跃光纤与渐变光纤的横截面和折射率分布

2. 按光纤纤芯内传输的模式

按光纤纤芯内的传输模式分为单模光纤（single mode fiber）和多模光纤（multi mode fiber）。光以一特定的入射角度射入光纤，在光纤和包层间发生全发射，从而可以在光纤中传播,即称为一个模式。当光纤直径较大时,可以允许光以多个入射角射入并传播,此时就称为多模光纤;当直径较小时,只允许一个方向的光通过,就称为单模光纤。由于多模光纤会产生干扰、干涉等复杂问题,因此在带宽、容量上均不如单模光纤。实际通信中应用的光纤绝大多数是单模光纤。二者的区别如图 4.4 所示。

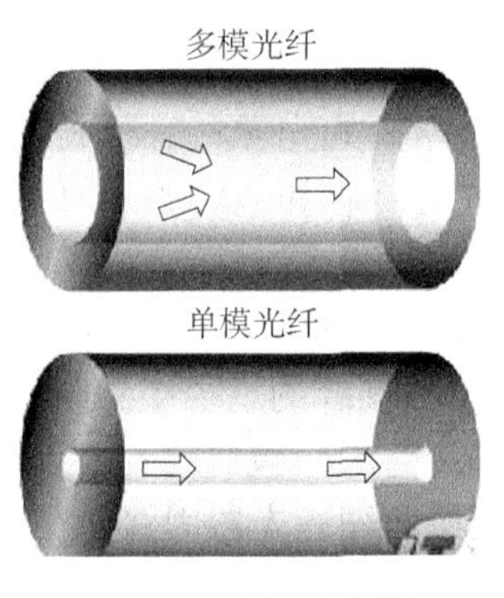

图 4.4　光纤对比图

3. 按光纤的材料成分

按材料组成不同,光纤分为石英光纤、多组分玻璃光纤、塑料光纤、液芯光纤等。

石英光纤:目前用量最大的光纤,由高纯度石英(SiO_2)制作,有良好的化学稳定性和机械强度,价格低廉,损耗低,脉冲展宽小,适于长距离、大容量光纤通信系统,也是光纤传感器中最常使用的光纤。

多组分玻璃光纤:由特殊光学玻璃制成。传输损耗较大,白光下平均损耗在 0.7 dB/km 以上。这种光纤主要用于传光束、传像束、扭像器及纤维面板等。

塑料光纤:由高分子聚合物制成,主要有轻便、价廉、柔软等优点,但因其损耗相对于石英光纤要高得多,无法用于长距离传输,限制了其应用,目前主要用于短途链路,如在室内连接光纤接头到计算机。

液芯光纤:将石英管拉成毛细管并充入液体材料,如四氯乙烯。液芯光纤可以用于一些特殊的传感器。

4. 按传输光的工作波长

按传输光的工作波长,光纤可分为短波长光纤、长波长光纤和超长波长光纤。

5. 按光纤用途不同

按用途不同,光纤可分为通信用光纤,军事上的高强度导弹用光纤,医学上激光手术刀用的传能光纤,内窥镜用的传像光纤,特种传感器用的偏振光纤等。

4.2　光纤材料及制造

4.2.1　光纤材料

由光波导理论可知,光纤的传输性能是由光纤的折射率分布结构所决定的。光纤的折射率分布结构设计是制造出良好传输性能光纤的基础,光纤原材料的选择和制造工艺才是保证生产出高质量光纤的必要条件。本节首先着重从光纤原材料的选择角度出发来阐述气体、液体和固体材料的基本光学性能,其次简单地介绍原材料对光纤性能的影响。

1. 材料的要求

材料是光纤制作的核心,故在光纤原材料的选择上需要考虑一些具体因素,如光衰减、折射率、成纤能力、物化性能及材料成本,同时要注意材料自身的机械强度和化学稳定性,光纤原材料选择所涉及的问题很多,其中应特别考虑的一些重要因素如下:

①成纤方便:材料必须能够制成细长、柔软的光纤。

②透明材料:为了使光纤在特定的光波长有效地导光,所选用的材料必须是透明的材料。

③性能兼容:为了保证纤芯/包层物理性能的彼此适应,必须选用那些具有微小的折射率差但物理性能彼此相近的材料。

④材料成本:光纤制造所用的原材料应该是来源丰富、价格便宜的材料。

迄今为止,人们已经发现同时满足上述成纤方便、透明材料、性能兼容和材料成本四大要素的光纤原材料,主要是玻璃和塑料等材料。当我们所选择的光纤原材料成纤性能不好时,即使该材料是透明的,即材料的本征衰减极小,但是其仍很难制造出优质光纤,如一些晶体材料就属于这种情况。

2. 各种光纤材料的优缺点

气体材料:可见和近红外区光衰减小,但折射率难控制。

液体材料:光衰减小,但折射率随温度变化大,难以精确控制。

固体材料:光衰减较大,但光学特性稳定,易控制折射率,使用的最多。固体材料中,SiO_2为主的石英对可见光和近红外光的透光性好,且有好的化学稳定性和机械强度。通过掺杂锗、硼、氟、磷等,也容易改变石英的折射率,来源充足,价格低,所以是光纤的首选材料。

由上节可知,光纤由纤芯、包层和涂敷层组成。此处简单介绍了各层的材料成分。光纤纤芯材料的主体为二氧化硅,其中掺杂着一些微量的其他材料,如二氧化锗、五氧化二磷等,以此提高纤芯的折射率。包层为紧贴纤芯的材料层,折射率略小于纤芯材料的折射率,其构成材料主要是二氧化硅,有时也掺杂微量的四氧化二硅。涂敷层的材料一般为环氧树脂、硅橡胶等高分子材料。

通信一般用最纯的光纤材料,即纯二氧化硅(SiO_2);医用传像光纤和照明光纤则使用低纯度玻璃或塑料。

专用光纤也可用其他材料。例如,氟化物用于红外(在远红外,氟化物比石英更透明),这些光纤称为玻璃光纤(因制造光纤的材料是玻璃态或非晶态物质)。

4.2.2　光纤制造

光纤制造主要有提纯、制棒、拉丝、涂敷四步,工艺流程如图 4.5 所示。在光纤的制造过程中,两个工艺过程最重要,即制棒和拉丝。制棒是通过沉积工艺过程制造出一根符合折射率分布要求的光纤预制棒。

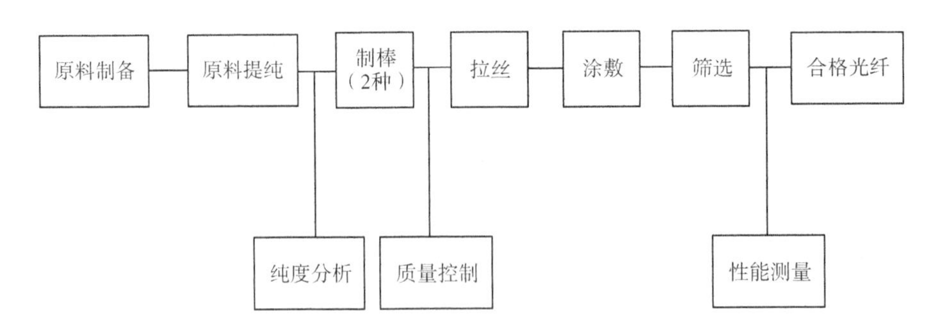

图 4.5 制造光纤的工艺流程

1. 提纯

制备石英光纤的主要原料是一些卤化物，如 $SiCl_4$、$GeCl_4$、PCl_2、BCl_3、$AlCl_3$等。这些试剂是液态，沸点低、易气化，常含一些金属氧化物、含氢化物和络合物等杂质。这些原料中存在的杂质，以金属和 OH^- 为主，会严重影响光纤的衰减（主要形式是吸收和散射）。因此为了降低损耗，需要对原料进行提纯处理，即去除金属杂质和 OH^-。目前主要的提纯技术包括精馏法（去金属）、吸附法（去 OH^-）或精馏吸附混合法。

常用精馏吸附混合法：

①氢氧焰燃烧 $SiCl_4$，产生氯化物气体和二氧化硅（粉尘状）。温度升至 57.6 ℃时，$SiCl_4$ 变成蒸气并与氧气反应，而其他铁、铜等金属氯化物沸点高（液态），故可被去除。该法可将杂质降至十亿分之一的水平。

②精馏不能除去某些极性杂质。例如：$SiCl_4$溶液的 OH^- 有极性，源于含氢化合物，对损耗影响大。但它易形成化学键被吸附剂吸收。而 $SiCl_4$ 是非极性分子，不易被吸附剂吸收。因此，选择适当吸附剂，用吸附法可提纯。

精馏吸附混合法流程图如图 4.6 所示。

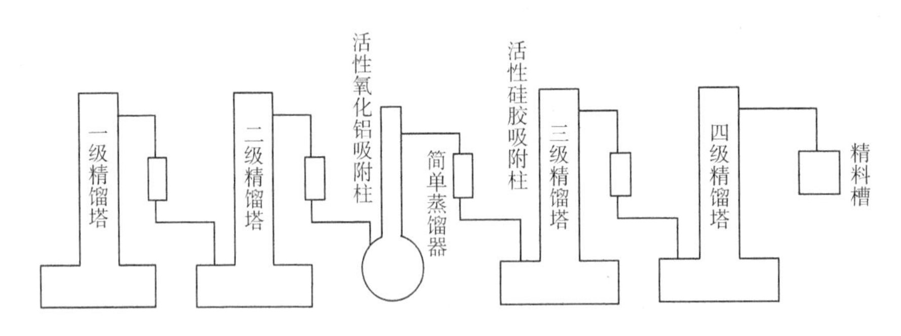

图 4.6 精馏吸附混合法流程图

对于气态原料，采用吸附法除去杂质（净化器，如：钯管、分子筛等）。通过一级或多级净化可达要求纯度。

目前通过蒸馏、吸附方法，可将过渡金属杂质减少至 10^{-9} 以下，从而可忽略金属离子对损耗的影响。通过改进工艺，基本可消除 OH^- 的影响。

光纤需使用高折射率纤芯材料和低折射率包层材料制作，同时要有好的透明性，石英及其掺杂可实现此特性,通过石英掺杂改变折射率。但掺杂一定要小心选择,避免吸收光或对光纤质量和透明性产生其他有害影响。

目前阶跃光纤的掺杂包括匹配包层、凹陷包层、塑料包层等,如图 4.7 所示。

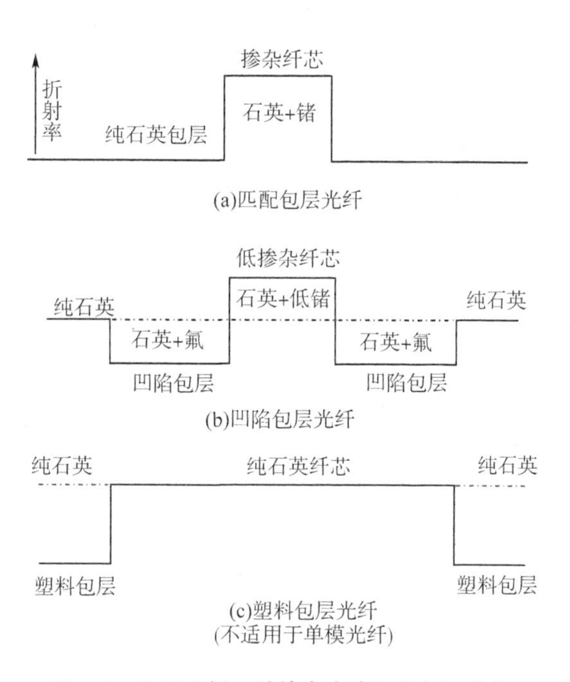

图 4.7 阶跃光纤三种掺杂方式和折射率曲线

匹配包层光纤:纤芯掺杂(锗)后折射率高于纯石英,纯石英用于包层,此法常用于制造单模阶跃光纤。

凹陷包层光纤:以少量掺杂(锗)使纤芯折射率略增加,同时包层掺杂(氟)降低包层的折射率,此法常用于制造单模阶跃光纤。

塑料包层光纤:以纯石英做纤芯,折射率低于石英的塑料做包层,此法可制造多模阶跃光纤。

复杂折射率分布的折射率控制方法与简单阶跃光纤掺杂相同,用于制作色散位移光纤、渐变折射率多模光纤。

2. 制棒

原材料提纯后,首先是制棒。制作预制棒的工艺可以分为气相沉积法(CVD)和非气相沉积法,其中气相沉积法最常用。

气相沉积法是指化学气体或蒸气在基质表面反应合成涂层或纳米材料的方法,是半导体工业中应用最为广泛的用来沉积多种材料的技术,包括大范围的绝缘材料,大多数金属材料和金属合金材料。从理论上来说,它是很简单的:两种或两种以上的气态原材料导入到一个反应室内,然后它们相互之间发生化学反应,形成一种新的材料,沉积到晶片表面上。沉积氮化硅膜(Si_3N_4)就是一个很好的例子,它是由硅烷和氮反应形成的。

气相沉积法主要有以下几步:

①液态的 $SiCl_4$、掺杂剂气化;

②与氧生成氧化物粉尘,沉积并烧结在基底或管壁;

③层层堆积成预制棒。

在进行沉积时,要控制好掺杂浓度和折射率分布,得到所需分布的预制棒。此方法的优点:可制造优质光纤(纯度高);不足之处:原料昂贵、工艺复杂、材料品种单一。

根据粉尘沉积方式和最终熔化为预制棒的方式,气相沉积法可分为改进气相沉积法、等离子气相沉积法、棒外气相沉积法、轴相气相沉积法等,其中改进气相沉积法和等离子体气相沉积法更受关注。

(1)改进气相沉积法(MCVD)

CVD 是 20 dB/km 低损耗光纤所采用的方法(基本工艺),此工艺必须满足:高纯度和精确折射率分布。

MCVD 是贝尔试验室 1974 年开发的(渐变折射率光纤)。MCVD 是在石英反应管内沉积包层和芯层,整个系统处于封闭的超提纯状态下,可生产高质量的单模和多模光纤。此方法分为两个步骤:沉积和成棒。

沉积:先将一根空心的石英玻璃管安装在同轴旋转的车床上,将 $SiCl_4$、掺杂剂气体和氧气输入石英玻璃管,用氢氧焰喷灯沿轴向匀速移动加热,如图 4.8 所示。

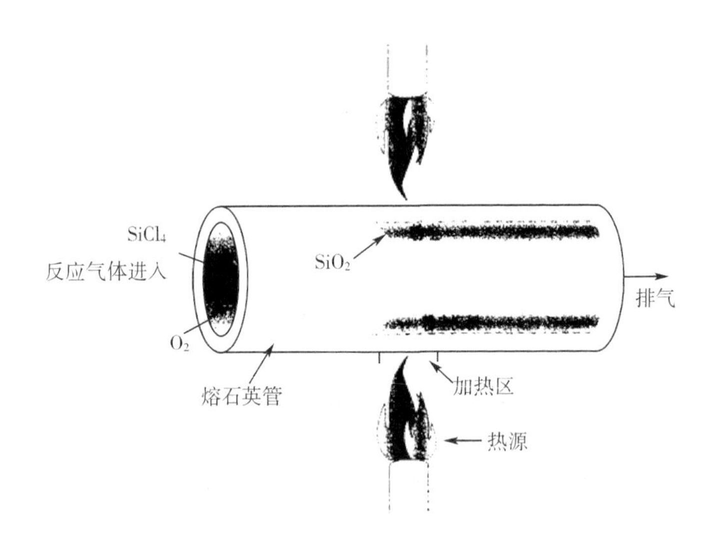

图 4.8 改进气相沉积法制造预制棒

成棒:将沉积后的石英玻璃管加热到 2 000 ℃,使玻璃粉尘融化,冷凝后基底管塌缩成实心的预制棒。

(2)等离子气相沉积法(PCVD)

等离子体:被激发电离气体,达到一定的电离度($>10^{-4}$),气体处于导电状态,这种状态的电离气体就表现出集体行为,即电离气体中每一带电粒子的运动都会影响到其周围带电粒子,同时也受到其他带电粒子的约束。由于电离气体整体行为表现出电中性,也就是电离气体内正负电荷数相等,称这种气体状态为等离子体态。

此法与 MCVD 的区别是加热反应区的方法。

PCVD 过程:通过微波(射频)激活气体,使气体电离为等离子,即离子化气体。带电离子重新结合时释放热量(高温),使原料反应,光纤材料直接沉积熔化在基管上,如图 4.9 所示。

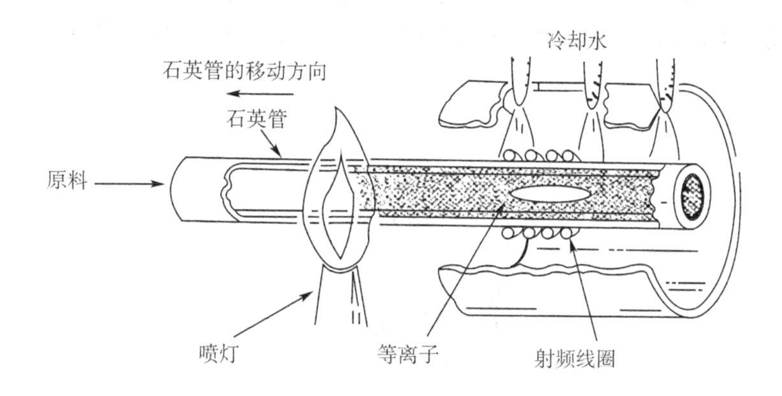

图 4.9　等离子气相沉积法制造预制棒

沉积阶段：当炉体内温度为 1 200 ℃时，离子区内的粉尘电子可获得约 60 000 ℃的能量。借助此高温使 $SiCl_4$、掺杂和氧反应，氧化物沉积在基底硅（非粉尘）上。此方法适于精密、复杂折射率分布的光纤。

(3) 棒外气相沉积法（OVD）

OVD 包括沉积和固化两个阶段。

①沉积：高纯氧 + $SiCl_4$ 气体送进喷灯，在高温下水解成氧化物粉尘（纤芯和包层材料），使用氢氧焰喷灯局部加热旋转棒外表面，使粉尘沉积于旋转棒周围，如图 4.10 所示。在沉积过程中，通过改变每层掺杂剂种类和浓度可制成不同折射率分布的光纤粉尘预制棒。旋转棒不是光纤的一部分，仅起衬托作用。率先沉积的玻璃粉尘形成纤芯，随后沉积的形成包层。旋转棒的膨胀系数与玻璃层不同，很容易取出。

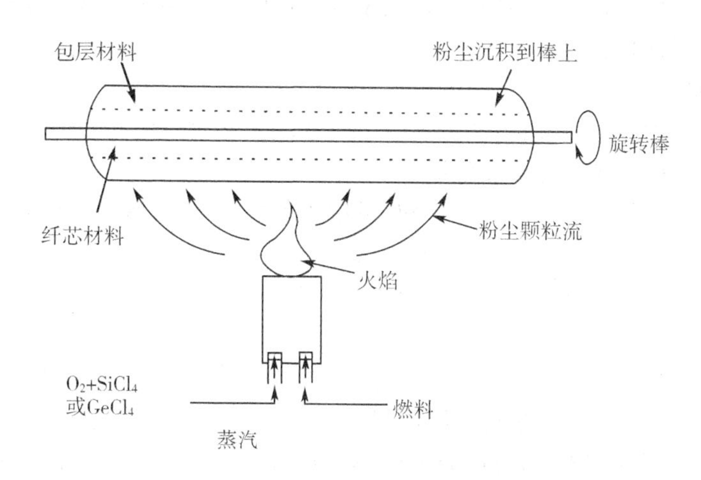

图 4.10　棒外气相沉积法制造预制棒

②固化：取出旋转棒的预制棒，在 14 000 ~ 16 000 ℃，烧缩成透明、无泡和中心孔的预制棒，在此过程中用氯气做干燥剂脱水。

(4) 轴向气相沉积法（VAD）

1977 年日本开发 VAD，与 OVD 相似。

①$SiCl_4$、$GeCl_4$ 掺杂送入氢氧喷灯使之水解生成氧化物粉尘,即石英玻璃微粒。粉尘沉积在基底棒或种子棒的下端部,而不是表面(OVD 是侧面),如图 4.11 所示。

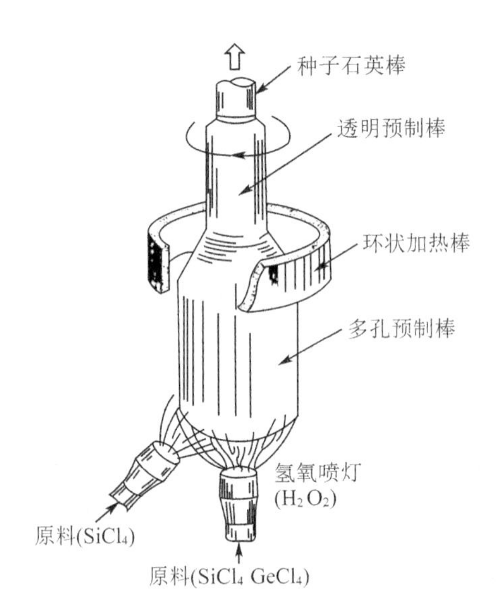

图 4.11 轴向气相沉积法制造预制棒

②先沉积纤芯,沿轴向移动并再沉积包层,同时形成新纤芯。

③多孔预制棒经石墨环形加热干燥和熔缩,并喷吹氯气得预制棒。VAD 无中心孔,一般通过设计喷灯结构、喷灯与棒的距离、控制反应炉温和同时采用多个喷灯等实现一定折射率分布的预制棒。

VAD 法除了回收率高以外,还可制成大型预制件(达 2 500 g,可拉制 50 μm 芯径的光纤 580 km),可采用低纯材料。

(5)多组分玻璃法

按比例将 SiO_2 为主 + 碱金属、碱土金属、铝、硼的氧化物等配料,均匀装填到坩埚,加温熔融成玻璃坯,再拉制成棒(芯棒和包层棒)。

特点:折射率比石英高,为 1.49 ~ 1.54,可制作大孔径光纤,数值孔径 $NA = 0.2 \sim 0.6$;熔融温度比石英低(1 400 ℃以下);抗压抗拉强度低。

目前已能制备 0.85 μm 波段小于 3 dB/km 的低损光纤。

(6)凝胶法

凝胶法主要生产塑料光纤预制棒。它利用高分子聚合物中分子体积不同而发生选择性扩散来制造梯度折射率分布的塑料光纤预制棒。

工艺:①在包层塑料 PMMA(polymethyl methacrylate)空管,置入高折射率掺杂剂和聚苯乙烯(塑料材料)的混合物;②加热聚合(聚苯乙烯混合液)成凝胶;③高折射率掺杂剂分子比聚苯乙烯大,不易扩散,聚合完成时,掺杂浓度沿径向呈梯度折射率分布(梯度塑料光纤预制棒)。

(7)机械成形光纤预制棒法(MSP)

此法是低成本工艺。

生产过程:用填充机将预制好的、掺杂不同的纯石英粉填入石英管中,分别用在纤芯和包层上;高温稳定为疏松的预制棒;放入高温并氯化脱水处理,烧结成棒或再拉为细棒(芯);再用石英粉外包该棒(包层),并烧结疏松包层,即可成预制棒。

该工艺可拉制出1.30 μm处衰减为0.49 dB/km、1.55 μm处衰减为0.27 dB/km的单模光纤。

此外,还有其他制棒法:如将高折射率的棒插入低折射率的管中,加热后使管熔到棒上,形成预制棒,如图4.12所示。此法主要用于图像传输和照明用光纤的制作。

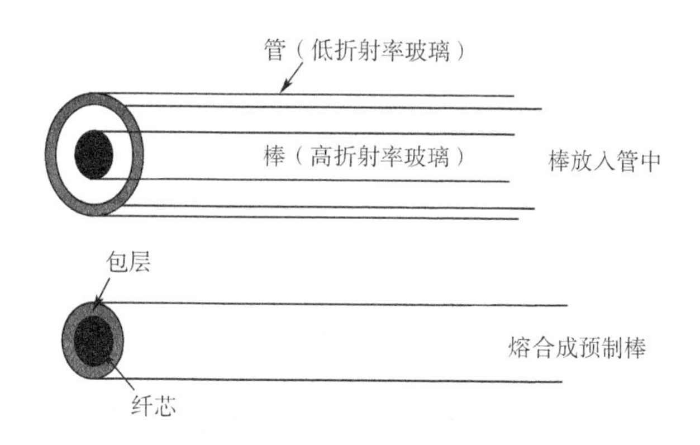

图4.12　玻璃棒熔融制造预制棒

光纤预制棒实物照片如图4.13所示。

图4.13　单模/多模、光子晶体光纤预制棒

3. 拉丝

光纤拉制又称拉丝。预制棒在“拉丝塔”内拉丝后才得到真正的光纤。因掺杂剂在玻璃中扩散比晶体中困难得多,在高温加热(2 000 ℃)时,预制棒的芯包比和折射率分布不变。

(1)管棒(预制棒)法拉丝

管棒法拉丝装置如图4.14所示,光纤预制棒以一定的速度送往加热炉,预制棒尖在高温时的黏度变低,靠自身质量下垂变细而成纤维。其关键是拉伸速率的控制,慢的质量好,快的效率高,既要质量、又要效率,可通过牵引装配线改变拉伸速率(200~2 000 m/min)。为达到这一速度,拉伸机械的所有旋转部分必须达到极高的耐受度和张力级别,以使光纤能被高度精确控制。

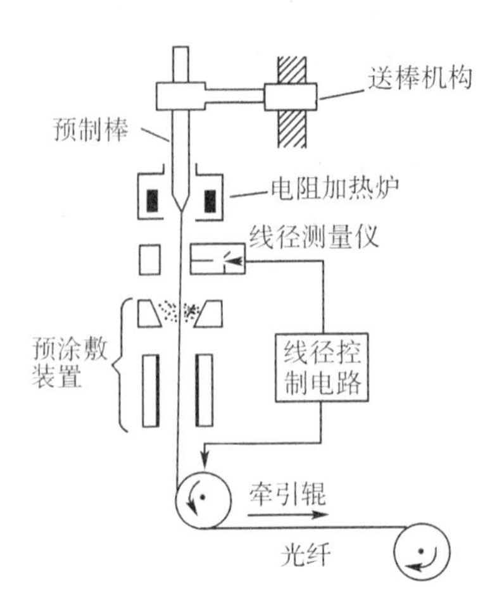

图 4.14 管棒法拉丝装置

对高温炉的要求:气流扰动小、清洁,保证不会释放灰尘颗粒玷污预制棒。

预制棒加热方法:一般为石墨电阻炉法,为防石墨高温氧化,充以氩气、氦气等惰性气体,气体流量稳定;还有石墨高频感应加热法、氧化锆加热法、大功率二氧化碳气体激光器加热法等。

(2)双坩埚拉丝法

双坩埚是同心套装的铂金坩埚,如图 4.15 所示,中央底部有喷嘴,内坩埚装高折纤芯玻璃,外坩埚装低折包层玻璃。

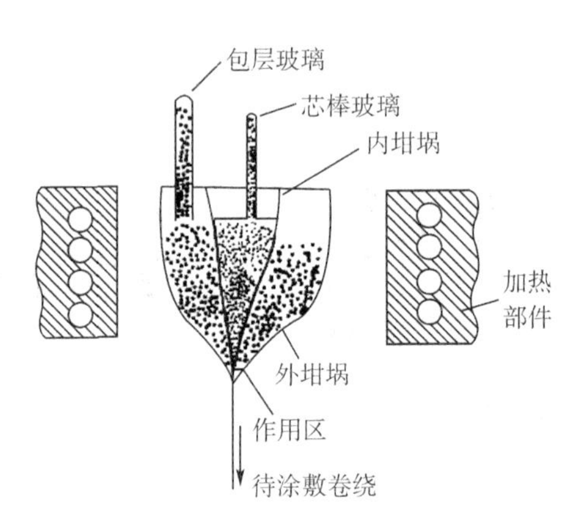

图 4.15 双坩埚法拉丝装置

坩埚喷嘴尺寸控制光纤纤芯和包层外径,调配玻璃组分可改变芯包折射率差;双坩埚喷嘴流出的纤芯和包层间的掺杂离子交换和扩散可控制纤芯折射率分布。

拉丝温度一般在 1 000 ℃以下,速度每分钟几百米,加热方式一般用直流电流加热、感应加热等方式,目前双坩埚法已很少见。

4. 涂覆

预制棒拉制光纤后，裸光纤表面缺陷会扩大，局部应力集中在表面，且裸光纤强度低，一般须光纤涂敷、固化才可与其他表面接触。涂敷常在拉丝过程中由涂敷器完成。涂覆材料为热固化硅树脂或紫外光固化丙烯酸酯。

涂敷器（图4.16）有两种形式：一种是无压的开口形式，光纤通过模口时黏附涂料后固化，此时涂覆层的厚度由模口和纤径决定，如果速度较高时会导致厚度不均匀；另一种方式是压力涂敷器，此种形式较为常用，适于高速拉丝，而且在涂料中不会搅起气泡。

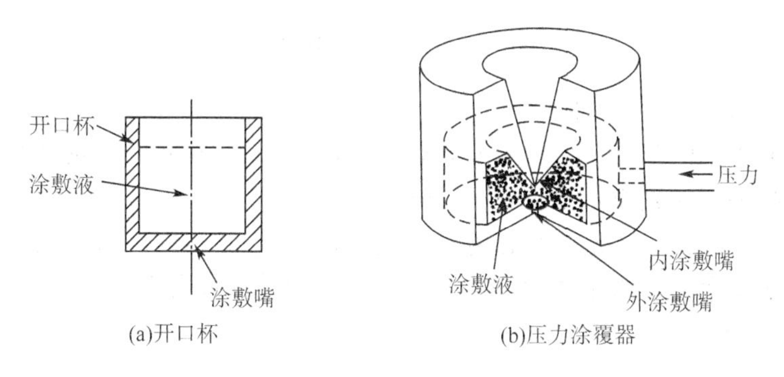

图4.16　涂覆器结构图

为加强保护，涂层常需要两次以上涂敷（涂敷—固化—涂敷—固化或涂敷—涂敷—固化）。内层用折射率比石英大的变性硅酮树脂（吸收包层光），较软（免遭外力引起微弯）。外层用普通硅酮树脂，较厚（约100 mm，由测径仪和涂敷液浓度、压力等控制），较硬（防磨损和高强度），有利于低温和抗微弯性。

固化方式：据材料种类，可分为热固化和紫外灯固化。

塑封：为便于操作和提高光纤的抗张力、强度，在涂敷层上再套尼龙、聚乙烯或聚酯等塑料（塑封）。过程：光纤穿过模具导向管，在出口处涂敷上熔化的尼龙，再经冷却水槽而被冷却固化，再到收丝的转轮上。

塑封有紧套和松套两种。紧套型是塑料紧贴涂敷层，光纤不活动。松套型是在涂敷层外包上塑料套管，光纤可活动。光纤经涂敷、塑封，并经强度筛选后可绕到收丝筒上成筒，成筒光纤经性能测试合格后，入库待成缆用。

4.3　光纤传输理论

4.3.1　光纤传输原理

光纤模式：对于特定的光纤结构，只有满足一定条件的电磁波可以在光纤中有效地传输，这些特定的电磁波称为光纤模式。光纤中可传导的模式数量取决于光纤的具体结构和折射率的径向分布。

多模阶跃光纤的传输原理和导光条件，采用几何光学方法分析，如图4.17所示。

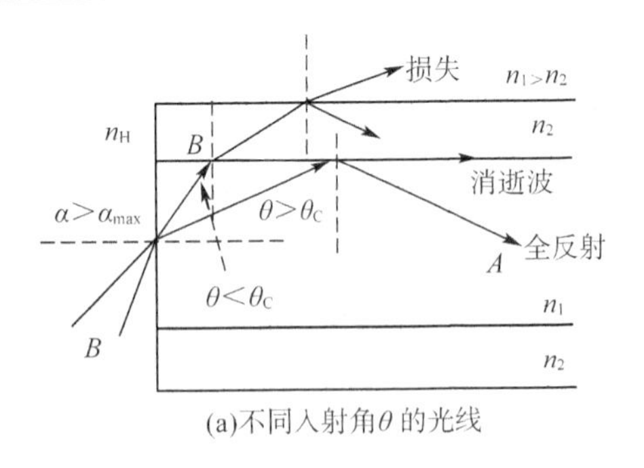

(a)不同入射角θ的光线

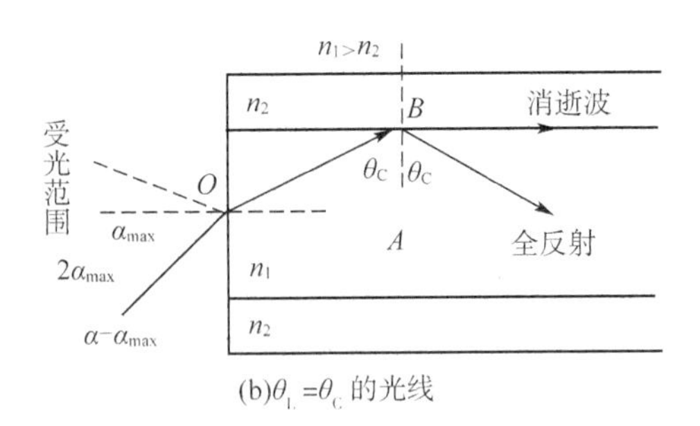

(b)$\theta_L=\theta_C$的光线

图 4.17 光纤传输条件

子午光线:通过光纤中心轴的任何平面都称为子午面,子午面内的光线称为子午光线。

在光纤端面以不同角度 α 从空气入射到纤芯($n_0<n_1$),只有一定角度范围内的光线在射入光纤时产生的折射光线才能在光纤中传输。

纤芯和包层率差异引起光在纤芯内发生全反射,并在纤芯内传播。光波从折射率较大的介质入射到折射率较小的介质时,在边界发生反射和折射,当入射角超过临界角时,将发生全反射,如图 4.18 所示。

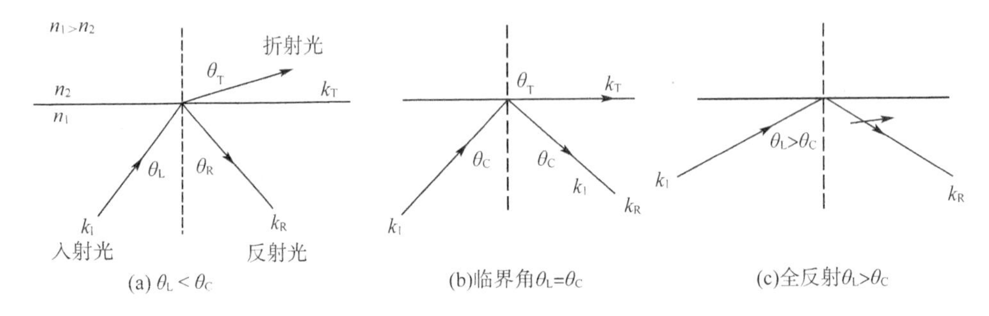

(a) $\theta_L<\theta_C$　　(b)临界角$\theta_L=\theta_C$　　(c)全反射$\theta_L>\theta_C$

图 4.18 光波从折射率较大的介质以三种不同的入射角进入折射率较小的介质,出现三种不同的情况

设 KK^0 为玻璃和空气的界面,NN^0 为过入射点垂直界面的法线,空气折射率 n_2 小于玻璃折射率 n_1,当入射光入射到界面的交界处时,一部分光反射回空气中,另一部分光折射到玻璃中。

由反射定律入射角等于反射角,有

$$\angle\theta_L = \angle\theta_R \tag{4.1}$$

由斯涅尔定律,有

$$\frac{\sin\theta_1}{\sin\theta_2} = \frac{n_1}{n_2} \tag{4.2}$$

假设光在空气和玻璃中的速度分别为 V_1 和 V_2,则根据波动理论可知

$$\frac{\sin\theta_1}{\sin\theta_2} = \frac{V_1}{V_2} \tag{4.3}$$

因此,可推导出

$$\frac{V_1}{V_2} = \frac{n_1}{n_2} \tag{4.4}$$

由此,对折射率较小的物质称为光疏介质,反之则称为光密介质。假设 n_2为空气,$n_2 = 1$,V_1为 c,则介质中的光速 V_2 为

$$V_2 = \frac{c}{n_1} \tag{4.5}$$

从折射率大的介质到折射率小的介质时,根据折射理论,折射角大于入射角,并随入射角增大而增大,当入射角增大到临界角 θ_0时,折射角为90°,从能量角度看,折射光能量越小,反射光能量越大,直到折射光消失。

在这种情况下,临界角 θ_0满足:

$$\frac{\sin \theta_0}{\sin 90°} = \frac{n_1}{n_2} \tag{4.6}$$

这就是全反射定律,对于石英光纤,纤芯折射率 $n_2 = 1.46$,包层折射率 $n_1 = 1.44$,则临界角 θ_0为 89.45°。

光在界面的反射还满足布儒斯特定律,当入射光在任意时刻,其振动方向可分解为两个正交的偏振态。当光以布儒斯特角入射到界面时,不论入射光振动状态如何,发射光都是线偏振光,且偏振方向垂直于由入射光和反射光组成的平面,反射光与折射光垂直。

4.3.2　阶跃折射率光纤

阶跃折射率光纤纤芯和包层的折射率差很小,定义光纤芯包折射率差 Δ 为

$$\Delta = \frac{n_1^2 - n_2^2}{2n_1^2} \approx \frac{n_1 - n_2}{n_1} \ll 1 \tag{4.7}$$

光纤通信系统中使用的光纤大多是用高纯度熔融石英制成的,折射率的改变是通过掺入低浓度的材料(如锗、硼等)实现的。纤芯折射率 n_1 一般为 1.44 ~ 1.46,Δ 的值一般为 0.001 ~ 0.02。

1. 子午光线的传播

子午光线的入射光线、反射光线和分界面的法线均在子午面内,如图 4.19 所示。这是子午光线传播的特点。

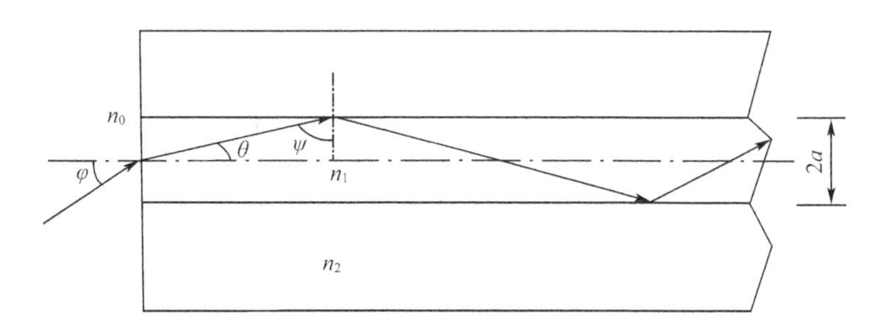

图 4.19　子午光纤的全反射

图中 n_1、n_2分别为纤芯和包层的折射率,n_0为光纤周围介质的折射率。

子午光线在光纤内全反射应满足的条件如下:

要使光完全限制在光纤内传输,则应使光线在纤芯 - 包层分界面上的入射角 ψ 大于(至少等于) 临界角 ψ_0,即

$$\sin\psi_0 = \frac{n_2}{n_1}, \psi \geqslant \psi_0 = \arcsin\left(\frac{n_2}{n_1}\right) \tag{4.8}$$

或

$$\arcsin\theta_0 = 90° - \psi_0$$

式中，$\theta_0 = 90° - \psi_0$，利用 $n_0 \sin\varphi_0 = n_1 \sin\theta$，可得

$$n_0 \sin\varphi_0 = n_1 \sin\theta_0 = \sqrt{n_1^2 - n_2^2} \tag{4.9}$$

可见，相应于临界角 ψ_0 的入射角为 φ_0；ψ 反映了光纤集光能力的大小，通称为孔径角。$n_0 \sin\varphi_0$ 则定义为光纤的数值孔径，一般用 NA 表示，即

$$NA_{子} = n_0 \sin\varphi_0 = \sqrt{n_1^2 - n_2^2} \tag{4.10}$$

下标“子”表示是子午光线的数值孔径。

子午光线在光纤内传播路径是折线，光线在光纤中的路径长度大于光纤的长度。

2. 斜光线的传播

光纤中不在子午面内的光线都是斜光线。它和光纤的轴线既不平行也不相交，其光路轨迹是空间螺旋折线。此折线可为左旋，也可为右旋，但它和光纤的中心轴是等距的。下面由图 4.20 求全反射条件。

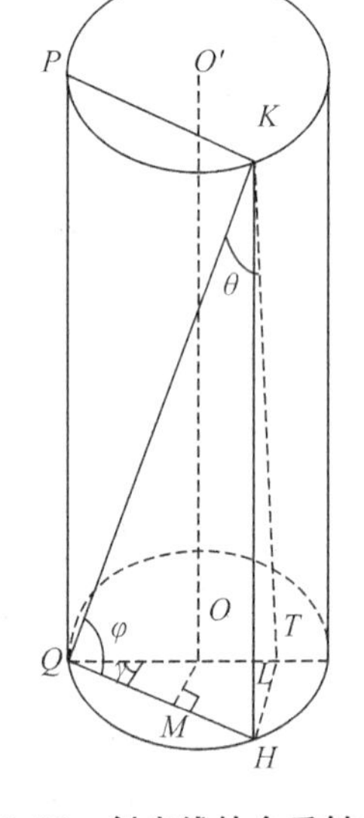

图 4.20　斜光线的全反射光路

图中 QK 为入射在光纤中的斜光线，它与光纤轴 OO' 不共面，H 为 K 在光纤横截面上的投影，$HT \perp QT$，$OM \perp QH$。由图中几何关系得斜光线的全反射条件为

$$\cos\gamma \sin\theta = \sqrt{1 - \left(\frac{n_2}{n_1}\right)^2} \tag{4.11}$$

用折射定律 $n_0 \sin\varphi = n_1 \sin\theta$，可得在光纤中传播的斜光线应满足如下条件：

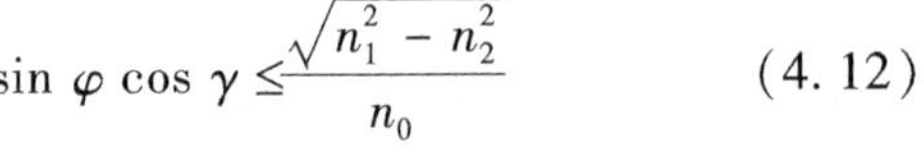

$$\sin\varphi \cos\gamma \leqslant \frac{\sqrt{n_1^2 - n_2^2}}{n_0} \tag{4.12}$$

斜光线的数值孔径则为

$$NA_{斜} = n_0 \sin\varphi_a = \frac{\sqrt{n_1^2 - n_2^2}}{\cos\gamma} \tag{4.13}$$

由于 $\cos\gamma \leqslant 1$，因而斜光线的数值孔径比子午光线的要大。由图 4.20 斜光线的全反射光路，还可求出单位长度光纤中斜光线的光路长度 $S_{斜}$ 和全反射次数 $\eta_{斜}$，即

$$S_{斜} = \frac{1}{\cos\theta} = S_{子} \tag{4.14}$$

$$\eta_{斜} = \frac{\tan\theta}{2a\cos\gamma} = \frac{\eta_{子}}{\cos\gamma} \tag{4.15}$$

与子午光线不同，斜光线绕着光纤轴线呈螺旋形（螺旋线）传播，如图 4.21 所示。

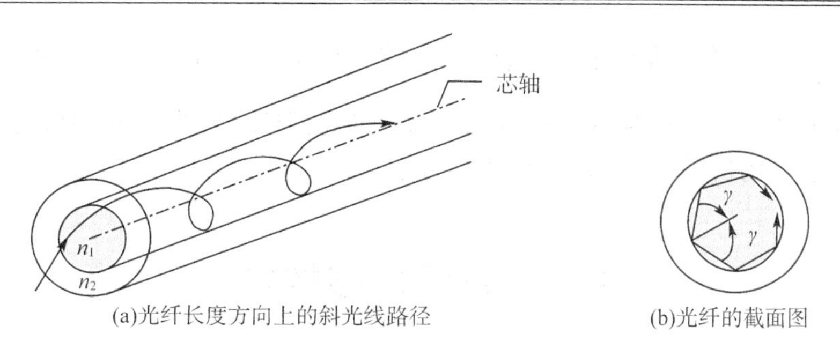

图 4.21　斜光线绕着光纤轴线呈螺旋形传播

斜光线是三维空间光线,而子午光线只是在二维平面内传播。沿光纤的螺旋线发生一次反射,方向角改变 2γ,其中 γ 是反射点处的二维投影光线与纤芯半径的夹角。不同于子午光线,斜光线由光纤出射至空气的出现点依赖于光线发生全反射的次数,与光纤的入射条件无关。实际应用中,斜光线的数目远远多于子午光线,但考虑子午光线就足够。

4.3.3　渐变折射率光纤

渐变折射率光纤的折射率分布如图 4.22 所示,光纤纤芯的折射率在轴线处最高,沿半径方向折射率逐渐下降到芯包界面处。渐变折射率光纤是减少光纤中的色散的有效手段,光纤中心的相速度最低,沿半径方向逐渐变大,近轴的模式传播距离最短,但是相速度相对也最低,远离轴线的光线传播的距离较远但在折射率相对较低的介质中相速度较高,这样在纤芯中心和边缘位置,光传输的相速度相同。

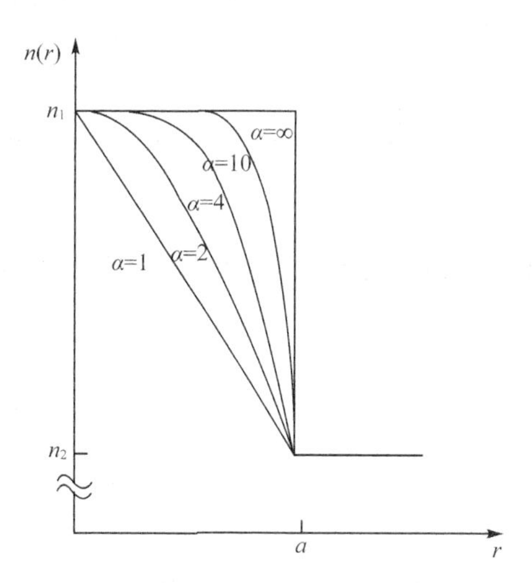

图 4.22　渐变折射率光纤的折射率分布图

在渐变折射率光纤中,折射率分布随离轴距离的增大而不断改变,其一般形式是

$$n^2(r) = n^2(0)\left[1 - 2\Delta\left(\frac{r}{a}\right)^{\alpha}\right] \tag{4.16}$$

式中，$\Delta=\frac{n^2(0)-n^2(r)}{2n^2(0)}$；$a$ 是纤芯半径；$n(0)$ 是光纤轴上的折射率；$n(r)$ 为离轴距离 r 处的折射率。a 为正数，当 $a\to\infty$ 时，折射率分布变成普通的阶跃型；当 $a=2$ 时，就是聚焦光纤；当 $a=1$ 时，纤芯中的折射率随 r 增大而线性减小。

4.4　光纤传感技术

光导纤维是一种传输光能的波导介质，简称光纤。自20世纪70代康宁公司研制出高品质低损耗的光纤后，光纤便被广泛地应用于通信系统中，进行信息的长距离传输。伴随着光纤的不断发展及其在通信领域的应用，光纤作为一种光学传感器也从20世纪80年代开始日益发展起来，光学传感器是光纤的另一个重要应用领域。

4.4.1　光纤传感器

为了深刻理解光纤传感器，将光纤传感器与熟知的电类传感器进行对比见表4.1。

表4.1　光纤传感器与电类传感器对比

内容	光纤传感器	电类传感器
调制参量	振幅：吸收、反射等 相位：偏振…	电阻、电容、电感等
敏感材料	温－光敏、力－光敏、磁－光敏…	温－电敏、力－电敏、磁－电敏…
传输信号	光	电
传输介质	光纤、光缆	电线、电缆

1. 结构组成

光纤传感器一般由光源、传感器探头或传感光纤、传输光纤、光电探测器，以及相应的信号处理等部分组成，如图4.23所示。

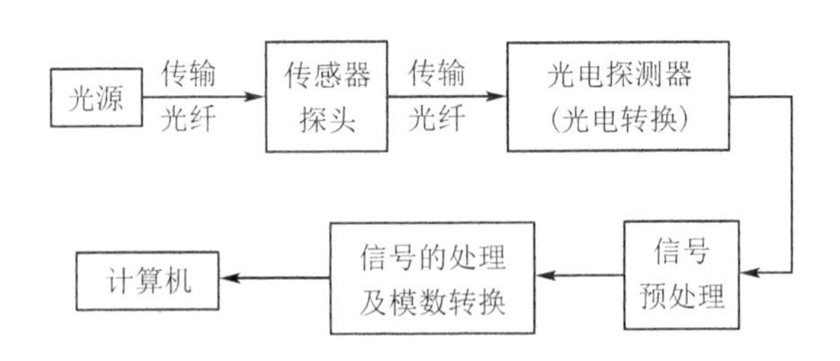

图4.23　光纤传感器结构示意图

由光源发出的光通过源光纤引到敏感元件，被测参数作用于敏感元件，在光的调制区内，使光的某一性质受到被测量的调制，调制后的光信号经接收光纤耦合到光探测器，将光信号转换为电信号，最后经信号处理得到所需要的被测量。

2. 传感原理

利用光纤传感技术进行检测的基本原理就是当外界被测参量与光波相互作用时，光学参数如强度、频率、相位及偏振态等会随着外界被测量而发生改变，根据它们之间的作用规律，通过检测光波参数的变化量即可实现被测物理量的测量。由于光纤作为一种传感元件具有一系列独特的优势，因此它被认为是具有发展前景的传感技术之一。

3. 特点

光纤传感器有极高的灵敏度和精度、固有的可靠性好、抗电磁干扰、绝缘强度高、耐腐蚀、集传感与传输于一体、能与数字通信系统兼容等优点。概括如下：

①高灵敏度。

②轻细柔韧便于安装埋设。

③电绝缘性及化学稳定性。光纤本身是一种高绝缘、化学性能稳定的物质，适用于电力系统及化学系统中需要高压隔离和易燃易爆等恶劣的环境。

④良好的可靠性。光纤传感器是电无源的敏感元件，故应用于测量中时，不存在漏电及电击等隐患。

⑤抗电磁干扰。一般情况下光波频率比电磁辐射频率高，因此光在光纤中传播不会受到电磁噪声的影响。

⑥可分布式测量。一根光纤可以实现长距离连续测控，能准确测出任一点上的应变、损伤、振动和温度等信息，并由此形成具备很大范围内的监测区域，提高对环境的检测水平。

⑦使用寿命长。光纤的主要材料是石英玻璃，外裹高分子材料的包层，这使得它具有相对于金属传感器更大的耐久性。

⑧传输容量大。以光纤为母线，用传输大容量的光纤代替笨重的多芯水下电缆采集收纳各感知点的信息，并且通过复用技术，来实现对分布式的光纤传感器的监测。

但是由于光信号会被多种参量扰动，因此光纤传感器的交叉敏感问题较严重。

4. 国内外光纤传感器的研究动向

①研究传感理论和技术，发展新原理，解决实用化问题（主要是长期稳定性，光源、器件、光纤光路的不稳定一般用参考光路）。

②研究多参数及分布式传感网络（有需求：多参数监测如发动机的温度、压力、应变，大面积分布式监测如桥梁、大坝）；光纤传感器系统的一种形式是采用多路传输的光学无源传感器系统，其核心问题是如何节省光路，寻求可有效利用的信息通道，使其能不畸变的更多地传输各个光纤传感器取得的信息。利用光纤之间、几个无缘传感器之间、数据遥测通道之间的多路传输可达此目的。

5. 光纤传感技术的应用前景

工业制造、土木工程、军用科技、环境保护、地质勘探、生物医学等。对于各种应用，已开发出多种光纤传感器和系统。目前常用的传感器包括旋度、温度、应变、应力、振动、声音和压力传感器等。

4.4.2 光纤传感器种类

1. 按照光纤在传感器中所起作用的不同分类

此种分类方式可以将光纤传感器分为两类，一类是利用光纤本身的某种敏感特性或功能制成的传感器，称为功能型传感器，又称为传感型传感器，如图 4.24(a)所示。在功能型传感器中，光纤不仅起传光作用，同时又是敏感元件，即是利用被测物理量直接或间接对光纤中传送光的光强(振幅)、相位、偏振态、波长等进行调制而构成的一类传感器。其中有光强调制型、光相位调制型、光偏振调制型等。功能型光纤传感器的光纤本身就是敏感元件，因此加长光纤的长度可以得到很高的灵敏度，尤其是利用干涉技术对光的相位变化进行测量的光纤传感器，具有极高的灵敏度。制造这类传感器的技术难度大，结构复杂，调整较困难。

另一类是光纤仅起传输光的作用，它在光纤端面或中间加装其他敏感元件感受被测量的变化，这类传感器称为非功能型传感器，又称为传光型传感器，如图 4.24(b)所示。

非功能型光纤传感器中光纤不是敏感元件，只是作为传光元件。一般是在光纤的端面或在两根光纤中间放置光学材料及敏感元件来感受被测物理量的变化，从而使透射光或反射光强度随之发生变化，从而进行检测。这里光纤只作为光的传输回路，所以要使光纤得到足够大的受光量和传输的光功率。这种传感器常用数值孔径和芯径都较大的光纤。非功能型光纤传感器结构简单、可靠，技术上易实现，但灵敏度、测量精度一般低于物性型光纤传感器。

前者是利用光纤本身的特性，把光纤作为敏感元件，所以又称传感型光纤传感器；后者是利用其他敏感元件感受被测量的变化，光纤仅作为光的传输介质，用以传输来自远处或难以接近场所的光信号，因此也称传光型光纤传感器。

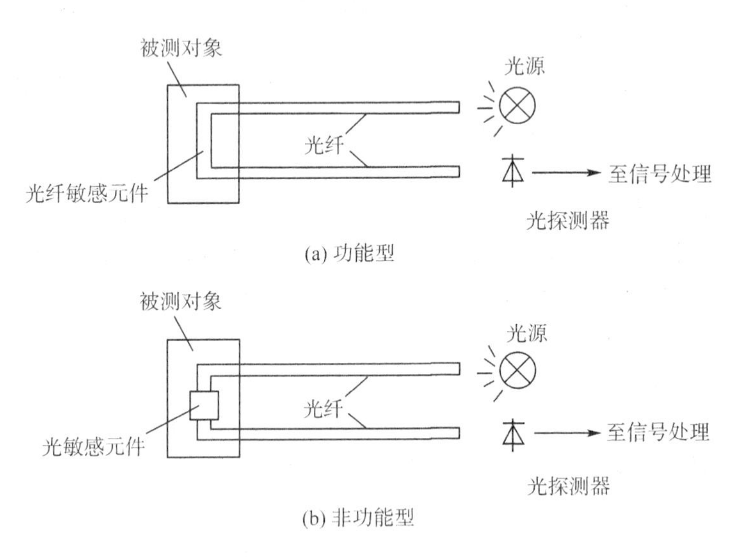

图 4.24 光纤传感器组成示意图

2. 按信号调制类型分类

(1)相位调制型光纤传感器

相位调制的基本原理是利用被测对象对敏感元件的作用,使敏感元件的折射率或传播常数发生变化,而导致光的相位变化,使两束单色光所产生的干涉条纹发生变化,通过检测干涉条纹的变化量来确定光的相位变化量,从而得到被测对象的信息。

当一束波长为 λ 的相干光在光纤中传播时,光波的相位角 ϕ 与光纤的长度 L、纤芯折射率 n_1 和纤芯直径 d 的关系为

$$\phi = \frac{2\pi n_1 L}{\lambda} \tag{4.17}$$

当光纤受到外界物理量的作用,则光波的相位角变化 $\Delta\phi$ 为

$$\Delta\phi = \frac{2\pi}{\lambda}(n_1 \Delta L + L\Delta n_1) = \frac{2\pi L}{\lambda}(n_1 \varepsilon_L + \Delta n_1) \tag{4.18}$$

式中,$\varepsilon_L = \frac{\Delta L}{L}$,为光纤轴应变。

因为光波长属于微米量级,因此相位调制型光纤传感器最大的优点就是灵敏度高。但是因为光探测技术只能探测强度,因此还需要将相位的变化转换成强度的变化,这需要使用光的干涉效应,即利用法布里珀罗、马赫增德尔、迈克尔逊以及萨格纳克干涉仪进行转换。因此相位调制型光纤传感器的结构比较复杂。利用光的相位变化可测量出温度、压力、加速度、电流等物理量。

(2)强度调制型光纤传感器

强度调制型光纤传感器是一种利用被测对象的变化引起敏感元件的折射率、吸收或反射等参数的变化,从而导致光强度的变化,来实现敏感测量的传感器。强度调制型光纤传感器示意图如图 4.25 所示。

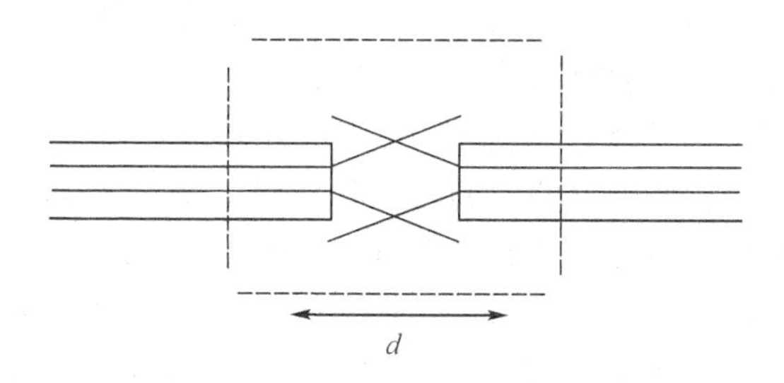

图 4.25　强度调制型光纤传感器示意图

此结构利用了两根光纤之间的光耦合来进行传感,两根光纤很接近但是有一定的距离。光从一根光纤入射后,如果有光从光纤中输出,将会扩散成一个圆锥形光束,并会耦合到另一根光纤中,由此可以检测位移或者机械振动。强度调制型光纤传感器归一化调制系数为

$$m = \frac{\Delta I}{I_0 P} \tag{4.19}$$

式中,m 为归一化调制系数;ΔI 为由于调制引起的光强变化;I_0 为没有调制时到达探测器的光强;P 为外界扰动,即被测参量。

由式(4.19)即可算出外界扰动的大小。在实际应用过程中,能够导致光纤中传输光强的大小的机理有很多,常用的有微弯损耗、光泄漏、光纤与光纤之间的耦合、反射、吸收、分子散射、消逝场等。

强度调制型光纤传感器有一系列的限定性,主要是由系统的可变损耗所引起,而且这些可变损耗不受被测环境影响。系统潜在的误差源包括由于连接器或者熔接造成的可变损耗、微弯损耗、宏弯损耗、机械移动光源与探测器之间的失调。强度调制型光纤传感器的优点是结构简单,容易实现,成本低。缺点是受光源强度波动和连接器损耗变化等影响较大。为了避免这些问题,研究人员开发出了高性能的双波长强度调制型光纤传感器,其中一个波长的光用于进行误差校正。

(3)偏振态调制型光纤传感器

偏振态调制型光纤传感器基本原理是利用光的偏振态的变化来传递被测对象信息。光波是一种横波,它的光矢量是与传播方向垂直的。如果光波的光矢量方向始终不变,只是它的大小随相位改变,这样的光称为线偏振光。光矢量与光的传播方向组成的平面为线偏振光的振动面。如果光矢量的大小保持不变,而它的方向绕传播方向均匀的转动,光矢量末端的轨迹是一个圆,这样的光称为圆偏振光。如果光矢量的大小和方向都在有规律的变化,且光矢量的末端沿一个椭圆转动,这样的光称为椭圆偏振光。

利用光波的偏振性质,可以制成偏振态调制型光纤传感器。在许多光纤系统中,尤其是包含单模光纤的那些系统,偏振起着重要的作用。许多物理效应都会影响或改变光的偏振状态,有些效应可引起双折射现象。所谓双折射现象就是对于光学性质随方向而异的一些晶体,一束入射光常分解为两束折射光的现象。光通过双折射媒质的相位延迟是输入光偏振状态的函数。

偏振态也是光波的一个重要特性,如果传感器所处的外界环境发生改变,传感器中光波的偏振态也会发生相应的改变,所以理论上,检测光的偏振态也能实现信息传感。但是检测光的偏振态的过程较为复杂和麻烦,所以常用的方法是检测偏振态已经改变的光波的强度,或是通过干涉的方法检测光波的相位,从而实现信息传感。

偏振态调制型光纤传感器检测灵敏度高,可避免光源强度变化的影响,而且相对相位调制型光纤传感器结构简单,且调整方便。偏振态调制型光纤传感器通常基于电光、磁光和弹光效应,通过敏感外界电磁场对光纤中传输的光波的偏振态来检测被测电磁场参量。最为典型的偏振态调制效应有 Faraday 效应、Pockels 效应、弹光效应及 Kerr 效应。其主要应用领域为:利用 Faraday 效应的电流、磁场传感器;利用 Pockels 效应的电场、电压传感器;利用光弹效应的压力、振动或声传感器等。目前最主要的还是用于监测强电流,光纤电流互感器就是根据这个原理制成的。

平面偏振光通过带磁性的物体时,其偏振光面将发生偏转,这种现象称为 Faraday 磁光效应,如图 4.26 所示。

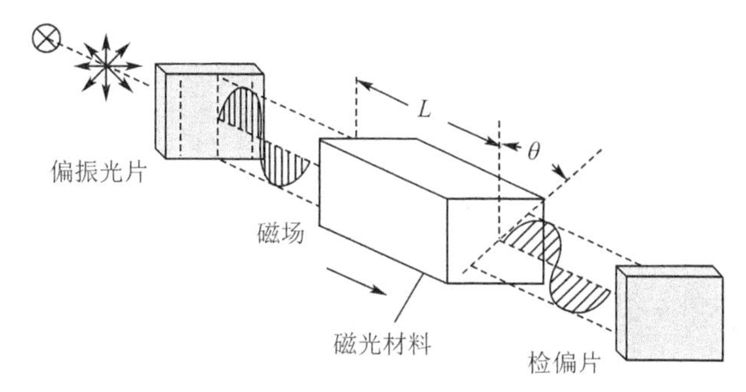

图 4.26　Faraday 磁光效应

光矢量旋转角为

$$\theta = V\int_0^L H \cdot \mathrm{d}L \approx VHL \tag{4.20}$$

式中，V 为正常光折射率；L 为物质中的光程；H 为磁场强度。

$$I = \frac{2\pi R\theta}{VL} \tag{4.21}$$

可知，电流强度 I 与线偏振光的偏振面旋转角 θ 成正比。

偏振态调制型光纤传感器结构如图 4.27 所示。

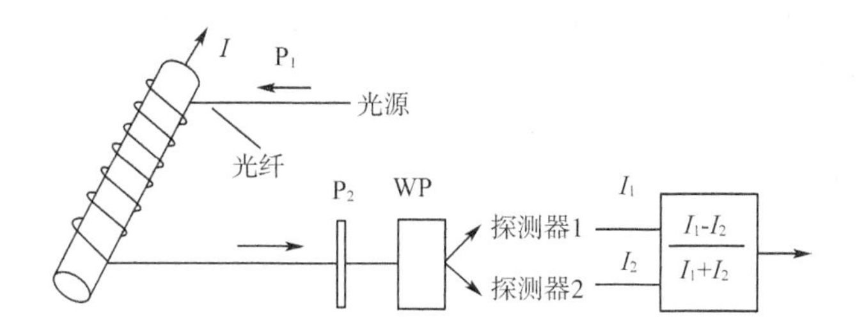

图 4.27　偏振态调制型光纤传感器结构示意图

将光纤绕在被测导线上，设圈数为 N，导线中通过的电流为 I，由安培环路定律，距导线轴心为 R 处的磁场为

$$H = \frac{I}{2\pi R} \tag{4.22}$$

由于探测器不能直接检测光的偏振态，需要将光偏振态的变化转换为光强度信号。一种检测方法采用 Wollaston 棱镜 WP，由光源发射的激光经起偏器 P_1 变为线偏振光进入传感光纤，在输出端将检偏器 P_2 输出的正交偏振分量在空间上分成两路输出，分别被探测器 1 与探测器 2 接收。探测器 1 与探测器 2 接收的光强信号分别为

$$I_1 = I_0\cos^2(\pi/4 - \theta) \tag{4.23}$$

$$I_2 = I_0\sin^2(\pi/4 - \theta) \tag{4.24}$$

经信号处理可得到偏振面的偏转角，即

$$\theta = \frac{1}{2}\sin^{-1}\left(\frac{I_1 - I_2}{I_1 + I_2}\right) \tag{4.25}$$

设 $P = \frac{I_1 - I_2}{I_1 + I_2}$，则

$$\theta = \frac{1}{2}\sin^{-1}\left(\frac{I_1 - I_2}{I_1 + I_2}\right) = \frac{1}{2}\sin^{-1}P \tag{4.26}$$

由此得

$$P = \sin 2\theta \tag{4.27}$$

当线偏振光旋转角 θ 很小时，有

$$P \approx 2\theta \tag{4.28}$$

(4)波长调制型光纤传感器

传统的波长调制型光纤传感器是利用传感探头的光谱特性随外界物理量变化的性质来实现的。利用外界因素改变光纤中光的波长，通过检测光纤中的波长变化来测量各种物理量的原理，称为波长调制。

波长调制技术、解调技术比较复杂，通常使用分光仪；后来，采用光学滤波和双波长检测技术，解调技术被简化。

此类传感器多为非功能型传感器。在波长调制的光纤探头中，光纤只是简单地作为导光用，即把入射光送往测量区，而将返回的调制光送往分析器。光纤波长探测技术的关键是光源和频谱分析器的良好性能，这对于传感系统的稳定性和分辨率起着决定性的影响。

光纤波长调制技术主要应用于医学、化学等领域。例如，对人体血气的分析、pH 值检测、指示剂溶液浓度的化学分析、磷光和荧光现象分析、黑体辐射分析和法布里－珀罗滤光器等。而目前所称的波长调制型光纤传感器主要是指光纤布拉格光栅传感器(FBG)。

3. 按照应用分类

随着新的传感原理和制作技术的深入研究，光纤传感器已经能够实现多参量，分布式传感，并且逐渐走向实用化，一些光纤传感器随着制作技术和复用技术研究的深入，大大降低了成本，成功实现科研成果的商业化，使用寿命预计在 10 年以上，并在许多领域得到应用。

(1)土木工程

土木工程是当今普遍和最需要进行传感的领域，几乎世界各地都存在土木工程建设过程中的伤亡事件。矿井、隧道、桥梁、大坝、公路等的健康状态，直接影响到大众的人身安全。这类工程中最需要检测的就是工程结构中应力、应变的状态，光纤光栅传感器能很好地安装在探测点表面或者嵌入需要检测的结构当中，从而实现对环境变量的实时传感，在这方面的应用也层出不穷。

(2)航空航天

航天器在长期飞行过程中，由于疲劳、腐蚀、材料老化以及高空中的环境等不利因素的影响，不可避免地产生损伤积累，甚至发生飞机坠毁等突发的严重事故，造成无法挽回的损失及伤害，因此对航空航天结构的健康监测十分重要。但是，一架飞行器的安全检测需要几十甚至上百个传感器，传感器的尺寸和质量变得至关重要。

(3)石油化工

石油化工的安全监测主要任务是对钻井工作的温度、压力以及产品运输过程中有害物质的监测，在这些工作环境，常常带有高温、高辐射、重金属、化学物品等以及易燃易爆物质。普通电式传感器无法适应在如此的工作环境下长时间工作，并有可能造成致命的危害。光

纤光栅传感器抗电磁辐射、无电火花、耐腐蚀等优点正好符合这些环境的应用需求。在国外,光纤光栅传感系统已经在石油化工的各个环节得到应用。

(4)电力系统

电力系统的传感应用对传统电式传感器来说是最难以解决的问题。光纤传感器体积小、无源、绝缘性好、抗电磁干扰、长距离传感损耗小等特点决定了它在这个领域广阔的发展前景。如运用 Faraday 效应监测电流形成的磁场,从而进行高压、强电流的传感,通过监测高压、大功率导线的温度变化来检查设备的健康状态等。

4. 其他光纤传感技术

①基于光子晶体光纤的传感技术:它可用于一些气体的检测,曲率传感及增强双光子生物传感等。

②基于聚合物光纤的传感技术:它可用作安全检测传感、湿度传感、生物传感、化学(气体)传感、露点传感、流量传感等;此外,还可传感重要的物理量,如辐射、液面、放电、磁场、折射率、温度、风度、旋度、振动、位移、水声、粒子浓度等。

③基于光纤激光器的有源腔传感器:比如用 Ring - Down 腔技术可进行吸收谱分析量,其灵敏度达 1 ppm(10^{-6})。现在 Ring - Down 腔技术已应用于测量各种吸收,如等离子体、火焰辐射、超声喷射和气体分子吸收等。

4.5 光纤传感技术应用

光纤传感技术是20世纪70年代末兴起的一项技术,现已与光纤通信技术的发展并驾齐驱,极大地推动了人类社会的进步。光纤传感器由于其优越的性能而备受青睐,使其能工作在各种多变的环境中,不仅很好地解决了电式传感器无法解决的问题,而且在灵敏度上高几个数量级。另外,由于在光纤中传输的光波长、强度、偏振态和耦合模式等参数对多种环境变量敏感,光纤传感器可以应用在多个探测领域之中,已经实现的可用光纤传感技术测量的物理量已达70多种。在地球动力学、航天器及船舶航运、民用工程结构、电力工业、医学和化学传感等领域中得到了广泛的应用。

光纤传感就是利用外界环境变量对光纤内传输的光的各个参量(强度、相位、偏振态等)进行调制,然后对调制后的信号进行解调获得变量信息的一种技术。

4.5.1 光纤电流互感器

在电力系统运行中,高压电网的电流测量主要由传统电流互感器(CT)来完成。但随着电力系统向智能化、数字化、自动化发展,以及电压等级的提高,传统电流互感器的弊端逐渐显露出来。首先是绝缘问题,其次是体积庞大,再次是成本随着电压等级的提高而增加。在这种背景下,光纤电流互感器就成为一种新宠。

光纤电流互感器与传统的电磁式互感器相比有如下特点:

①高度绝缘,可靠性高,不含油,具有防爆特性;

②质量小,不含铁芯,无磁饱和现象,无铁磁共振影响;

③输出信号无开路现象;

④输出信号易于转换成数字信号,抗随机干扰能力强;

⑤测量频带宽,精度高,不需要复杂的外部接线;

⑥不怕雷雨,适用环境能力强,成本低廉。

光纤电流互感器利用磁光效应原理,由高导磁材料构成探测器的基本结构,当被测电流通过时会对光纤信号产生法拉第磁光旋转、磁缩效应、磁应力效应、磁线性双折射效应,从而实现高压下的电流测量。这种形式的电流互感器理论和试验研究都比较深入,试验精度很高,线性范围较宽,但测量环境中电磁场的不均匀分布对测量结果影响较大。

1. 磁光型光学电流互感器

目前研究的磁光型光学电流互感器工作基本原理是 Faraday 磁光效应,在外界磁场作用下,沿着磁场方向的线偏振光,当经过磁光材料时,其偏振面就会相对于原偏振方向发生一定角度的偏转。其旋转角 θ 可表示为

$$\theta = V\int_L \boldsymbol{H} \cdot \mathrm{d}\boldsymbol{L} \tag{4.29}$$

式中,V 为材料的 Verdet 常数,一般与材料特性、外界温度、光源波长等因素有关;$\boldsymbol{H}$ 为磁光材料所在磁场的强度;$\boldsymbol{L}$ 为光束通过介质的距离。

磁光型光学电流互感器是指从光源发射的光通过光纤传输经过磁光晶体或玻璃来进行传递,具有单独的信号采集单元。

2. 全光纤型光学电流互感器

全光纤型光学电流互感器是指整个信号采集部分,从光源输出到光传输及信号采集部分都是采用光纤完成,没有其他的光学器件参与。工作原理与磁光型光学电流互感器一样,其结构为多圈光纤环绕被测电流。

目前,全光纤电流互感器按其光路结构不同可以分为两类:一类是 Sagnac 型全光纤电流互感器(也称循环型或陀螺型),一类是反射型全光纤电流互感器(也称反射型)。

近几年随着研究的深入,有学者将传感段的光纤利用特殊处理方法,提高了灵敏度;并探索了两种检测方法,分别是偏振检测方法和干涉检测方法的全光纤型光学电流互感器。与磁光型光学电流互感器相比较而言,全光纤型光学电流互感器具有结构简单、使用寿命长、可靠、精度高等优点,当然其缺点也是致命的,如光纤的自身线性双折射对测量存在很大的影响,导致其稳定性下降;Verdet 常数很低时,需要的线圈匝数多;同时全光纤型光学电流互感器对温度、振动等外界环境因素比较敏感。另一方面,采用的传感光纤为保偏光纤,比普通光纤要求高,价格昂贵,并且生产工艺很高,因此制造出可靠性高、寿命长的保偏光纤非常难。随着光纤制造技术、光电技术以及其他相关技术的快速发展,推动了全光纤型光学电流互感器在电网中试挂网运行。

3. 电子式电流互感器

电子式电流互感器中,Rogowski 线圈被视为信号传感装置,被测导线从中心穿过便可测量其电流,罗氏线圈测量原理是安培环路定律和法拉第电磁感应定律。高压侧集成电子电路的供电电源分别有母线取电方式、激光供电方式以及两者组合方式供能。Rogowski 线圈将高压侧的电流转化为电压信号,信号处理电路对电压信号进行处理和转换,转换为光信号,然后通过光纤传输到低压侧,信号处理后,显示在数字仪器上,如图 4.28 所示为电子式电流互感器的系统结构图。

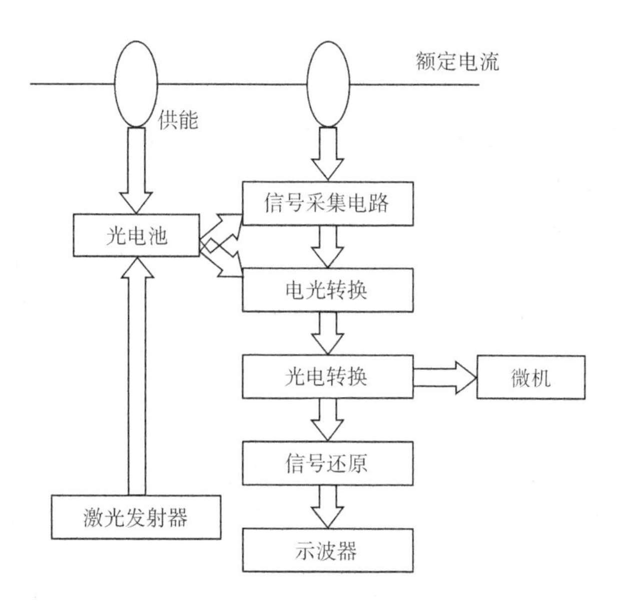

图 4.28　电子式电流互感器的系统结构图

Rogowski 线圈是将铜线缠绕在非铁磁性材料上，根据被测电流的变化感应出信号反映出被测电流值。最初是 1912 年提出，因其结构简单、价格便宜以及材料容易取得，故在电力系统中广泛应用于电流测量，Rogowski 线圈结构示意图如图 4.29 所示。

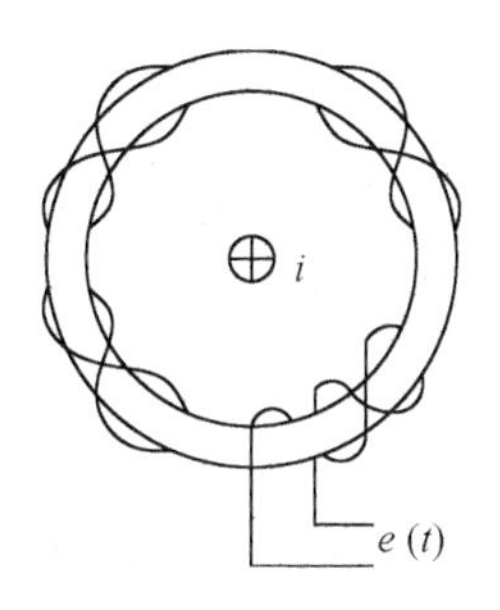

图 4.29　Rogowski 线圈结构示意图

如图 4.29 所示，当被测电流 $i(t)$ 穿过线圈中心时，输出线段将会感应出与 $i(t)$ 成比例的电压 $e(t)$，即

$$e(t) = -M\left(\frac{d_i}{d_t}\right) = -\mu_0 \frac{Nh}{2\pi} \ln \frac{R_b}{R_a} \times \frac{d_{i(t)}}{d_t} \tag{4.30}$$

$$M = \frac{\mu_0 Nh}{2\pi} \ln \frac{R_b}{R_a} \tag{4.31}$$

式中，M 为互感器系数；N 为线圈总匝数；μ 为真空磁导率；h 为线圈骨架的高度；R_b 为骨架外径；R_a 为骨架内径。由式(4.30)可得被测电流等于感应电压的积分。

式(4.30)中表示，Rogowski 线圈测量电流的关键因素就是要尽可能地具有大的互感系数 M。由式(4.31)中可以看出互感系数 M 与线圈的结构尺寸、匝数等因素有关，将测得电压信号进行积分运算就能得到被测电流值。这就是 Rogowski 线圈测量电流的基本工作原理。

4.5.2 光纤应变/温度传感器

基于拉曼散射的分布式光纤传感器只能测量温度场，而基于布里渊散射的分布式光纤传感器不仅可以测量温度场，还可以测量应变场，成为一种分布式光纤应变测量仪，在土木工程和结构健康监测方面有重要的应用价值。布里渊散射与拉曼散射明显的不同之处是布里渊散射的波长非常接近注入光波长，因此将布里渊光分离出来是实现测量的一个关键技术。另外，与拉曼光强度受温度影响不一样的是，布里渊频移受温度或应变的调制，且布里渊光强远高于拉曼光强。

1. 传感原理

基于布里渊散射效应的光纤应变传感器是根据石英光纤应变引起的自发布里渊散射或者受激布里渊散射的斯托克斯光的频移量发生变化来实现应变测量的。光纤中的布里渊散射相对于泵浦光有一个频移，通常称为布里渊频移。其中背向布里渊散射的布里渊频移最大，并由下式给出

$$f_B = 2nv_a/\lambda \tag{4.32}$$

式中，f_B 为布里渊频移；n 为光纤纤芯折射率；V_a 为声速；λ 为泵浦光的波长。当波长为 1 550 nm 时，f_B 的典型值为 11 GHz。影响 n 和 V_a 的两个因子都受温度和应变的影响，因此，通过检测布里渊散射光的频移就可以测量得到温度和应变，甚至可以实现双参量同时测量。

由于式(4.32)中的 n 和 V_a 都受应变和温度的影响，因此布里渊频移 f_B 也随着这些参数的变化而变化。温度和应变都会造成布里渊频移的线性移动，所以布里渊频移与温度和应变的关系可以表示为

$$f_B = V_{BO} + \frac{\partial f}{\partial T}T + \frac{\partial f}{\partial \varepsilon}\varepsilon \tag{4.33}$$

式中，V_{BO} 是在 $T=0$ ℃，应变为 0 时的布里渊频移。

目前，基于布里渊散射的分布式光纤传感技术主要有两个研究方案：基于布里渊光时域反射（BOTDR）技术的分布式光纤传感技术；基于布里渊光时域分析（BOTDA）技术的分布式光纤传感技术。时域方法检测的是布里渊散射光的时域波形，传感距离比较长，可达到几十千米以上。BOTDR 利用的是自发布里渊散射，只要单端测量，实际使用起来比较方便；而 BOTDA 利用的是受激布里渊散射，需要双端测量，系统比较复杂，但是测量精度高。

（1）布里渊光时域反射（BOTDR）技术

BOTDR 技术结合了布里渊散射和光时域反射（OTDR）技术。应用 OTDR 来实现分布式测量，用布里渊散射的频移来测量应变或温度。通过测量沿光纤不同位置处的布里渊散射频移，获得被测信息的分布情况。BOTDR 的基本原理是一个高功率、窄线宽、短脉冲光注入光纤，在后向反射端激发出布里渊散射，将脉冲传输过程中不同时间上后向散射光中的布里渊频移测量出来，就可以得到沿光纤的应变场分布。但一个脉冲注入测量得到的信号非常微弱，必须重复测量，再用积分的方法才能将信号提取出来。

这一技术是用脉冲光激励产生的背向自发布里渊散射，在仪器的输出端只有一根光纤，不仅光路结构简单，而且符合工程应用的要求，因此应用场合很广。但是 BOTDR 中的自发布里渊散射光比较微弱，并且布里渊频移很小，测量频移的技术难度非常大，目前主要采用光学滤波和光学相干检测这两种技术来测量布里渊频移。

(2)布里渊光时域分析(BOTDA)技术

由于自发布里渊散射较弱,为了获得较好的信噪比,可以利用受激布里渊散射来进行分布式测量。从光纤的两端分别注入一脉冲光(泵浦光)与连续光(探测光)在光纤的铺设路径上,由于应变或温度不同,相同波长的泵浦光激发的布里渊散射频移也不同。当泵浦光与探测光的频率差与布里渊频移相等时,两束光之间发生能量转移,布里渊波长上的光就被放大,即在该位置产生了布里渊放大效应。当对一个激光波长进行扫描时,通过检测从光纤一端耦合出来的连续光功率,就可以确定光纤各小段区域上能量转移达到最大时所对应的频率差。由于布里渊频移与温度、应变呈线性关系,因此对激光的频率进行连续调节,就可以得到温度、应变信息,实现分布式测量。

BOTDA 采用直流探测光和脉冲泵浦光之间的受激布里渊散射作用,接收的是较强的直流探测光,比较容易实现高分辨率的分布式传感。因此系统动态范围大、测量精度高,但是需要在传感光纤两端进行光信号处理,泵浦光和探测光必须放置在光纤的两端,并不适合工程应用的要求。

4.5.3　光纤气体传感器

环保传感器是指用于保护环境和生态平衡的传感器,例如对江河湖海的水质进行检测,对污水的流量、自动比例采样、pH、电导、浊度、矿物油、氧化物、氨氮、总氮、总磷,以及金属离子浓度特别是重金属离子浓度等进行检测。

目前,环境检测领域的传感器侧重于开发水质监测、大气污染和工业排污测控的传感器。在该领域得到实际广泛应用的光电检测技术目前主要是传统的光谱检测仪器。它采用在野外采集,在试验室进行分析检测的方法。基于光纤传感技术的分布式化学传感器和新的结合生物传感技术的光传感器是国际上的研究热点,但尚未有成熟的产品。相对而言,开发较成熟的主要是用于大气污染监测和危险、易燃、易爆气体监测的气体传感技术。本节主要介绍气体传感技术。

1. 气体传感技术

大气污染是环境污染的一个重要方面,它直接关系人类健康生活。大气污染的有效监测与控制,需要一系列的新型气体传感及测量技术,这造就了一个不断扩大的气体传感器市场。在另一方面,工业界对新型气体传感器也有相当迫切的要求。

燃料气体的大规模使用,石油、化工和煤矿等行业的安全生产,都必须对气体进行监测,特别是对可燃性气体(甲烷、乙炔、一氧化碳、氢气等)、有毒气体的实时远距离监测技术提出了巨大的需求。它们不仅要求能够对气体进行识别,而且要求对气体的浓度做出高精度的测量。这种需求同样也成为新型气体传感及测量技术的巨大推动力。目前,美国等已投资数千万美元开发新型气体传感器,以用于识别污染源气体,检测污染气体的泄漏,连续监测已知污染气体浓度的变化。

基于光电传感技术的光纤气体传感器用于环境监测、工业气体过程控制,尤其是在恶劣环境下的在线、连续监测方面发挥着重要的作用,有着不可代替的优势。

光纤气体传感器一般是用于气体浓度的测量。在本质上,所有与气体物理或化学特性相关的光学现象或特性,都可以直接或间接地用于光纤气体浓度测量。因此,用于气体传感测量的光纤技术相当丰富,各种光纤气体测量装置种类繁多。对于光纤气体传感器,传感信息可以调制于光的强度、波长、相位及偏振态上。

2. 染料指示剂型光纤气体传感器

染料指示剂型光纤气体传感器是利用染料指示剂作为中间物来实现间接的传感测量。其检测原理是，染料与被测的气体发生化学反应，使得染料的光学性质发生变化，再利用光纤传感器测量这种变化，就可以得到被测气体的浓度信息。

最常用的染料指示剂型光纤气体传感器是 pH 值传感器，这类 pH 值传感器已经商品化。它的优点是体积小，结构简单；缺点是指示性弱，难以作为气体鉴别的唯一依据。

3. 光纤荧光气体传感器

光纤荧光气体传感器是一类用途广泛的气体传感器。它通过测量与其相应的荧光辐射来得到气体浓度信息。荧光的产生既可以来自被测气体本身，也可以来自与其相互作用的荧光染料。荧光物质由于吸收特定波长的光能量，产生电子受激跃迁，然后受激电子释放能量，产生荧光，一般受激电子的寿命很短，为 1 ~ 20 ns。被测气体的浓度既可以改变荧光辐射的强度，也可以改变荧光辐射的寿命，因而测量荧光辐射的强度或寿命，都可以得到气体浓度数据。其特点是：荧光寿命的测量不会受到光源光强波动的影响，而且不会受到染料浓度变化的影响，因而稳定性好，精度高。但是荧光寿命测量方法比较复杂，成本也较高。

荧光的辐射波长直接反映了荧光材料的物质结构，因而荧光传感器对不同的被测气体有很好的鉴别性。与吸收型光纤传感器相比，荧光型传感器传感所用的波长（荧光波长）大于激励光波长，可以用波长滤波器使其分离，这样可以大大提高系统的测量精度。限制荧光气体传感的主要因素是信号微弱致使检测系统复杂，系统成本较高。

4. 光纤折射率变化型气体传感器

利用某些材料的体积或折射率对气体的敏感性，将它代替光纤包层或者涂敷于光纤端面，通过测量折射率变化引起的光纤波导参数，如有效折射率、双折射和损耗的变化，可获得气体浓度的信息。一般可用光强检测或光干涉测量手段直接测量光纤波导参数的变化，以得到气体浓度的信息。

5. 光谱吸收型气体传感器

光谱吸收型气体传感器的原理是利用气体在石英光纤透射窗口内的吸收峰，测量气体吸收产生的光强衰减，以得到气体的浓度值。通过标定吸收峰的位置，可进一步对气体的种类进行识别。常见的气体（如 CO、CH_4、C_2H_2、NO_2、CO_2）在石英光纤的透射窗口（1 ~ 1.7 μm）都有泛频吸收峰。用这种方法可以对大多数的气体浓度进行较高精度的测量。

假设气体吸收谱线在输入光光谱范围内，则光波通过气体后，在气体的特征谱线处将发生光强衰减。其输出光光强 I 可以表示为

$$I = I_0 \exp(-\alpha_m l C) \tag{4.34}$$

式中，α_m 为该吸收峰的吸收系数；C 为待测气体浓度；I_0 为输入光强；l 表示传感的作用距离（传感长度）。在一标准大气压下，α_m 是一个很小的数值，因而吸收信号非常微弱，需要用高强度的光源以及探测灵敏度足够高的检测系统来测量。

利用光谱吸收型气体传感器的一大优点是具有最简单可靠的气体吸收盒结构，而且只需要改变光源波长，对准另外的吸收谱线，即可用同样的系统来检测不同的气体。

参考文献

[1]饶云江. 光纤技术[M]. 北京:科学出版社,2006.

[2]廖延彪,黎敏,张敏,等. 光纤传感技术与应用[M]. 北京:清华大学出版社,2009.

[3]邸志刚,贾春荣,郑绳楦,等. 基于 F - B 标准具的光纤光栅应变传感解调系统[J]. 传感器技术,2005,24(9):60 - 62.

[4]贾春荣,邸志刚,张庆凌,等. 电子式电流互感器相位补偿设计[J]. 电力系统自动化,2007,31(19):76 - 79.

[5]贾春荣,邸志刚,张庆凌,等. 电子式电流互感器传感头的低功耗设计[J]. 高压电器,2009,45(2):84 - 86.

[6]JIA C R,DI Z G,ZHANG J X. Signal process of gas monitoring system in fiber sensor [J]. Advanced Materials Research,2013,655 - 657:710 - 713.

[7]Di Z G,JIA C R,ZHANG J X. Special display instrument for fiber current transducer [J]. Journal of Chemical and Pharmaceutical Research,2014,6(6):615 - 622.

[8]河北联合大学. 光纤电流互感器专用显示仪表:中国,201420035652. 4[P]. 2014 - 05 - 12.

[9]VOHRA S T ,TODD M D ,JOHNSON G A ,et al. Fiber Bragg grating sensor system for civil structure monitoring:applications and field tests[J]. Proceedings of SPIE the International Society for Optical Engineering,1999,3746(3746):32.

第5章 光子晶体光纤的设计与仿真

光子晶体光纤(PCF)最重要的优点之一是设计灵活性高。通过改变光纤截面的几何特征,如气孔尺寸或排列方式,可获得具有完全相反光学特性的光纤。如本章所述,PCF具有不同寻常的导光特性、色散特性和非线性特性,并且已成功用于多个领域。

影响这种新型光纤的主要因素是高于传统光纤的损耗。因此本章分析了实芯和空芯PCF的不同损耗机制;然后介绍了PCF的设计方法及设计举例,对两种基于PCF的传感器进行了数值仿真。

5.1 光子晶体光纤结构及分类

光纤以极快的速度长距离传输信息,它是20世纪的重大的技术成就之一。从1970年的第一个低损耗单模光纤产生至今,光纤已成为复杂的全球电信网络的关键部件,这项技术以令人难以置信的速度发展。在非电信领域光纤也有着广泛的应用,例如在医学、加工和诊断、传感等许多领域的光束传输。现代光纤技术已经平衡了光学损耗、光学非线性、群速度色散和偏振效应等光学特性。经过30年的深入研究,逐渐完善了光纤系统的性能。

1991年,Russell提出了一个非常大胆的想法,光可以通过在包层中创建一个二维光子晶体也就是玻璃上微空气孔的周期性波长尺度晶格,而被困在光纤空芯核内。如果设计合理,沿整个光纤长度的光子晶体包层可以防止光从纤芯逃逸,从而实现导光。这些依赖于光子晶体的不寻常特性的光纤称为光子晶体光纤。研究者在1995年报道了具有光子晶体结构的光纤[1],如图5.1所示。

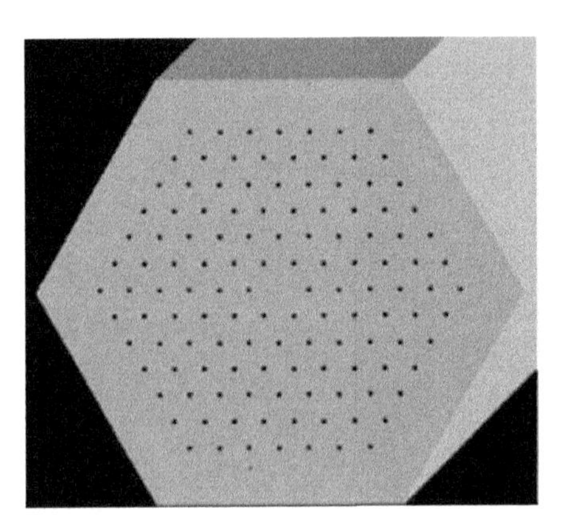

图5.1 第一根实芯PCF截面示意图

1996年Russell研究小组搬到巴斯大学后,经研究使PCF制造技术不断完善,在1999年制成了第一根单模空芯PCF,如图5.2所示,该光纤内部采用一个完整的二维PBG实现了对光约束。

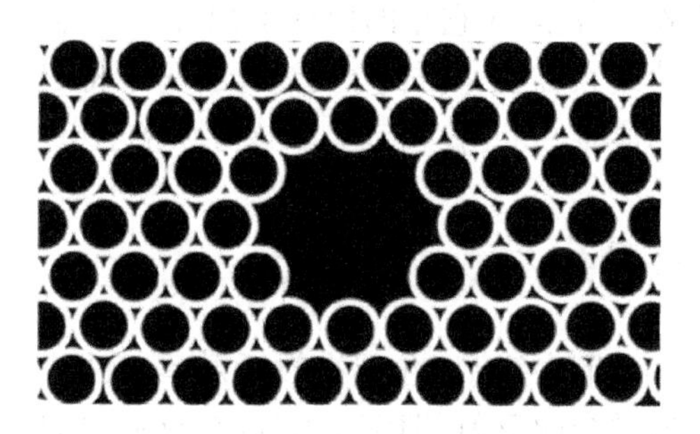

图5.2 第一根空芯PCF截面示意图

自第一根PCF诞生以来,科学界对其做了大量的研究,使PCF的研究飞速进展。PCF的结构设计灵活,气孔的尺寸、空间距、排列方式及形状参数的更改可以影响到PCF的光学特性,各种结构的PCF层出不穷。与传统包层纤芯结构相比,PCF的包层通常是多层呈周期性排列的空气孔,纤芯区域既可为实芯,也可为空芯,但不同的纤芯区域结构对应的导光机制不尽相同,由此可将光子晶体光纤大致分为三类:全内反射型光子晶体光纤(total internal reflection photonic crystal fiber,TIR-PCF)[2]、光子带隙型光子晶体光纤(photonic bandgap fiber,PBG-PCF)[3-5]以及混合导光型光子晶体光纤(hybrid-guiding photonic crystal fiber,HG-PCF)[6-9],图5.3分别展示了典型的TIR-PCF、PBG-PCF、HG-PCF的截面图。

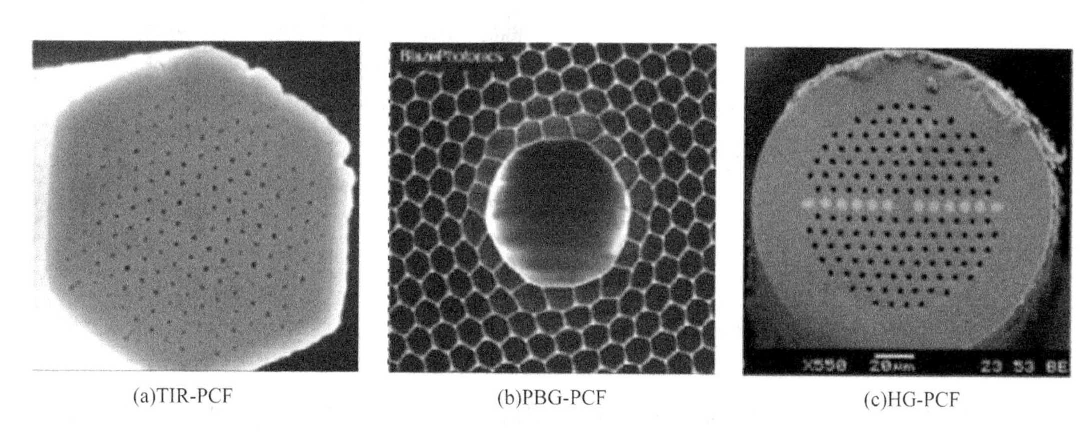

(a)TIR-PCF (b)PBG-PCF (c)HG-PCF

图5.3 典型PCF截面图

同时根据导光原理和目前PCF的应用情况进行详细分类,TIR-PCF又可分为高非线性PCF、色散补偿PCF、零色散PCF、大数值孔径PCF、大模场面积PCF、双包层PCF、和多芯PCF;而PGB-PCF又可以分为空气芯PCF、布拉格PCF、金属PCF、固体PCF、液体PCF、多芯PCF和集成PCF等。

5.2 光子晶体光纤传输理论

为了在光纤中形成导波模式,光不能在包层中传播,必须引导其沿光纤轴向传播常数分量为β的纤芯中传播。在折射率为n的无限均匀介质中传播时,存在最大β值,此时$\beta = nk_0$,k_0是自由空间传播常数。当然,比它小的值都是允许的。与任何其他材料一样,二维光子晶体可由光在其中传播的最大β值来描述。于是,当一个特定波长的光波在某一个无限大的介质板中传播并形成基模时,此时β值定义了该介质的有效折射率。

5.2.1 改进的全内反射

在PCF中,只要纤芯材料折射率高于包层有效折射率,就可以用二维光子晶体作为光纤包层。这些光纤的导光是通过全内反射(TIR),成为改进的全内反射进行的,因而也被称为折射率引导型光子晶体光纤(即TIR-PCF),如图5.4所示。但是,它们与传统的光纤相比存在许多不同的特性。

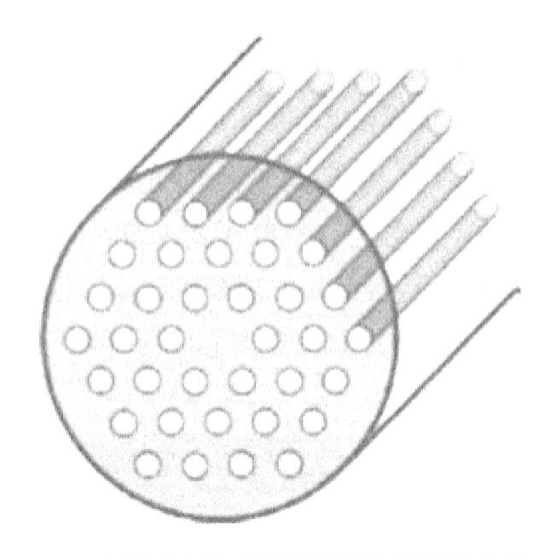

(a)三角形空气孔晶格的实芯PCF的示意图

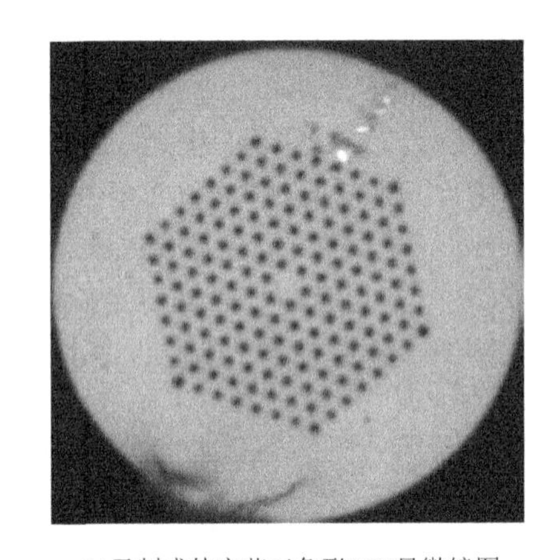

(b)已制成的实芯三角形PCF显微镜图

图5.4 TIR-PCF

5.2.2 光子带隙导引

当PCF的纤芯为空气孔时,$n_{纤芯}$低于$n_{包层}$,即$\beta_{导模} < k_0 n_{包层}$,光波模式将扩展到包层中,但是空气孔周期性排列的包层会形成光子带隙(PBG),某一频率范围的光波能量落在带隙中不能横向传播,只能沿着纤芯纵向传播,这类PCF是依靠光子带隙来导光的,因为光子晶体包层存在带隙,所支持的模态指数β/k_0在一定范围内不存在传播模式,所以PCF的设计方法完全不同于传统光纤。这些带隙就是晶体的PBG,类似于表征平面光波导电路的二维带隙,但在这种情况下,它们具有非零值β的传输。需要强调的是,在模态指数值大于1和小于1的情况下,带隙都存在,从而能够形成带隙材料作为包层的空芯光纤,如图5.5所示。这些光纤不能用传统光学工艺来制备,属于布拉格光纤,它们并非基于TIR来导光。第一个利用PBG机理来引导光的PCF是在1998年报道的[10],如图5.6所示。

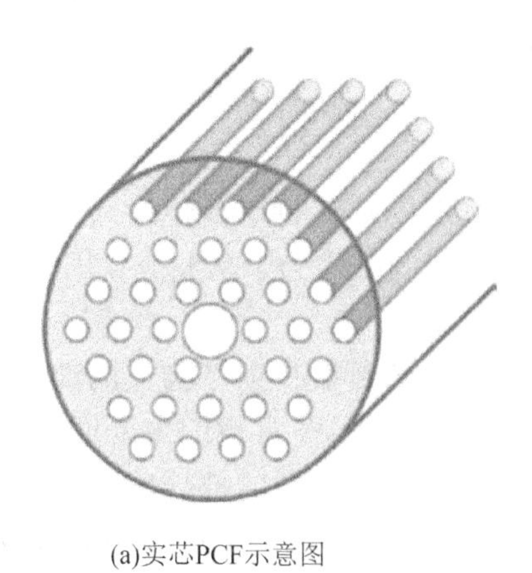

(a)实芯PCF示意图

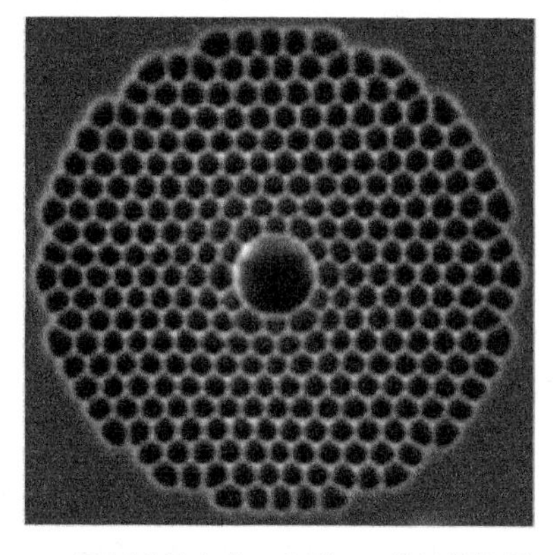

(b)已制成的空芯三角形PCF的显微镜图

图 5.5　空芯 PCF

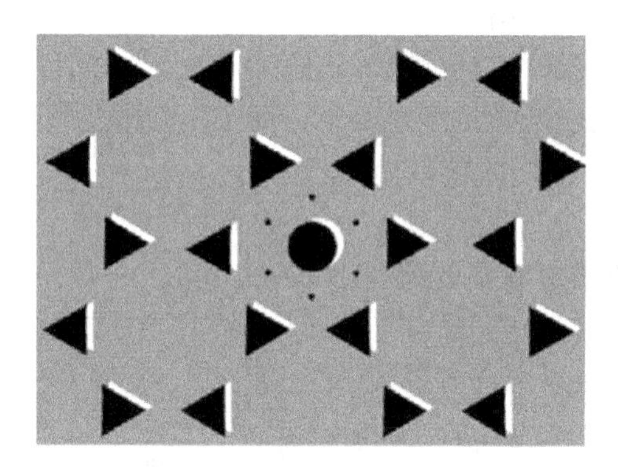

图 5.6　第一个蜂窝气孔晶格光子带隙 PCF 横截面示意图

需要注意的是,该光纤的纤芯由蜂窝晶格的额外空气孔构成。这种 PCF 只能在硅材料,也就是高折射率材料中导光。

1999 年,PCF 制造技术已经发展到可以实现更大的空气填充比例,从而实现用于空气制导的 PBG[11]。

由于它通过包层折射率的周期变化将光限制在纤芯内,包层空气孔的周期特性对于 PBG - PCF 来说至关重要。这种光纤的纤芯里通常填充空气,利用光子带隙来限制光。如果将这种光子晶体光纤的纤芯里填充合适的气体、液体或者镀层特殊金属薄膜,可以实现更多独特的性能。

5.3　光子晶体光纤特性及设计

5.3.1　实芯 PCF

折射率引导型 PCF,在空气孔晶格中央存在一个实芯玻璃区域,为一些应用领域提供了许多新的机会，不仅适用于与基本光学和光纤相关的应用，还包括与光子晶体包层的一些特殊性质相关的应用。这是由于大的折射率对比度和微观结构的二维性质，影响了双折射、色散、可获得的最小芯尺寸、导波模式数、数值孔径。

1. 无截止单模传输特性

无截止单模传输特性是指所有光通信频率的范围内都支持单模传输，无截止单模传输特性是 PCF 引人注目的一个特性。这种单模工作波段的扩展为未来波分复用系统增加信道提供了充足的资源。

PCF 能够呈现出这种独特的特性是由于 PCF 包层的有效折射率与光的波长，使得纤芯和包层间的有效折射率差依赖于光的波长，这是导致无限单模特性的主要原因。其物理实质是当波长变短时，模式电场分布更加集中于纤芯，延伸入包层的部分减少，从而提高了包层的有效折射率，减少了纤芯和包层的折射率差，抵消了普通单模光纤中当波长降低时出现多模现象的趋势。另外还有一个原因是当波长降低到一定程度时，模式电场分布基本上固定下来，不再依赖波长，当空气孔满足足够小的条件时，高阶模的横向有效波长远小于孔间距，从而使得高阶模从孔间泄漏出去。

由光纤的模式理论，导模的数目由归一化频率 V 决定，对于目前大部分 PCF 来说，包层由空气孔和石英 SiO_2 构成，包层折射率 $n_{包层}$ 不是固定不变的色常数，而是由空气孔直径 d 和孔间距 Λ 决定，定义为包层有效折射率 n_{eff}[12]

$$n_{eff} = \beta_{FSM} / K_0 \tag{5.1}$$

式中，β_{FSM} 为不考虑纤芯即没有缺陷的情况下，PCF 无限大包层结构中所允许的最大传播常数。另外，近似认为缺陷的一个空气孔形成 PCF 的纤芯半径就是孔间距，PCF 的修正归一化频率为

$$V_{eff} = \frac{2\pi\Lambda}{\lambda}\sqrt{n_{纤芯}^2 - n_{eff}^2} \tag{5.2}$$

由此可见，V_{eff} 不仅与波长有关，还有包层有效折射率有关。已知传统阶跃光纤单模归一化截止频率 $V_{eff} = 2.045$[13]，当比值 $d/\Lambda > 0.15$ 时，小于某一波长的波段存在归一化频率 $V_{eff} > 2.045$，即为多模传输；$d/\Lambda < 0.15$ 时，V_{eff} 对于任意波长都满足小于 2.405，即所谓的无截止单模传输。

2. 色散特性

色散是光纤的一个重要参数，决定着光纤是否可以应用到如超短脉冲的产生、超连续光谱的产生和谐波的获得等领域，对光通信、色散补偿和设计光纤激光器等起着决定作用[14]。

不同光波在介质中具有不同的传播速度，这是通信系统设计中需要考虑的一个重要因素。在光纤通信中，光脉冲携带了数字信息，而其中每一种光脉冲都含有不同波长成分的光谱，因而会受到色度色散的影响。光脉冲传播过程中被迫展宽，导致信号模糊。光纤色散的大小随波长而变化，对于传统光纤，色散变化曲线在 1.3 μm 波长处色散为 0。在 PCF 中，可以以前所未有的自由度控制和调整色散。由于光纤硅材料和空气之间的高折射率差异，通过改变 PCF 截面空气孔的排列和大小，可以很容易地设计出具有多种不同色散特性的 PCF。例如，随着空气孔变大，PCF 纤芯变得越来越孤立，直到它变成类似于由六个薄玻璃网悬挂的独立玻璃丝结构，如图 5.7 所示。

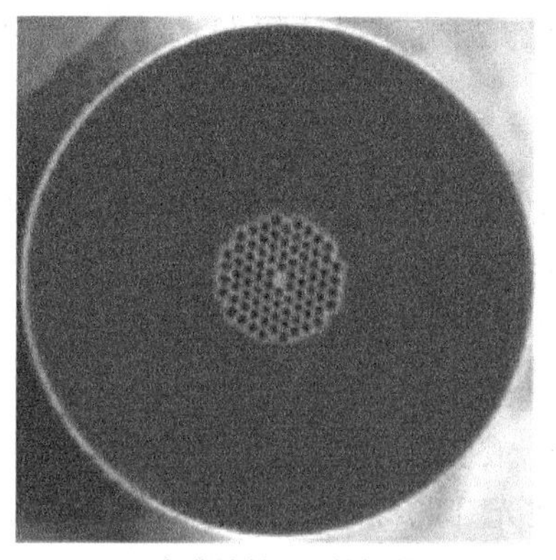

(a)高非线性PCF的横截面

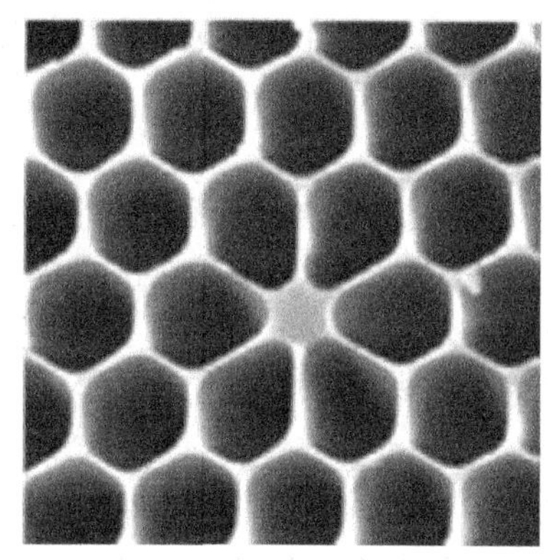

(b)核心区域显微图

图 5.7　纤芯区域

如果使整个结构非常小,由于群速度色散很大程度上受波导色散的影响,零色散波长可以转移到可见光。相反,在一定的波长范围内,在小空气孔的 PCF 中,光纤具有较低的空气填充比,在一些特定的波长范围内可以得到非常平坦的色散曲线。

因为 PCF 可以由同一种材料制成,因此纤芯和包层可以做到完全的力学和热学匹配,也就是说,纤芯和包层间的折射率差不会因为材料的不相容而受到限制,从而可以在非常宽的波长范围内获得较大的色散。在无限单模传输的 PCF 中,由于高阶模不可能产生,所以可以通过反常色散避免正常材料色散。计算表明,PCF 可以获得高达 2 000 ps/(nm · km)的色散值,这样大的色散值可以补偿其自身长度 35 ~ 100 倍的标准光纤的色散,这远远超过了传统色散补偿光纤的色散补偿能力。这个性能将会在超宽带波分复用的平坦补偿中扮演重要角色。此外,PCF 的零色散点可调,只要改变光子晶体光纤的空气孔几何尺寸,便可在几百纳米带宽范围内得到零色散光纤。

3. 有效模场面积可控特性

在 PCF 中,可以实现大数值孔径小模场面积的设计。增大光纤纤芯层和包层的折射率差可以提高光场局部集中程度,从而也提高了光学非线性作用的效率。PCF 的制作方法可以使我们很容易地改变结构参量如跨距 Λ、空气填充比 d/Λ,从而根据需要实现极高或极低的模场有效面积。

通过改变光纤截面的几何特性,设计出性能完全不同、有效面积大的 PCF,这种光纤被称为大模场面积(LMA)光子晶体光纤,其典型的截面是由三角形晶格空气孔组成,其中缺失一个空气孔构成纤芯。大模场面积 PCF 通常用于需要大功率应用的场合,因为它能有效降低对光纤的损伤和非线性限制。特别地,大模场面积光纤目前应用于短波长范围,即紫外(UV)和可见光波段,例如用于激光焊接和加工的高功率光束的产生和传输,以及光学激光器和放大器等领域,这与传统光纤相比具有显著的优势[15]。

4. 高双折射特性

如果纤芯的微结构是双重对称的,则导波模式就称为双折射模式。改变 PCF 中心的结构,使空气孔呈椭圆形状,或改变纤芯周围空气孔的大小、分布,比如减少一些空气孔或改变空气孔的尺寸,从而使光纤横截面的两个正交方向上的空气孔排列不对称,这样很容易实现高双折射光纤,可以用于偏振保持和制作各种偏振相关器件等。

由于 PCF 可以产生高的双折射，而且在工艺上很容易实现，所以特别适合作为保偏光纤。与传统熊猫型或蝶结型等保偏光纤相比，高双折射光子晶体保偏光纤有很多优点：

①制作工艺简单；

②设计灵活；

③可实现高双折射，传统保偏光纤双折射的典型值为 5×10^{-4}，PCF 的双折射一般可做到 1×10^{-3}，拍长可达到 100 nm，比前者提高一个数量级，因此对温度变化不敏感。

这些优势有望使高双折射 PCF 成为现有保偏光纤的更新换代产品。

5. 高非线性特性

实芯 PCF 的一个重要特点是通过增大空气孔，或者减小纤芯的尺寸，可以实现比传统光纤大很多的有效折射率差。此时，光波会被约束在光纤的纤芯中，可以对波导模式起到很强的限制作用。这样可在光纤的纤芯中聚集很高的光强，也就增强了光纤的非线性效应。此外，许多非线性试验要求光纤具有特定的色散特性。因此，PCF 可以用来实现具有所需色散特性的非线性光纤器件，这是目前最主要的应用之一。普通的单模光纤，模场面积在 10 ~ 100 μm^2变化；而 PCF 纤芯－包层折射率差可调范围大，模场面积可以降到更小，在 1.5 μm 处可调的模场面积可达 2 ~ 800 μm^2，因此更容易获得极高的非线性。这意味着较短的 PCF，就可以达到很长的普通光纤相同的非线性效应。

高非线性系数有利于光纤中各种非线性效应产生，如自相位调制(SPM)、互相位调制(XPM)、受激拉曼散射(SRS)、受激布里渊散射(SBS)以及四波混频(FWM)等，可以使超短脉冲在很短的距离内就展宽为很宽的光谱。同时采用高非线性 PCF，可以使器件变得更加紧凑，并且所需要的功率水平也大为降低。

5.3.2 空芯 PCF

空芯 PCF 具有很大的应用潜力，因为它们具有低的非线性效应[16]和高的损伤阈值[17-19]。这要归功于空芯 PCF 依靠中心孔气孔来实现导光，所以光在光纤传输时传输模式与光纤中硅材料的接触部分较小。因此，它们是未来电信传输系统的良好候选者。

空芯 PCF 的另一个应用领域是传输高功率连续光(CW)和纳秒、亚皮秒激光束，利用空气引导 PCF 的优势，在制造业、加工和焊接、激光多普勒测速、激光手术和太赫兹信号生成方面都有广阔的应用前景[20]。事实上，传统光纤是许多应用领域最合适的输送方式。但就上述应用领域而言，目前传统光纤还不能适用，因为较高的光功率和高能量会带来光纤的损伤与负面影响的非线性效应。此外，还有光纤群速度色散效应会导致短脉冲的展宽。但如果考虑空芯 PCF[20]，可以大大减少这些局限性。此外，空气导引 PCF 适用于气体的非线性光学处理，该领域需要高光强、低功率、长作用距离和高质量横向光束特性。比如，填充氢的空芯 PCF 中受激拉曼散射的阈值比之前的试验结果低了几个数量级[21]。同样，空芯 PCF 也可用于示踪气体检测或气体监测，或用于气体激光器中的增益腔。

最后，通过光辐射所产生的压力沿着光纤传送固体微粒的研究也已见于相关报道[11]。有报道就采用 514 nm 氩激光器、功率为 80 mW 的激光传送直径为 5 μm 的聚苯乙烯颗粒，沿着芯径 20 μm 的空芯 PCF 传输长度为 15 cm。

1. 传输特性

与传统光纤相比，空芯 PCF 具有无法比拟的奇异特性，如优良的模式传输特性、宽广的低损耗传输窗口、灵活的色散特性、可控的非线性与双折射特性等，且通过设计空芯 PCF 的包层结构及改变纤芯大孔形状，可以方便地改变它的传输窗口、色散与非线性及双折射强度。

在空芯 PCF 中形成导波模传输时，相位传播常数 β 必须同时满足两个条件：

①导波模处于光子带隙内，若 β_{H} 和 β_{L} 分别表示包层中光子带隙的上、下沿，则有 $\beta_{\mathrm{L}}<\beta<\beta_{\mathrm{H}}$。

②导波模限制在纤芯中传输，则有 $\beta<n_1 k$，其中 n_1 为纤芯折射率。

根据上述两个导波模条件，可以像传统光纤一样，方便地得出给定波长下所能传导的模式总数（每种空间模包含两种偏振态）[22]：

$$N_{\mathrm{PBG}}=\begin{cases}\dfrac{(\beta_{\mathrm{H}}^2-\beta_{\mathrm{L}}^2)r_{\mathrm{co}}^2}{4}(\text{当 } k^2 n_1^2>\beta_{\mathrm{H}}^2)\\[2ex]\dfrac{(k^2 n_1^2-\beta_{\mathrm{L}}^2)r_{\mathrm{co}}^2}{4}(\text{当 } k^2 n_1^2<\beta_{\mathrm{H}}^2)\end{cases}\tag{5.3}$$

式中，r_{co}为纤芯半径。

由式(5.3)可见，空芯 PCF 的导波模数量由包层光子带隙效应和纤芯孔径决定。例如，对包层小孔以周期为 Λ 且呈三角形排列的空芯 PCF，取典型值为

$$\beta_{\mathrm{av}}\Lambda=(\beta_{\mathrm{H}}+\beta_{\mathrm{L}})\Lambda/2=9$$

$$\Delta\beta=\beta_{\mathrm{H}}-\beta_{\mathrm{L}}=0.2$$

若 $r_{\mathrm{co}}=\sqrt{7}\Lambda/2$，则 $N_{\mathrm{PBG}}=1.61$。这表明在该空芯 PCF 中至少可传输一个导波模式。

空芯 PCF 模式特性及其场分布可以利用近场试验测量，Bouwmans 等人将钛宝石激光耦合至空芯 PCF 中传输，再通过 40 倍物镜在输出端用数字摄像机记录，考察了经不同长度空芯 PCF 传输后的光场分布。试验发现，当空芯 PCF 长度较短时，横向光场分布较为复杂，且与空芯 PCF 包层有较大重叠，图 5.8 为在不同激发状态下经 1 cm 长空芯 PCF 传输后测得的近场模式分布，可见，存在着明显的高阶模特征，试验还发现，这种具有高阶模特征的场分布只能在光纤长度小于几米时才能观察到，这表明高阶模的传输损耗较大。

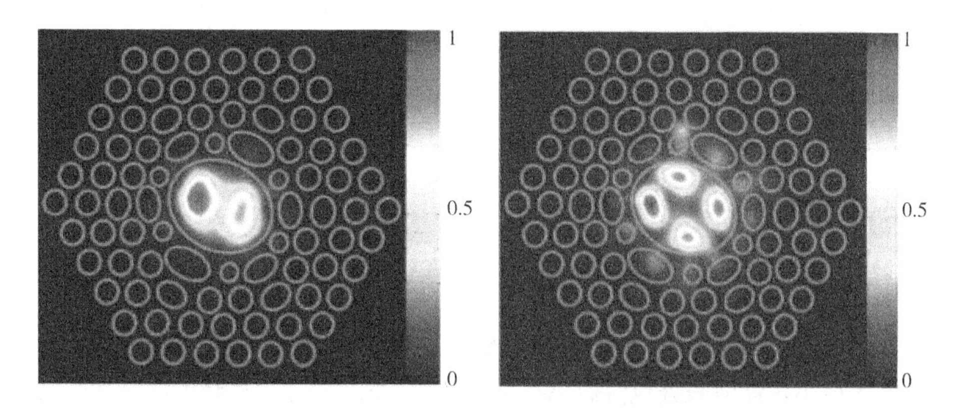

图 5.8　不同激发状态下经 1 cm 长空芯 PCF 传输后的测得的近场模式分布

当使用较长空芯 PCF 重复进行试验时，发现光场能被很好地限制在纤芯中，与包层重叠的部分只占光束能量的很小比例。图 5.9(a) 为经 60 cm 长空芯 PCF 传输后测得的近场模式分布，明显地展现出了高斯型特征，表明这时空芯 PCF 传输的导波模式为基模。这是因为

高阶模因横向泄漏(较大的传输损耗),在光纤输入端经较短距离传输后已损耗掉。此外,试验还发现,基模传输的损耗较低,且光纤弯曲也未导致基模与高阶模的能量耦合,因此长度较长时,可将空芯 PCF 看成单模光纤。

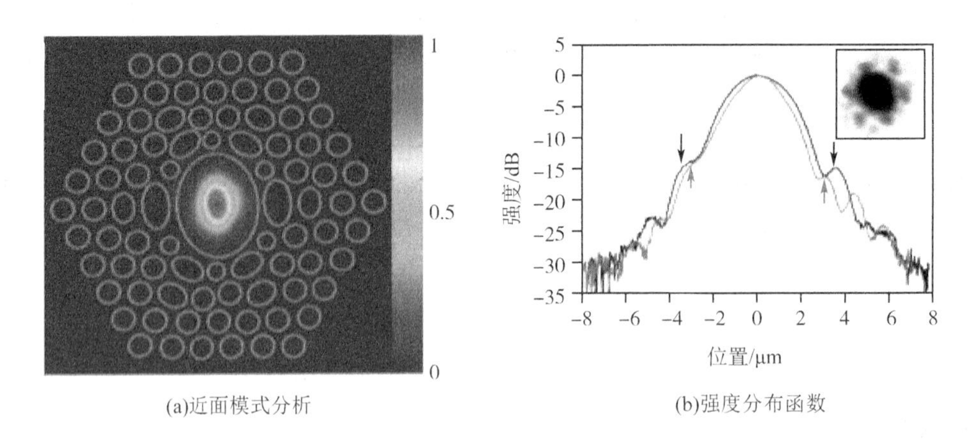

(a)近面模式分析　　(b)强度分布函数

图 5.9　经 60 cm 长空芯 PCF 传输后测得的近场模式分布及其强度分布函数

2. 色散与非线性特性

色散是空芯 PCF 的另一个重要的传输特性参量。空芯 PCF 的纤芯通常为空气,因此其色散量大小与空芯 PCF 的波导色散特性关系紧密。研究表明,改变包层空气孔的间距、大小,可以实现对空芯 PCF 的色散分布和大小的有效控制。图 5.10 给出了 800 - 02 型空芯 PCF 在两种偏振模式下的群速度色散(GVD)曲线。

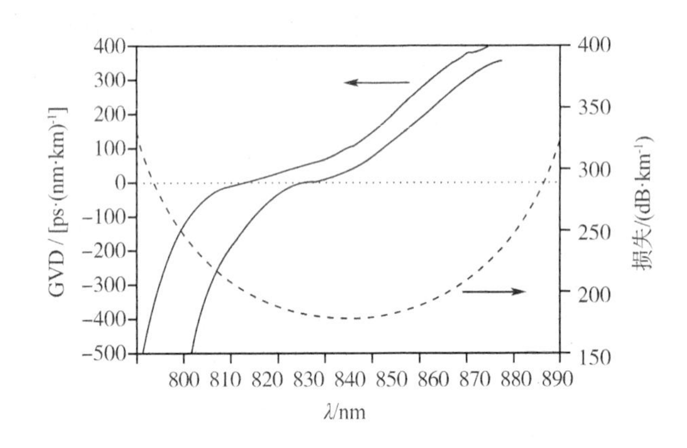

图 5.10　800 - 02 型空芯 PCF 在两种偏振模式下的群速度色散曲线

从图中可以看出零色散点位于光纤的低损耗导光窗口内,且在该窗口内的大部分波段是反常色散,在最小损耗波长处色散斜率小于 10 ps/(nm · km)。尽管大部分的光束能量被限制在空气纤芯中传播,但光束与包层依然存在着重叠部分。近来的研究还表明,由重叠部分引起的材料色散对空芯 PCF 总群速色散也有很大影响,因此通过改变光纤基质材料性质,也可以实现对空芯 PCF 的色散控制,这方面的研究正在进行中。

由于空芯 PCF 中大部分光能量被限制在纤芯中传输,因此非线性系数很低,约为 $10^{-2}W^{-1}km^{-1}$。与传统单模光纤相比低 3 个数量级,与高非线性 PCF 相比低 4 个数量级,且可以通过改变波导模与包层的重叠量来改变非线性系数。

3. 双折射特性

传统光纤会由于小扭转、弯曲、拉伸等造成不可控的双折射，但一般不支持偏振模。取得双折射的方式有两种，一是使截面为非圆形；二是使光纤材料具有双折射，这两种方式在技术上实现都较为复杂。包层孔呈三角形排列的全内反射 PCF 中，光纤的横截面上折射率分布呈六重旋转对称，因此其基模的两个正交偏振态是简并的，不发生双折射。但如果使空芯 PCF 的空气孔呈椭圆形排列，或者改变纤芯周围空气孔的大小或分布，以破坏空芯 PCF 横截面的六重旋转对称，使其具有二重旋转对称，则可使空芯 PCF 发生双折射。与标准光纤相比，空芯 PCF 可以产生较大的双折射，而且在工艺上很容易实现，所以特别适合制作成保偏光纤。图 5.11 为具有高双折射的空芯 PCF 截面图，群双折射与相位双折射分别在 10^{-2}、10^{-3} 的量级。

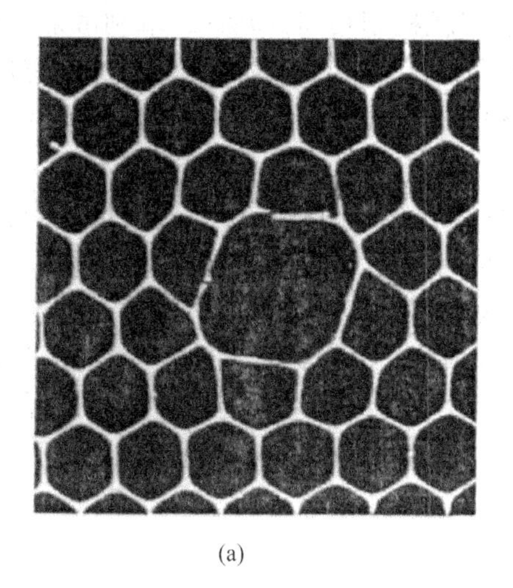

(a)

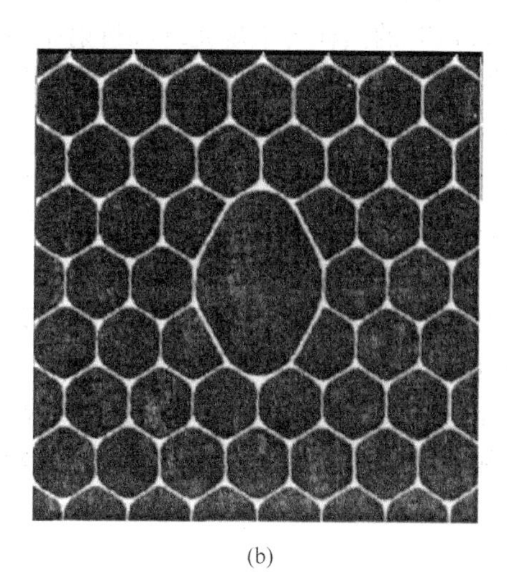

(b)

图 5.11　具有高双折射的空芯 PCF 截面图

5.3.3　损耗机制

对于任何光纤技术来说，最重要的影响因素就是损耗。本部分将详细描述 PCF 中的损耗机制，以此来探讨 PCF 的损耗到底能降低到何种程度。

1. 本征损耗

(1) 实芯 PCF

设 PCF 的损耗为 α_{dB}，单位为 dB/km，在忽略限制损耗的条件下，可表示为

$$\alpha_{dB} = A/\lambda^4 + B + \alpha_{OH} + \alpha_{IR} \tag{5.4}$$

式中，A、B、α_{OH}和α_{IR}分别是光纤的瑞利散射系数、缺陷损耗、OH^{-1}离子和红外吸收损耗。当前，PCF 的损耗主要是 OH^{-1}离子的吸收损失和光纤的缺陷损耗[23]。

在典型的 PCF 中，OH^{-1}离子吸收损耗在 1 380 nm 波段超过 10 dB/km，它会在 1 550 nm 波长处引起 0.1 dB/km 的额外损耗。因为这部分损耗与纯硅玻璃在此波长下的本征损耗系数 0.14 dB/km 非常相似，因此降低 OH^{-1}离子吸收损耗是一个重要且具有挑战性的问题。光纤在制备过程中，大部分 OH^{-1}离子杂质都会渗透到 PCF 的纤芯区域。因此，脱水过程有

助于减少 OH^{-1}离子吸收损耗[23]。

缺陷损耗是导致光纤损耗的另一个严重的问题，主要是由光纤内空气孔壁表面粗糙而引起的。实际上，在光纤制造过程中，空气孔表面可能受到刮擦和污染的影响。如果这种管壁的粗糙度与所考虑的波长相当，则光的散射损耗显著增加。因此，有必要改进抛光和蚀刻工艺，以减少由这种粗糙引起的光学损耗。此外，在光纤制作的拉丝环节，光纤直径的大小会起伏变化，如果这一现象引起了光纤中空气孔的尺寸和间距沿光纤的长度变化，也会导致额外的光纤缺陷损耗[23]。

需要强调的是，PCF 的瑞利散射系数与传统单模光纤相同。但尽管 PCF 是由纯硅玻璃制成，但这个值比纯硅芯光纤要高。为了获得较低的缺陷损失和较低的瑞利散射损耗系数，有必要进一步降低光纤中的粗糙度[23]。

(2)空芯 PCF

空芯 PCF 的损耗与常规光纤和折射率引导的损耗机制相同，即吸收、瑞利散射、限制损耗、弯曲损耗，以及光纤结构沿光纤长度方向的变化。然而，在空芯 PCF 中有可能将这些损耗降低到传统光纤的损耗值以下。因为大多数光能量都是在空芯中传播的，因此其散射和吸收损耗非常低。

目前空芯 PCF 的损耗值均高于实芯 PCF 和标准光纤。查看文献[15]中报道的各种空芯光纤的衰减特性，可以注意到两个重要事实：导波带宽通常约为中心波长的 15%，而且光纤的损耗与波长成反比。根据理论分析，在光纤内部的空气－硅界面上由模式耦合和散射导致的光纤损耗应该随着波长 λ 的变化而变化，即随着 λ^{-3} 而变化[24]。这一结论已经通过试验观察得到证实，并应用于 7 孔光纤的设计中。这种光纤的空芯是通过移除光纤横截面中心区域的 7 个毛细管而获得的。需要强调的是，为了获得更低的损耗，可以采用 19 孔设计，该光纤的损耗值如图 5.12 所示[25]。

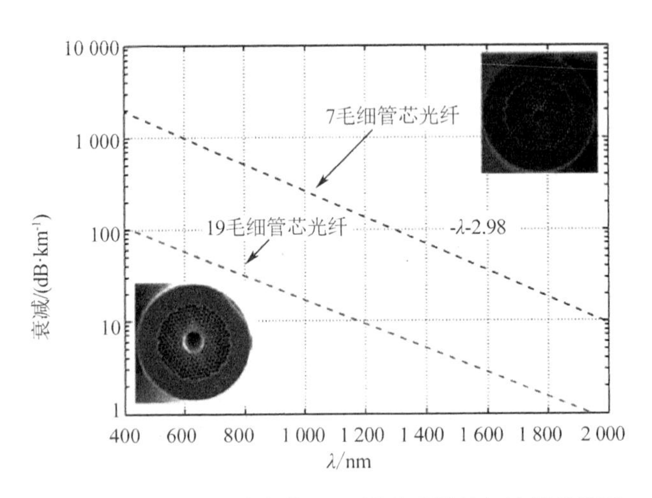

图 5.12　7 孔和 19 孔空芯 PCF 的衰减特性与波长的关系

如图 5.13 所示，空芯 PCF 的最小损耗已达到 1.7 dB/km，因为在该光纤中采用了更大的纤芯，它降低了导波模式与硅的接触。文献[24]报道了采用这种光纤所达到的最低损耗值，在 1 620 nm 处实现了 1.2 dB/km 的损耗。然而需要注意的是，采用大的纤芯会增加纤芯周长，导致表面模态密度更大，从而导致带宽降低，也增加了光纤高阶色散，这部分内容将在后面的章节中介绍[26]。

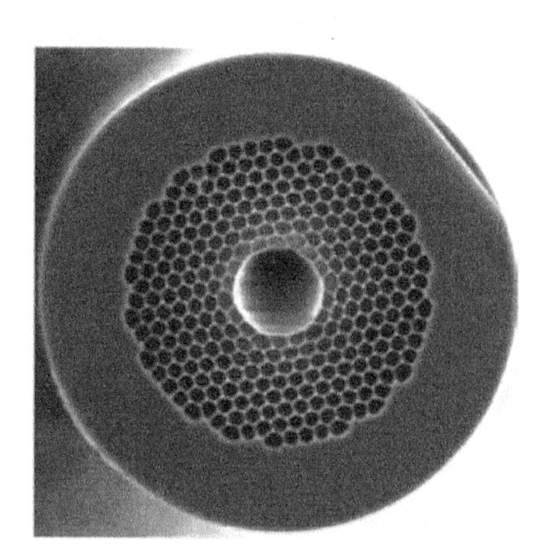

图5.13　19孔中空芯PCF的显微镜图片

2. 限制损耗

无论是实芯PCF还是空芯PCF，都有必要考虑另一个引起损耗的因素，即泄漏或限制损耗(confinement loss)。这是由于可以在光纤横截面上形成的气孔数量有限，因此所有PCF引导模式都是有泄漏的。

研究人员对实芯PCF和空芯PCF的限制损耗进行大量研究，结果表明限制损耗与气孔环的数目有很强的相关性，特别是对于填充率较高的光纤，通过增加环数可以显著降低限制损耗[27]。同时仿真结果表明，在PBG光纤中，限制损耗对气孔环数量的依赖性要比在折射率引导的PCF中弱得多，而限制损耗表现出对PBG内局部状态位置的强烈依赖性[28]。

光子带隙所处的频谱位置对应着限制损耗的低损耗窗口，当只有一个光子带隙时，空芯PCF存在单个低损耗窗口。若空芯PCF存在多个光子带隙，则有多个低损耗窗口。

空芯PCF低损耗窗口的宽度、中心波长均可通过结构设计改变，迄今，人们已能研发出低损耗窗口中心波长分别处于440 nm、532 nm、580 nm、635 nm、840 nm、1 060 nm以及1 550 nm等常用波段的空芯PCF；英国巴斯大学的研究人员还设计出了传输窗口可覆盖可见到近红外区域的空芯PCF。最新研究表明，采用高折射率的玻璃材料，空芯PCF的低损耗传输窗口甚至可推至中远红外波段。

大量研究结果表明，包层中的孔距、孔的环数及孔径与孔距之比对波导损耗的影响很大，通过改进空芯PCF的这些结构参数，可以有效地降低波导损耗，从而使光纤总损耗降到非常低的水平。理论研究表明，在孔距、孔的环数及孔径与孔距之比这三个包层结构参数中，孔距对波导损耗的影响最小，而孔的环数对波导损耗的影响最大，随着环数的增加，波导损耗急剧减小。

为了更好地解释PCF的限制损耗，这里考虑了一种具有三角形空气孔晶格实芯光纤和空芯光纤。它的泄漏损耗可根据下式进行计算：

$$\mathrm{CL} = 20\alpha \log_{10}\mathrm{e} = 8.686\alpha \tag{5.5}$$

光纤的限制损耗随空气孔环数或空气孔直径的增加而加速下降。正如预期那样，对于固定的d/Λ，光纤的损耗随着Λ值的增大而减小。在这种情况下，Λ和d以相同的比率增加，而更大的孔间距就意味着光线具有更大的硅纤芯尺寸，因此纤芯对光场的限制作用就更强。限制损耗随光波长的变化关系如图 5.14 所示[27]。图 5.14 中给出了限制损耗在 $d/\Lambda=0.5$、光纤孔间距 2.3 μm 和 4.6 μm 条件下的变化曲线。

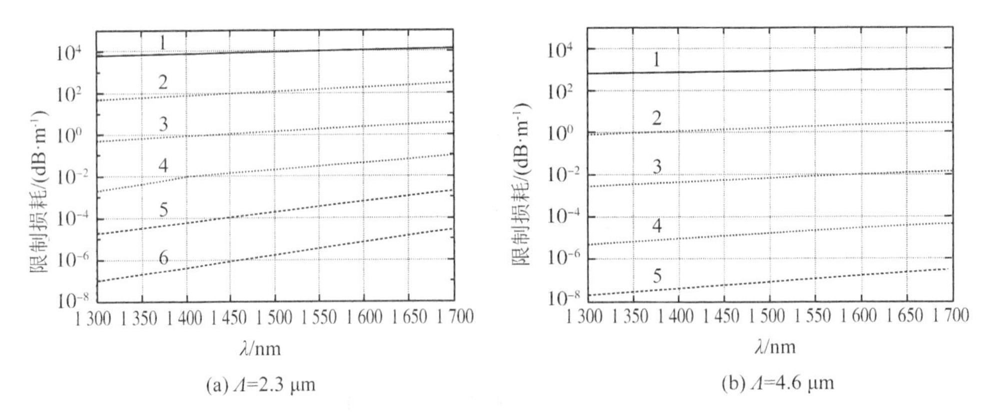

图 5.14 限制损耗与波长的关系

因为光纤对光场的约束作用减小,所以泄漏损耗随 λ 的增加而增加。而且,空气环的数量会影响这种损耗与波长之间的依赖关系,当光纤的空气环数量减少,这种依赖关系减弱[27]。第二个 PCF 的例子是三角形空芯光纤,如图 5.15 所示,该光纤的 $d=1.8$ μm,$\Lambda=2$ μm。图 5.15 为当光纤的包层为 4 个和 7 个空气孔环时,限制损耗与光纤中波长之间的关系。在这两种情况下,光纤的泄漏损耗频谱都呈现为 U 形,其最小值出现在归一化波长 $\lambda/\Lambda=0.68$ 附近,其这个归一化波长对应于 PBG 内部导波模式的中央位置。当缺陷状态靠近 PBG 边缘时,损耗随着空气孔数量增加而迅速增加。在高空气填充比条件下,即 $d/\Lambda=0.9$,与实芯 PCF 相比,空芯光纤的损耗与空气孔环数的依存关系非常弱。最后,需要强调的是,损耗与波长有很强的依赖关系。例如,图 5.15 所示的 7 个空气孔环 PCF 的损耗与波长小于 100 nm 处的最小值相比,增加了近 10 倍[28]。

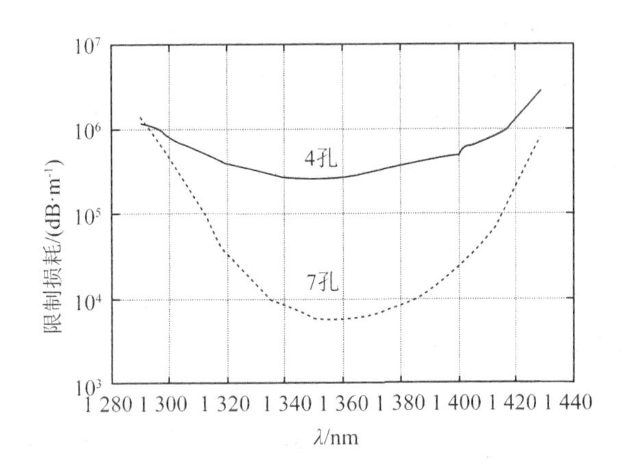

图 5.15 在具有 4 个和 7 个空气孔环的三角形空芯 PCF 中限制损耗与波长的关系

在对限制损耗进行理论模拟计算的同时,空芯 PCF 的制作工艺在过去几年里也得到了有效地改进,从而使空芯 PCF 传输损耗急剧降低。这为空芯 PCF 的长距离传输应用奠定了坚实的基础。

3. 弯曲损耗

PCF 的出现为制造 LMA 光纤提供了一个新的捷径，如前所述，可以将 PCF 设计为无截止单模光纤，这一点与传统光纤截然不同。传统光纤存在一个截止波长，在光纤中仅当高阶模式的波长小于这个截止波长时，光才能在光纤中传输。与标准光纤类似，PCF 中实际可获得的模场面积受到弯曲损耗的限制[29-31]。

当传统的光纤弯曲度超过某个临界半径时，光纤中就会产生额外的损耗。此时光纤中所有波长超过某一个特定值的模式就会消失，这个特定波长就是弯曲损耗的长波长边界。这一现象在 PCF 也存在，而且 PCF 甚至还存在弯曲损耗的短波长边界[32]，该边界的产生主要是由于光纤弯曲引起了光纤基本模到高阶模的耦合，而高阶模会从纤芯中泄漏。实际上，在短波范围，导波模式主要限制在光纤的硅中，当 $\lambda \ll \Lambda$ 时，光纤中的光场会通过光纤中相邻气孔之间的间隙逃逸。因此，PCF 对弯曲更加敏感。

相对气孔直径较大的 PCF，即 d/Λ 较高的 PCF，对弯曲损耗较不敏感。然而，对单模式操作的需求和对大模式面积的需求限制了 d/Λ 的增加，因此必须采用其他解决方案。已经证明，通过改变传统单孔棒的纤芯设计，能使其抗弯曲损耗的性能得到提高[33]。特别地，已经提出了具有由三个硅棒形成纤芯区域的替代结构，目的是改善光纤导波模式的模场面积和对弯曲损耗的抵抗力（特别是在短波长下）[33]。具有经过匹配设计的 3 孔棒纤芯结构的 PCF 相比单孔棒的 PCF 在抗弯曲损耗方面更具有优势，文献[34]对此进行了精确的分析。仿真结果表明：若光纤的硅纤芯由 3 根相邻的管棒形成，其临界弯曲半径（定义为使光纤弯曲损耗达到 3 dB /圈的弯曲半径）在 1 064 nm 波长处与传统的单孔棒光纤相比可降低约 20%，而且试验测量结果与仿真结果完全相符。

空芯 PCF 与实芯 PCF 弯曲特性不同。对于诸如医疗或材料加工中所使用的大功率传输场合，选择空气引导型光纤比较合适，此时需要光纤具有较低的弯曲敏感性。因为这样使用起来比较灵活，且易于实现与伺服机械系统的集成[35]。早期的理论研究结果表明：弯曲对空芯 PCF 影响较小[36]，此后通过试验研究了空气导向光纤的弯曲损耗[35]。特别地，人们对单模和多模光纤的弯曲损耗都进行了试验测量，试验结果表明：即使给一根空芯光纤施加 10 处曲率为 4 cm 的弯曲，也观察不到明显的损耗[35]。光纤弯曲之后所带来的重要效应是短波长带隙边缘向较长波长的偏移，从而导致空芯 PCF 的 PBG 变窄。相反，在光纤长波长带隙边缘处未测量到类似的波长偏移。为了理解这个现象，需要考虑纤芯折射率和 PGB 边缘的折射率差，其中纤芯的折射率为 1，而 PGB 边缘的折射率对应于包层折射率。在空气引导型 PCF 中这个折射率差非常大（约为 2×10^{-2}），导波模式会被紧密的限制于空芯中，从而导致空芯 PCF 即使在很小的弯曲半径下也对导波模式呈现出较好的鲁棒性[37]。

5.3.4　PCF 理论分析及设计方法

PCF 包层空气孔的分布特点使得如何准确而有效地计算这种光纤的参数成为一个复杂的问题，研究人员已经提出一些计算 PCF 的数值方法。这些方法是研究 PCF 的基本工具，在 PCF 的研究领域占有很重要的地位，下面对这些理论计算方法进行简单的介绍。

1. 有效折射率法

在研究 PCF 的众多分析方法里，有效折射率法[38-39]是第一个成功解析了 PCF 在极宽谱带内支持单模传输等模式特征的分析模型，该方法是最早研究 PCF 时，将其与传统阶跃折射率光纤类比而提出的，主要用于解释全反射型 PCF 的单模特性。由于采用了标量波近似理论，对于 PCF 包层空气孔填充比较大的情形，有效折射率方法不能使用。之后，Michele 等对其进行了研究，提出了计算基本空间填充模的全矢量分析方法，利用该方法对空气填充比较大的 PCF 也能够进行有效的分析。

有效折射率法的原理是把实芯 PCF 等效为一种阶跃折射率光纤。首先求出 PCF 包层的有效折射率，然后利用传统阶跃折射率光纤的标量近似理论或矢量理论对其波导模式和色散特性进行分析。根据求解包层有效折射率法的不同，可以将有效折射率法分为标量方法和矢量方法。有效折射率法物理图像清晰，建模简单，计算效率高，便于对 PCF 的特性进行理解和分析，已被用于 PCF 色散特性的分析计算。

2. 平面波展开法

Silvertre 等人提出了全矢量平面波展开法，该模型中模场和有效折射率分布都被分解成平面波分量，从而波动方程简化为本征值方程，解出本征值方程后可以得到模式和相应的传播常数。该方法主要计算光子带隙型 PCF 的能带结构，包括光子带隙的位置和宽度。由于要对截面的折射率分布做周期性延拓，因而它的效率不高。由于使用周期性边界条件，无法用来分析不规则孔分布，其应用受到很多局限。Mogilevtsev 等提出的一种标量方法，在这种方法中，电场被分解为具有局域性的厄米 - 高斯函数，波动方程化为本征值方程。由本征值方程，可得到传播模式和相应的传播常数。由于该法利用了电场模式的局域性特征，比起平面波分解更有效。然而它没有给出折射率分布的表示方法，使用时一般需要将折射率分布预先存储在一个二维网格中，这样会导致计算过程中产生大量的二维交叉积分项，非常烦琐。Monro 等提出了一种混合方法，将电场和中间折射率缺陷部分都分解为厄米 - 高斯函数，而将空气孔网格用周期性余弦函数表示。该方法效率较高，求解过程相对简单，但当空气孔径和孔间距之比足够小时才能有很精确的结果，其应用范围有限。

3. 时域有限差分法

时域有限差分法[40]（finite difference time domain，FDTD）是对电磁场进行数值计算的方法，是 Kane[41]在 1966 年首次提出的。FDTD 是对时域电磁场的电场和磁场分量进行空间和时间离散交替取样，然后对基本时域麦克斯韦旋度方程进行求解，采用数值的方法对电磁波的传播及其与物质的相互作用进行模拟。FDTD 属于一种对麦克斯韦方程求解的直接时域方法，它可以对实际工程中复杂电磁问题进行方便且精确地预测。近年来随着计算水平的提高，FDTD 的应用领域迅速扩展，现在几乎可以应用在所有的电磁领域。

随着科技进步及计算水平的飞速进展，近年来逐渐将时域有限差分法引入到了波导模式分析。目前用 FDTD 分析波导模式问题可分为两种情况，一是 Xu 等[42]提出的采用网格理论对麦克斯韦方程进行中心差分，其示意图如图 5.16 所示。通过这种方法可以得到横向电场的本征方程，但可能有干扰模式存在。第二种是 Bierwirth 等[43]对磁场采用不同网格方式进行时域差分，其示意图如图 5.17 所示。此种方式将每个网格点用四个不同介电常数的子域包围，通过子域交界处的边界连续条件对介电常数近似求解。此种方法对磁场进行中心差分。由上述可见，这两种方法是通过对电场和磁场求解本征方程来获得导模的场分布及传播常数。

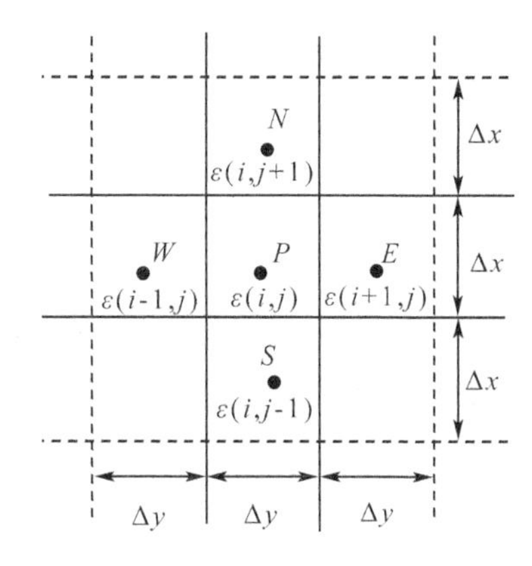

图 5.16　电场中心差分示意图

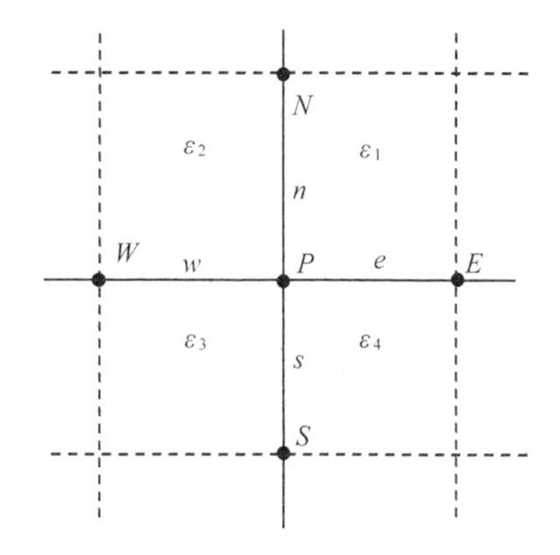

图 5.17　磁场中心差分示意图

(1)电场矢量差分

宏观电磁现象可以由电磁波的麦克斯韦方程组来表述,其形式可以为微分或积分。在时域,麦克斯韦方程为

$$\nabla\times\boldsymbol{H}=\frac{\partial\boldsymbol{D}}{\partial t}+\boldsymbol{J}\tag{5.6}$$

$$\nabla\times\boldsymbol{E}=-\frac{\partial\boldsymbol{B}}{\partial t}-\boldsymbol{J}\tag{5.7}$$

式中,$\boldsymbol{E}$ 和 $\boldsymbol{H}$ 为电场、磁场强度;$\boldsymbol{D}$ 和 $\boldsymbol{B}$ 为电感、磁感强度;$\boldsymbol{J}$ 和 $\boldsymbol{J}^*$ 是电流、磁流密度。

对于各向同性线性介质而言,有如下本构关系存在:

$$\boldsymbol{D}=\varepsilon\boldsymbol{E}=\varepsilon_0\varepsilon_r\boldsymbol{E},\boldsymbol{B}=\mu\boldsymbol{H},\boldsymbol{J}=\sigma\boldsymbol{E},\boldsymbol{J}_m=\sigma_m\boldsymbol{H}\tag{5.8}$$

式中,ε、μ 和 σ、σ_m 分别表示媒质的介电常数、磁导率、电导率和磁电阻率。这些参量对于各向同性媒质而言是标量,对于各向异性媒质而言是张量;对于均匀媒质是常量。非均匀媒质则是随位置而发生变化。而多种情况的分析处理,正是 FDTD 的优势所在。

为简化问题,假定研究各向同性且与时间无关的媒质的电磁场问题。在计算区域中没有磁性媒质存在,则 $\mu=\mu_0$,$\sigma_m=0$。为进一步简化,令 $\mu_r=1$,$\rho=0$,麦克斯韦旋度方程可表示为

$$\nabla\times\boldsymbol{H}=\mathrm{j}\omega\boldsymbol{D}=\mathrm{j}\omega\varepsilon\boldsymbol{E}\tag{5.9}$$

$$\nabla\times\boldsymbol{E}=-\mathrm{j}\omega\boldsymbol{B}=-\mathrm{j}\omega\mu_0\boldsymbol{H}\tag{5.10}$$

$$\nabla\cdot\boldsymbol{H}=0\tag{5.11}$$

$$\nabla\cdot\varepsilon_r\boldsymbol{E}=0\tag{5.12}$$

式(5.8)取旋度后与式(5.7)相结合,可得

$$\nabla\times\nabla\times\boldsymbol{E}-\varepsilon_r k_0^2\boldsymbol{E}=0\tag{5.13}$$

式中,$k_0=\omega\sqrt{\varepsilon_0\mu_0}$,是真空中的波数。式(5.13)即为电场矢量的波动方程。将式(5.12)带入到式(5.13),可得

$$\nabla^2+\nabla\left(\frac{\nabla\varepsilon_r}{\varepsilon_r}\cdot\boldsymbol{E}\right)+k_0^2\varepsilon_r=0\tag{5.14}$$

一般而言,PCF 在 z 轴上均匀无损,即$\dfrac{\partial\varepsilon_r}{\partial z}=0$,而且对 PCF 采用 FDTD 进行分析时,是对

标量和半矢量波动方程求解，采用图 5.16 中的网格划分方法对电场进行差分后，可以得到电场本征方程为[44]。

$$\boldsymbol{A}\cdot\boldsymbol{E}=\beta^2\boldsymbol{E}\tag{5.15}$$

式中，$\boldsymbol{A}$ 是特征矩阵；β^2 是本征值；$\boldsymbol{E}$ 是电场本征函数。求解式(5.15)，可得 PCF 的电场分布和传播常数。

(2)磁场矢量差分

对磁场矢量进行差分，即采用图 5.17 所示的近似方法划分网格，则 $x-y$ 二维横截面就变成了分段均匀、线性且各向同性的介质。在均匀子域内磁场横向分量的 Helmholtz 方程为

$$\frac{\partial^2 H_x}{\partial x^2}+\frac{\partial^2 H_x}{\partial y^2}+(\varepsilon_v k_0^2-\beta^2)H_x=0\tag{5.16}$$

$$\frac{\partial^2 H_y}{\partial x^2}+\frac{\partial^2 H_y}{\partial y^2}+(\varepsilon_v k_0^2-\beta^2)H_y=0\tag{5.17}$$

式中，ε_v为均匀子域的相对介电常数，$v=1,2,3,4$。通过对式(5.16)、式(5.17)进行差分处理，可以得到本征方程为

$$\boldsymbol{BH}=\begin{bmatrix}B_{xx} & B_{xy}\\ B_{yx} & B_{yy}\end{bmatrix}\begin{bmatrix}H_x\\ H_y\end{bmatrix}=\beta^2\begin{bmatrix}H_x\\ H_y\end{bmatrix}=\beta^2\boldsymbol{H}\tag{5.18}$$

通过对此方程求解，即可得到传播常数及模场分布。

4.光束传播法

光束传播法(BPM)最早是由 M. D. Feit 等于 1978 年研究光场及大气激光束传播时提出来的，由于此计算方法不受光波导横截面形状的限制而且简单方便，因而发展十分迅速，并且出现了多种光束传播法的形式。光束传播法的基本思想是在给定初始场的前提下，一步一步地计算出各个传播截面上的场，其算法简单，不受材料和波导形状的限制，具有通用性。

5.有限元法

有限元法[45-46]是一种非常普遍的方法，它允许处理大规模的偏微分方程组，包括非线性及没有几何学限制的方程组。相对而言有限元法是一种全能方法，近 20 年来在电磁学中不仅得到很好的优化而且能够被更好的接受。有限元法可以将 PCF 的横截面划分为无数的不同大小、形状及折射率且互不重叠的三角单元网格，采用这种方法可以精确地表示任何种类的几何结构，包括 PCF 的空气孔在内。有限元法适合研究空气孔非周期排列的光纤，再者它还可以提供全矢量分析，这对于大空气孔及高折射率变化的 PCF 进行模场分析及精确预测其性能是非常必要的。

(1)原理

有限元法的基本原理是首先把研究区域进行子域划分；其次，在子域中选择合适的节点进行插值，在此基础上构建系统方程；再次，借助加权余量法或者变分原理对方程离散求解；最后，借助每个单元的近似解求得研究区域的解。有限元法用公式表述如下。

考虑旋度-旋度方程，对于由相对介电常数$\overset{\rightrightarrows}{\varepsilon_r}$和磁导率$\overset{\rightrightarrows}{\mu_r}$描述的介质而言，其本征值方程可表示为

$$\vec{\nabla}\times\left(\overset{\rightrightarrows}{\varepsilon_r}^{-1}\vec{\nabla}\times\boldsymbol{h}\right)-\boldsymbol{k}_0^2\overset{\rightrightarrows}{\mu_r}\boldsymbol{h}=0\tag{5.19}$$

式中，$\boldsymbol{h}$ 是磁场强度；$\boldsymbol{k}_0=2\pi/\lambda$，是真空中的波矢；$\lambda$ 为波长。模态解的磁场可表示为 $\boldsymbol{h}=\boldsymbol{H}\mathrm{e}^{-\gamma z}$，$\boldsymbol{H}$是横向平面的场分布，而

$$\gamma = \alpha + \mathrm{j}\,\boldsymbol{k}_0\, n_{\mathrm{eff}} \tag{5.20}$$

是复传播常数；α 是损耗系数；n_{eff}是 PCF 的有效折射率。

通过应用变分有限元法，式(5.17)可变为数值方程

$$\left(|\boldsymbol{A}| - \left(\frac{\gamma}{\boldsymbol{k}_0}\right)^2 |\boldsymbol{B}| \right)\{\boldsymbol{H}\} = 0 \tag{5.21}$$

式中，特征向量$\{\boldsymbol{H}\}$是模场磁场矢量的离散分布，矩阵$|\boldsymbol{A}|$和$|\boldsymbol{B}|$是稀疏矩阵和对称矩阵。为了将求解域完全包括而不影响数值求解，需要在外边界引入各向异性完美匹配层。这样此方程就可以处理介电常数和磁导率各向异性的各种材料。

(2)边界条件选取

由于有限元法的计算域是有限的，而 PCF 是开域波导，其模场是在无限大的空间内分布的，因此需要采用适当的边界条件对数值计算进行改进。常用的边界条件如下：

①完美匹配层。

完美匹配层的概念是 1994 年 Berenger[47] 首次提出的，其核心思想就是利用吸收层，尤其是对电磁波完全吸收而没有反射。具体思想是在计算域边界设置完全匹配的介质层，入射波进入后没有反射完全被吸收掉，即完美匹配层属于高损介质。对于 PCF 而言，各向异性的完美匹配层电磁场波动方程为

$$\nabla\times(\varepsilon^{-1}[\boldsymbol{s}]^{-1}\nabla\times\boldsymbol{h}) - \boldsymbol{k}_0^2[\boldsymbol{s}]\,\boldsymbol{h} = 0 \tag{5.22}$$

式中

$$[\boldsymbol{s}] = \begin{bmatrix} s_y/s_x & 0 & 0 \\ 0 & s_x/s_y & 0 \\ 0 & 0 & s_x s_y \end{bmatrix} \tag{5.23}$$

完美匹配层的边界层如图 5.18 所示，三个区域的 s_x、s_y定义如表 5.1 所示。

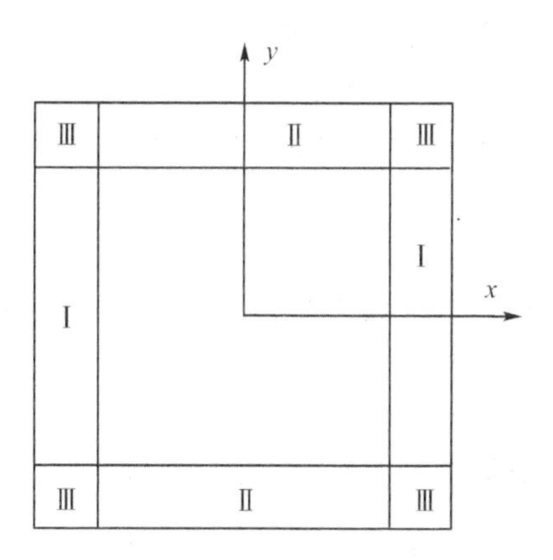

图 5.18　完美匹配层边界条件计算区域示意图

表 5.1　完美匹配层计算域 s_x、s_y定义

计算域	Ⅰ	Ⅱ	Ⅲ
s_x	s	1	s
s_y	1	s	s

表5.1中s为

$$s = 1 - \mathrm{j}\frac{3\lambda}{4\pi nd}\left(\frac{\rho}{d}\right)^2 \ln\frac{1}{R} \tag{5.24}$$

式中,n为完美匹配层相邻材料的折射率;λ是波长;d是完美匹配层的厚度;ρ是中心处到完美匹配层的距离;R的定义为

$$R = \exp\left[-2\frac{\sigma_{\max}}{\varepsilon_0 cn}\int_0^d (\rho/d)^2\right] \tag{5.25}$$

式中,$\sigma_{\max}$是最大传导率。

②散射边界条件。

在计算域的边界处,电场和磁场应该满足

$$\boldsymbol{n} \times (\nabla \times \boldsymbol{h}) - \mathrm{j}|\boldsymbol{k}|\boldsymbol{n} \times (\boldsymbol{h} \times \boldsymbol{n}) = 0 \tag{5.26}$$

由于磁场和电场的切线分量都为零,则磁场、电场都同时向外散射,一面发生界面反射。通过散射边界条件的设定,可以计算光纤基模的传播常数。

③对称边界条件。

此外光纤的对称性可以用以减小求解域,从而节省计算时间,并且不影响计算精度。由于PCF结构对称,因此合理采用对称边界条件有利于减小运算量。由旋转对称和镜像对称关系,对称结构可以分为简并模式和非简并模式。简并模式可以简化为端面的四分之一,非简并模式可以简化为端面的二分之一。经过简化的结构,对称边界可以分为完美电导体边界条件和完美磁导体边界条件,其设置要根据模组分类进行,此处不再详述,请参阅相关文献。

当设置为完美磁导体边界条件时,磁场满足

$$\boldsymbol{n} \times \boldsymbol{H} = 0 \tag{5.27}$$

此时磁场线与界面相互垂直,从而避免了边界对磁场的反射。

当设置为完美电导体边界条件时,电场满足

$$\boldsymbol{n} \times \boldsymbol{E} = 0 \tag{5.28}$$

此时的电场线与界面相互垂直,从而避免界面对电场的反射。在式(5.27)、式(5.28)中$\boldsymbol{n}$为对称面的法向向量。

(3)PCF参数计算

有限元法可以对PCF的色散和非线性特性进行计算,还可以用来计算PCF的泄漏损耗和限制损耗。

①色散。

由已知的有效折射率n_{eff}对波长的关系出发,可得PCF的色散可由

$$D(\lambda) = -\frac{\lambda}{c}\frac{d^2 n_{\mathrm{eff}}}{d\lambda^2} \tag{5.29}$$

得出。因为要通过塞耳迈耶尔方程考虑硅的色散,因此材料的折射率会随工作波长变化。在利用有限元法计算之前要由式(5-20)计算模场及有效折射率n_{eff}。

②非线性系数。

为了精确计算有效模场面积,需要通过坡印亭矢量计算基模场分布。首先在光纤截面计算磁场$\boldsymbol{H} = (H_x, H_y, H_z)$,然后再通过麦克斯韦方程计算电场$\boldsymbol{E} = (E_x, E_y, E_z)$。所以通过坡印亭矢量定义,归一化强度为

$$i(x,y) = \frac{1}{P}Re\left[\frac{\boldsymbol{E} \times \boldsymbol{H}^*}{2} \cdot \widehat{Z}\right] \tag{5.30}$$

式中,P 是整个 PCF 截面强度的积分,即

$$P = \iint_S Re\left[\frac{\boldsymbol{E} \times \boldsymbol{H}^*}{2} \cdot \widehat{Z}\right]\mathrm{d}x\mathrm{d}y = \iint_S Re\left[\frac{E_x H_y^* - E_y{}^* H_x}{2}\right]\mathrm{d}x\mathrm{d}y \tag{5.31}$$

然后,PCF 的有效模场面积就可以通过下式计算

$$A_{\mathrm{eff}} = \frac{1}{\iint_S i^2(x,y)\mathrm{d}x\mathrm{d}y} \tag{5.32}$$

式中,$i(x,y)$ 导模归一化场强分布,如式(5.30)所示。

因而,非线性系数可以由下式计算

$$\gamma = \left(\frac{2\pi}{\lambda}\right) \cdot \iint_S n_2(x,y)\, i^2(x,y)\mathrm{d}x\mathrm{d}y \tag{5.33}$$

式中,$n_2(x,y)$ 在硅区域为 $3 \times 10^{-20}\,\mathrm{m}^2/\mathrm{W}$,在空气孔中为 0。

③限制损耗。

在 PCF 中包层内包含无限个空气孔,理论上是没有损耗的。但是在制造光纤时空气孔是有限的,因此导模必然是泄漏的。模式的限制损耗 CL 由式(5.20)中衰减常数 α 推导出来,即

$$CL = 20\alpha \log_{10}\mathrm{e} = 80\ 686\alpha \tag{5.34}$$

利用有限元法进行数值仿真时,按如下步骤进行:

a. 首先对要解决的边值问题进行分析,建立与之对应的积分方程,并确定计算域。

b. 根据待解决问题的物理特点、计算区域的形状将计算区域进行子域离散划分。这是有限元法解决问题的前期准备。

c. 确定插值函数:确定的根据是对近似解的精度要求和计算单元中节点的数目。

d. 建立单元有限元方程:通过对计算单元进行分析,用单元插值函数的线性组合逼近各单元的求解函数,将得到的近似函数代入第一步建立的积分方程中去,对计算单元进行积分运算,从而获得单元有限元方程。然后将所有单元的有限元方程进行线性组合。

e. 边界设定:即对不同的区域边界,选择本质边界条件、自然边界条件或混合边界条件其中的一种,以修订建立的有限元方程。

f. 有限元方程求解:对经过修订而含有待定系数的有限元方程组求解。

g. 后处理:对解得的各节点的函数值,按照所需进行适当的后处理。

基于有限元原理的 COMSOL Multiphysics 是进行多场耦合的专业软件,其基础是 Femlab 和 MATLAB。相对于 Femlab 而言其功能更强大,且使用方便,最重要的是 COMSOL 具有非常强大的数值计算和视图能力。MATLAB 与 COMSOL 的完美结合,可广泛用于多学科领域,因此说 COMSOL 是计算机辅助设计及算法应用开发的得力工具。此外 COMSOL 提供灵活的网格划分精度以满足不同的精度要求。

利用 COMSOL 软件对 PCF 进行分析设计的步骤大体如下:

a. 模型选择:根据所分析问题选择二维或三维模型,并选择合适的模型块。

b. 建模:在模型块中利用绘图工具对 PCF 建立模型以进行计算。

c. 物理特性指定:即设定波长(或频率)、计算区域材料属性、边界条件等参数。

d. 网格划分:根据计算精度要求,选择合适的网格划分参数,即将计算区域离散化成互

不重叠的单元。

e. 求解:通过对求解器参数恰当设定后求解。

f. 后处理:由计算 PCF 所得各模式的有效折射率及模场分布求限制损耗、模场面积及数值孔径等参数。

根据以上所述,即可完成对 PCF 的设计分析。

5.3.5 PCF 设计举例

1.6 孔实芯 PCF 设计

本书提出了在实芯 PCF 的纤芯与包层孔之间加入对称排列的 6 个大空气孔结构[48],如图 5.19 所示。

图 5.19 6 孔实芯 PCF 结构示意图

此 PCF 的设计是基于折射率引导模式理论进行的,因此可以用传统数值方法对其进行描述。此光纤是在包层空气孔与纤芯之间加入 6 个大的空气孔,PCF 包层空气孔阵列以正三角形式排列。此结构将折射率引导及光子带隙导光机理结合,从而在 6 个大空气孔内具有更高的倏逝场能量。此外,大空气孔更有利于待测样品及金属纳米颗粒进入从而缩短测量时间。

(1)建模及数值计算

对此 PCF 的设计,是在 COMSOL 的 RF Module/Perpendicular Waves/ Hybrid - Mode Waves/Mode analysis 中进行的。其具体参数为:包层空气孔半径 $r=1$ μm,孔间距 $\Lambda=3$ μm,大孔由两个圆及外切线构成,大圆直径 11 μm,小圆直径 1 μm。

建模完成后对不同区域的材料进行设定,在此 PCF 中材料硅折射率取 1.45,空气取 1.0。

边界设定,在设计中外边界选择完美磁导体,内边界为连续。

纯变量设定,在此对自由波长设定为 785 nm。

划分网格,为了既降低计算量又不是精度要求,在划分网格时初始化网格及细化网格并用。整体网格划分采用粗化,然后在纤芯区域内进行局部细化。

求解器设定,对特征值进行求解,搜寻范围设定在 1.445,求解个数为 60。

计算并显示结果。此过程需要稍长一点时间,一般要在 10 min 左右。求解完成后可根据需要选择各种结果。此 PCF 经计算其有效折射率为 1.447 727,其电场能量及分布如图 5.20 所示。

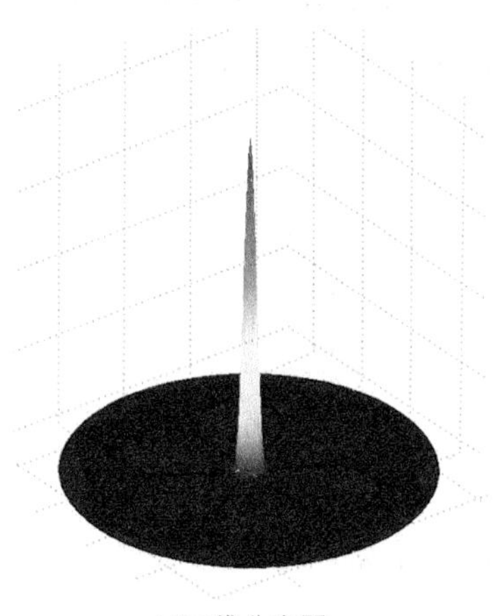

(a)三维分布图

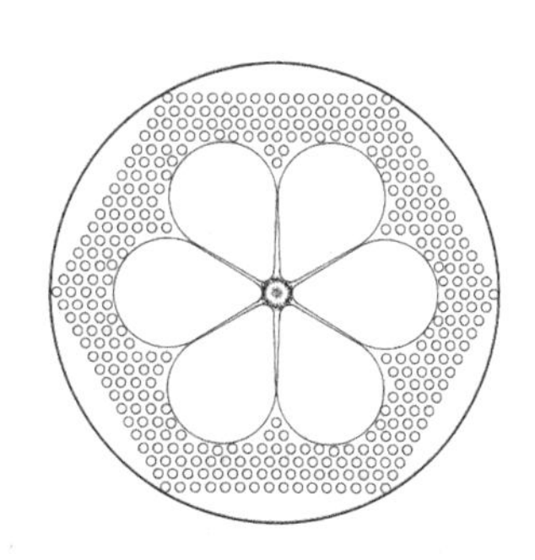

(b)等位分布图

图 5.20　6 孔实芯 PCF 电场能量

(2)数据后处理

①有效折射率。

有效折射率(effective index, n_{eff})是 PCF 的重要参数之一,而且它与 PCF 的色散特性及其他特性息息相关。n_{eff}会随模式的不同传播常数 β 而变化,其定义为

$$n_{eff} = \frac{\beta}{k} = \frac{\lambda\beta}{2\pi} \tag{5.35}$$

对于上述设计的 PCF, $n_{eff} = 1.447\ 727$。

②色散。

光纤总色散由材料色散 D_m 和波导色散 D_w 构成。在 PCF 中由于采用纯石英制作,因此不同 PCF 具有相同的材料色散 D_m,其数值可以根据 Sellmier 公式得出,如下式所示

$$D_m(\lambda) = 1 + \sum_i \frac{A_i \lambda^2}{\lambda^2 - \lambda_i^2} \tag{5.36}$$

式中, $i = 1, 2, 3$; $\lambda_i = [0.068\ 227, 0.116\ 460, 9.993\ 704]$; $A_i = [0.069\ 111\ 6, 0.399\ 166, 0.890\ 423]$。

同样根据 Sellmeier 关系可以得到波导色散为

$$D_w(\lambda) = -\frac{\lambda}{c}\frac{d^2 n_{eff}}{d\lambda^2} \tag{5.37}$$

式中, $n_{eff} = \frac{\lambda\beta}{2\pi}$为有效折射率; β 为传播常数; λ 为输入波长。

③有效模场面积。

PCF 的结构可灵活设计,而孔间距和包层空气孔半径的大小对模场面积有很大的影响,因此我们可根据需要对 PCF 进行设计,既保证基模传输又可保证具有大的模场面积,以使得 PCF 具有弱的非线性效应。对于 PCF 而言,有效模场面积 A_{eff}表达式如下

$$A_{\text{eff}} = \frac{\left[\int |E(x,y)|^2 \mathrm{d}x\mathrm{d}y\right]^2}{\int |E(x,y)|^4 \mathrm{d}x\mathrm{d}y} \tag{5.38}$$

由上式可见,根据求出的电场分布,利用 COMSOL 后处理中的积分功能就可以求出有效模场面积。有效模场面积与波长及 r/Λ 之间的关系如图 5.21 所示。

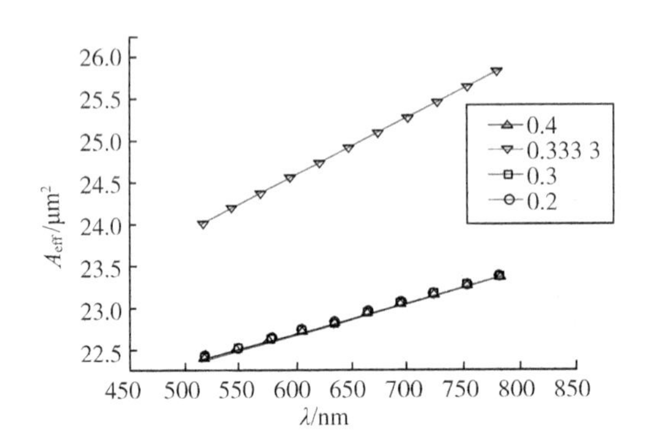

图 5.21　不同 r/Λ 有效模场面积 VS 波长

由图 5.21 可见,对于相同的 r/Λ,有效模场面积随波长增加而增大;对于相同波长而言,$r/\Lambda = 0.333\ 3$ 时明显大于其他值,并且此时当激发波长为 750 nm 时,$A_{\text{eff}} = 25.6\ \mu\text{m}^2$。

空芯 PCF 利用外部反射,包层由周期性微结构空气孔阵列构成,因为通过中心空气孔导光,因而可以提供基模传输[7]。尽管大多数空芯 PCF 在给定频率带隙内传输多种光波模,包括空气导模和表面模,但是它仍然被认为是准基模传输,因为通过仔细设计 PCF 的结构,还是可以激发基模的。此外空芯 PCF 是在中心空气孔内导光,此时的光子晶体包层就像镜子一样将 99% 的光能量都限制在空气中传输[8],因而可以低损耗传输几千米的长度。

在给定频率下,带隙一般出现在导模传输常数 β 附近。当 $\beta < kn$ 时,以角度 θ 入射的光可以在折射率为 n 的材料内传输,此时 $\beta = kn\cos\theta$,k 为真空波矢,带隙会出现从而将光限制在空气纤芯内;而当 $\beta > nk$ 时,θ 是一个虚数,因此光不能低损传输而是以倏逝波的形式消失,即不会有带隙出现。因此这就意味着空芯 PCF 只能在有限的波长范围内导光。而对于空芯 PCF 设计而言,首先就是要在给定的频率(波长)下能够有带隙存在,其次是基模传输。本节对空芯 PCF 的设计过程就是首先通过基于时域有限差分法的 Rsoft 软件对给定结构的空芯 PCF 寻找带隙,其次是利用基于有限元的 COMSOL 软件寻找基模。

2. 空芯 PCF 结构参数设计

空芯 PCF 是通过在二维光子晶体上引入缺陷态构成,如要在给定频率下存在光子带隙,需要对结构进行严格、仔细设计,如孔间距、空气孔尺寸都要符合要求。本节为实现高效 SERS 传感器,对空芯 PCF 进行设计。

空芯 PCF 的包层空气孔直径为 d,按正三角排列,孔间距为 Λ,在中心处去掉 19 根空气孔构成空气孔纤芯。包层空气填充率可表示为

$$f = \frac{\pi}{2\sqrt{3}}\frac{d^2}{\Lambda^2} \tag{5.39}$$

首先是对纤芯半径的设计,此项参数将会直接影响模式数。为了估算空芯 PCF 纤芯可

传播的模式数,R. F. Cregan 等于 1999 年推导了近似估算公式如下

$$N_{PBG} = \frac{(\beta_H^2 - \beta_L^2)\ r_{core}^2}{4} \tag{5.40a}$$

$$N_{PBG} = \frac{(k^2\ n_1^2 - \beta_L^2)\ r_{core}^2}{4} \tag{5.40b}$$

式中,N_{PBG}是可传播的导模数;n_1是纤芯折射率;β_H、β_L分别是给定波长下带隙边界传播常数最大值和最小值。式(5.40b)适用于$k^2 n_1^2 < \beta_H^2$。由式(5.40a)、式(5.40b)可见,纤芯半径必须适中,否则或者没有光传输,或者会产生多模。

本例设计的空芯 PCF 纤芯处去掉 19 个空气孔,纤芯孔面积增加了 19 倍,纤芯孔半径增加 $\sqrt{19}$,纤芯孔半径最大值为 $\sqrt{19}\Lambda - r_{clad}$,$r_{clad}$为包层空气孔半径,此时能够保证空芯 PCF 单模传输。

为了寻找带隙,采用 Rsoft 软件中的 Bandslove 模块对空芯 PCF 进行设计,空芯 PCF 的结构如图 5.22 所示。

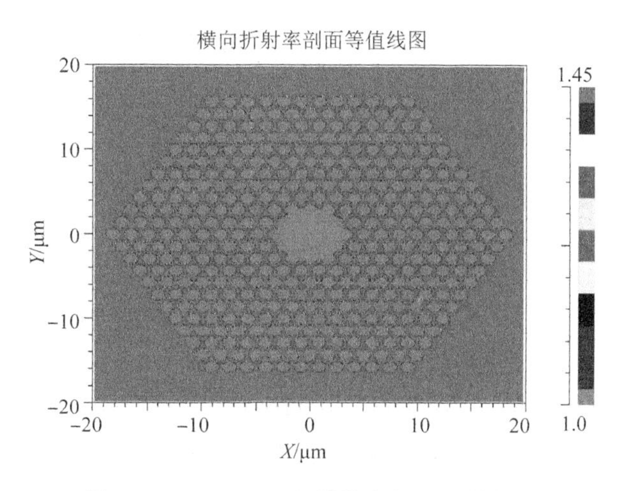

图 5.22　Bandslove 设计的空芯 PCF 结构图

根据上述考虑因素,在对空芯 PCF 进行寻找带隙时,对结构参数在一定范围内进行计算。各结构参数范围:包层空气孔半径 $r_{clad} = 0.5 \sim 0.8\ \mu m$,孔间距 $\Lambda = 1.1 \sim 1.9\ \mu m$,纤芯半径 $r_{core} = 3.0 \sim 3.8\ \mu m$。经过对比,输入波长为 785 nm 时,$r_{clad} = 0.65\ \mu m$,$\Lambda = 1.65\ \mu m$,$r_{core} = 3.2\ \mu m$ 带隙最宽。此外对传播常数在 $\beta = 8 \sim 18$ 范围内进行扫描,求得光子能带结构图和光子带隙图,如图 5.23(a)(b)所示。

为了进一步证明设计的空芯 PCF 在 785 nm 下是否有光子带隙存在,在光子带隙图中加入空气线。并由传播常数 *betap* 的定义

$$betap = \frac{2\pi}{\lambda}\Lambda \tag{5.41}$$

可知,对应于 785 nm 波长,带入包层孔间距值,由式(5-41)可得其传播常数应为13.2。则若空气线与光子带隙图在 *betap* = 13.2 处有交点,则证明输入波长为 785 nm 时有光子带隙存在,结果如图 5.24 所示。

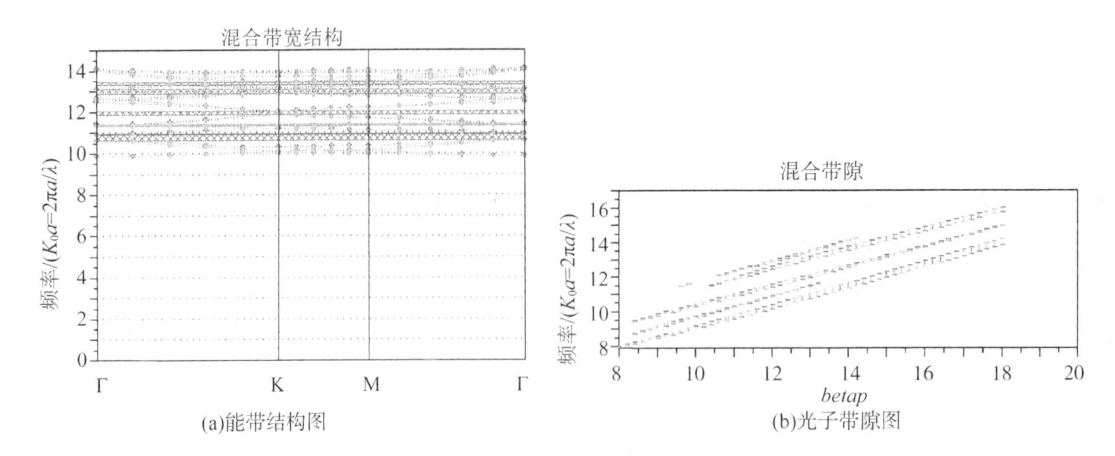

图 5.23　空芯 PCF 混合能带结构图及光子带隙图

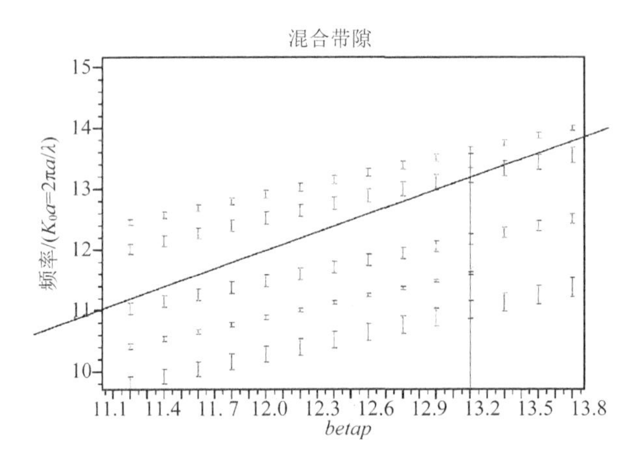

图 5.24　加空气线的局部光子带隙图

此外，适于 THz 传输的光子晶体光纤设计也适用于上述方法，因篇幅所限，不再赘述，详情请阅读参考文献[49]。

参 考 文 献

[1] KNIGHT J C, BIRKS T A, ATKIN D M, et al. Pure silica single-mode fibre with hexagonal photonic crystal cladding[C]//Optical Fiber Communication Conference Optical Society of America, 1996: PD3.

[2] MONRO T M, BENNETT P J, BRODERICK N G, et al. Holey fibers with random cladding distributions[J]. Optics Letters, 2000, 25(4): 206 – 208.

[3] TEMELKURAN B, HART S D, BENOIT G, et al. Wavelength-scalable hollow optical fibres with large photonic bandgaps for CO_2 laser transmission [J]. Nature, 2002, 420 (6916): 650.

[4] ARGYROS A, BASSETT I, VAN M E, et al. Analysis of ring-structured Bragg fibers for

single TE mode guidance[J]. Optics Express,2004,12(12):2688.

[5]BENABID F, KNIGHT J C, ANTONOPOULOS G,et al. Stimulated Raman scattering in hydrogen-filled hollow-core photonic crystal fiber[J]. Science,2002, 298(5592):399 - 402.

[6]HASSANI A, SKOROBOGATIY M. Design of the microstructured optical fiber-based surface plasmon resonance sensor with enhanced microfluidics[J]. Optics Express,2007,24(6):1423 - 1429.

[7]SCHMIDT M A, SEMPERE L N P, TYAGI H K, et al. Waveguiding and plasmon resonances in two-dimensional photonic lattices of gold and silver nanowires[J]. Physical Review B, 2008,77(3):33417 - 33420.

[8]HOU J,BIRD A,GEORGE A,et al. Metallic mode confinement in microstructured fibers[J]. Optics Express,2008,16(9):5983 - 5990.

[9]LIN K, LU Y, CHEN J, et al. Surface plasmon resonance hydrogen sensor based on metallic grating with high sensitivity[J]. Optics Express,2008,16(23):18599 - 18604.

[10]RUSSELL P. Photonic crystal fibers[J]. Science,2003,299(5605):358 - 362.

[11]WANG Z, REN X, ZHANG X, et al. A novel design for broadband dispersion compensation microstructure fiber[J]. Chinese Optics Letters, 2006, 4(11):625 - 627.

[12]KNIGHT J C, BROENG J, BIRKS T A. Photonic band gap guidance in optical fibers[J]. Science,1998,282(5393):1476 - 1478.

[13]BIRKS T A, KNIGHT J C,RUSSELL P S J. Endlessly single-mode photonic crystal fiber[J]. Optics Letters,1997,22(13):961 - 963.

[14]杨广强,张霞,任晓敏,等. 利用光子晶体光纤实现10 Gb/s光传输系统的色散补偿[J]. 中国激光,2005,32(09):63 - 66.

[15]KRISTIANSEN R E,HANSEN K P,BROENG J,et al. Microstructured fibers and their applications[J]. Proceedings of the 4th Reunion Espanola de Optoelectronica (OPTOEL), 2005, 38(3):37 - 49.

[16]OUZOUNOV D G,AHMAD F R,MÜLLER D,et al. Generation of megawatt optical solitons in hollow-core photonic band-gap fibers[J]. Science,2003,301(5640):1702 - 1704.

[17]DE MATOS C J S, TAYLOR J R, HANSEN T P, et al. All-fiber chirped pulse amplification using highly-dispersive air-core photonic bandgap fiber[J]. Optics Express,2003,11(22):2832 - 2837.

[18]LIMPERT J,SCHREIBER T,NOLTE S,et al. All fiber chirped-pulse amplification system based on compression in air-guiding photonic bandgap fiber[J]. Optics Express,2003,11(24):3332 - 3337.

[19]DE MATOS C J S,TAYLOR J R. Chirped pulse Raman amplification with compression in air-core photonic bandgap fiber[J]. Optics Express,2005,13(8):2828 - 2834.

[20]HUMBERT G,KNIGHT J C, BOUWMANS G,et al. Hollow core photonic crystal fibers for beam delivery[J]. Optics Express,2004,12(8):1477 - 1484.

[21]BENABID F,KNIGHT J C,ANTONOPOULOS G,et al. Stimulated Raman scattering in hydrogen-filled hollow-core photonic crystal fiber[J]. Science,2002,298(5592):399 - 402.

[22]CAIH,XIA J Z,CHEN G,et al. All-fiber q-switched erbium laser using a fiber Bragg

grating placed in loop mirror as a wavelength-selective intensity modulator[C]. Optical Fiber Communication Conference and Exhibit, 2003.

[23]KUROKAWA K, TAJIMA K, TSUJIKAWA K, et al. Reducing the losses in photonic crystal fibres[C]//31st European Conference on Optical Communication, 2005, 2:279 - 282.

[24]ROBERTS P J, COUNY F, SABERT H, et al. Ultimate low loss of hollow-core photonic crystal fibres[J]. Optics Express, 2005, 13(1):236 - 244.

[25]MANGAN B J, FARR L, LANGFORD A, et al. Low loss (1.7 dB/km) hollow core photonic bandgap fiber [C]//Optical Fiber Communication Conference. Optical Society of America, 2004: PD24.

[26] KNIGHT J C. Optical fibres using microstructured optical materials [C]// 31st European Conference on Optical Communications (ECOC 2005), 2005.

[27]FERRARINI D, VINCETTI L, ZOBOLI M, et al. Leakage properties of photonic crystal fibers[J]. Optics Express, 2002, 10(23):1314 - 1319.

[28] FERRARINI D, VINCETTI L, ZOBOLI M, et al. Leakage losses in photonic crystal fibers[C]//Optical Fiber Communication Conference. Optical Society of America, 2003: FI5.

[29]BAGGETT J C, MONRO T M, FURUSAWA K, et al. Comparative study of large-mode holey and conventional fibers[J]. Optics Letters, 2001, 26(14):1045 - 1047.

[30] SORENSEN T, BROENG J, BJARKLEV A, et al. Macro-bending loss properties of photonic crystal fibre[J]. Electronics Letters, 2001, 37(5):287 - 289.

[31] MORTENSEN N A, FOLKENBERG J R. Low-loss criterion and effective area considerations for photonic crystal fibres[J]. Journal of Optics A: Pure and Applied Optics, 2003, 5(3):163.

[32]KNIGHT J C, BIRKS T A, CREGAN R F, et al. Large mode area photonic crystal fibre [J]. Electronics Letters, 1998, 34(13):1347 - 1348.

[33]MORTENSEN N A, NIELSEN M D, FOLKENBERG J R, et al. Improved large-mode-area endlessly single-mode photonic crystal fibers[J]. Optics Letters, 2003, 28(6):393 - 395.

[34]BAGGETT J C, MONRO T M, HAYES J R, et al. Improving bending losses in holey fibers[C]//Optical Fiber Communication Conference. Optical Society of America, 2005: OWL4.

[35]HANSEN T P, BROENG J, BJARKLEV A O. Macrobending loss in air-guiding photonic crystal fibres[C]//29th European Conference on Optical Communication, 2003.

[36] KNUDSEN E. Macro-bending loss estimation for air-guiding photonic crystal fibres [C]//Fourteenth International Conference on Optical Fiber Sensors. International Society for Optics and Photonics, 2000, 4185:904 - 907.

[37]HANSEN T P, BROENG J, JAKOBSEN C, et al. Air-guiding photonic bandgap fibers: spectral properties, macrobending loss, and practical handling [J]. Journal of Lightwave Technology, 2004, 22(1):11 - 15.

[38]KNIGHT J C, BIRKS T A, RUSSELL P S J, et al. Properties of photonic crystal fiber and the effective index model[J]. Journal of the Optical Society of America A, 1998, 15(3): 748 - 752.

[39]MONRO T M, BENNETT P J, BRODERICK N G R, et al. Holey fiber with random

cladding distribtions[J]. Optics Letters,2005,25(4):206 -208.

[40]XIAO S, HE S. FDTD method for computing the off-plane band structure in a two-dimensional photonic crystal consisting of nearly free-electron metals[J]. Physica B:Condensed Matter,2002,324(1 -4):403 -408.

[41]YEE K S. Numerical solution of initial boundary value problems involving Maxwell's equation in isotropic media[J]. IEEE Transactions,1966,14(5):302 -307.

[42]XU C L, HUANG W P, STERN M S, et al. Full-vectorial mode calculations by finite difference method[J]. Optoelectronics,IEE Proceedings-J,1994,141(5):281 -286.

[43]BIERWIRTH K, SCHULZ N, ARNDT F. Finite difference analysis of rectangular waveguide structure[J]. IEEE Transactions on Microwave Theory and Techniques,1986,34(11):1104 -1114.

[44]谭晓玲. 大模场光纤波导特性研究[D]. 天津:天津大学,2009.

[45]BRECHET F,MARCOU J, PAGNOUX D,et al. Complete analysis of the characteristics of propagation into photonic crystal fibers by the finite element method[J]. Optical Fiber Technology,2000,6(2):181 -191.

[46]KOSHIBA M, SAITOH K. Finite-element analysis of birefringence and dispersion properties in actual and idealized holey-fiber structures[J]. Applied Optics, 2003,42(31):6267 -6275.

[47]BERENGER J P. A perfectly matched layer for absorbing of electromagnetic waves[J]. Journal of Computational Physics,1994,114(2):185 -200.

[48]BING P B,LI Z Y,YAO J Q,et al. A Photonic crystal fiber based on surface Plasmon resonance temperature sensor with liquid core[J]. Modern Physics Letters B, 2012, 26(13):1250082.

[49]WANG B, JIA C, YANG J, et al. Highly birefringent, low flattened dispersion photonic crystal fiber in the terahertz region[J]. IEEE Photonics Journal, 2021, 13(2):1 -10.

第6章　表面增强拉曼散射光子晶体光纤传感

6.1　表面增强拉曼散射光子晶体光纤传感概述

众所周知，随着低损耗光纤的发展，光电子学的发展越来越快。因为光纤具有各种特性，自1970年低损耗光纤研制成功以来[1]，以其具有对光学准直要求低，避免了自由空间的激光束，复用和分布式传感能力强，适用于狭窄、危险环境下测量应用等优点吸引了广大科研工作者的兴趣。光纤不仅可以传输光信号，而且在传输光时光的特征参量会因外界因素的影响而发生变化，利用此特点可以用光纤对外界的各种参量进行测量，此即光纤传感器。光纤传感器表现出独特的化学稳定性、热稳定性、高灵敏度、测试对象广泛、对被测对象影响小、抗腐蚀及抗电磁干扰等优点。

随着表面增强拉曼散射的发现[2]，科研工作者将其与光纤传感相结合并应用于化学及生物检测[3-6]，二者的结合即为表面增强拉曼散射光纤传感器。它具有如下优点：独特的分子拉曼散射特征谱、很大的表面增强拉曼散射增强因子和光纤的柔韧性。表面增强拉曼散射光纤传感器的性能由激发光强和参与表面增强拉曼散射的粒子数这两个主要因素决定。为了改善其性能，不同结构的光纤如锥形尖端的、D型的等[4,7-11]都作为表面增强拉曼散射平台，然而这些结构的光纤并没有完全克服以上两个主要因素的限制。为此科研工作者将光子晶体光纤（photonic crystal fiber, PCF）和表面增强拉曼散射（surface enhanced Raman scattering, SERS）相结合，SERS技术在光纤传感中的应用是由Vo - Dinh小组首次提出的[12]，但是他们当初的试验中光纤只是作为传光和收集信号[13]。

PCF的空气孔阵列可以为SERS提供很大的内部表面积，因此PCF被引用到制作SERS平台以增加SERS的作用面积[14]。这种结构的光纤就称之为基于表面增强拉曼散射的光子晶体光纤传感器（photonic crystal fiber sensor based on surface enhanced Raman scattering, PCF sensor based on SERS）。

近年来，一些研究小组将SERS和PCF彻底融合构建传感系统，其中PCF既传输光又作为SERS基底。如2007年Zhang等[15]报道了液芯PCF SERS传感器，通过对浓度为10^{-4}～10^{-5}的R6G等样品进行了检测，该系统成功体现出液芯PCF SERS传感器的高灵敏度。其结构示意图如图6.1所示。

2008年Yan等[16]设计新型折射率引导型PCF SERS传感探针，该折射率引导型PCF在纤芯与包层空气孔之间对称分布着四个大的空气孔，采用金纳米粒子作为SERS基底，同时将分析样品一起混合在水中，利用虹吸效应，分析物被吸附进四个大的空气孔中，与激发光的倏逝场相互作用，激发SERS信号。其结构示意图如图6.2所示。

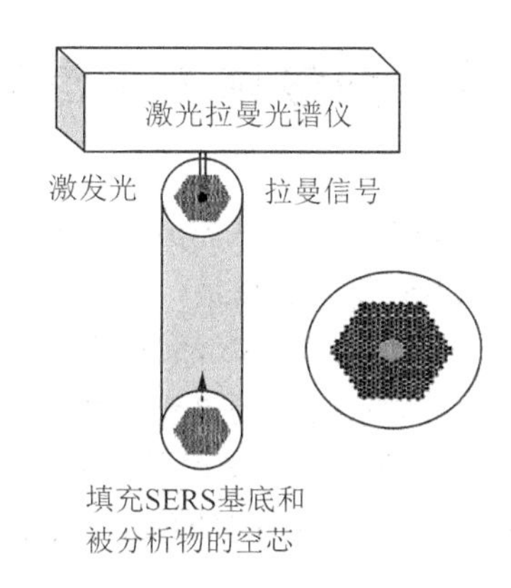

图 6.1　液芯 PCF SERS 传感器及 PCF 截面结构示意图

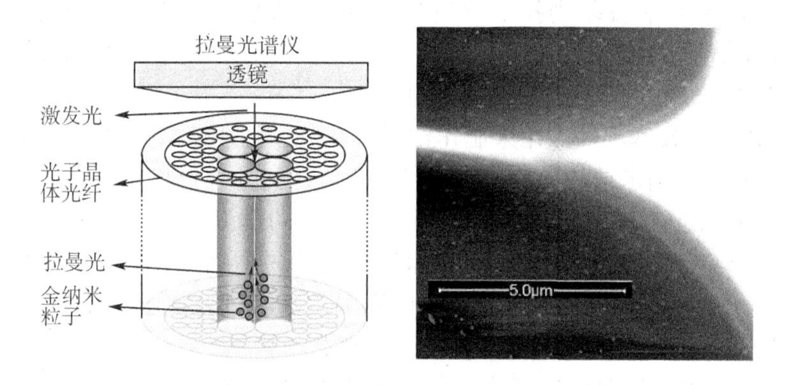

图 6.2　新型折射率引导型 PCF SERS 传感探针结构示意图

2008 年 Shi 等[17]采用空芯 PCF 内衬结构 SERS 传感器对 R6G 进行检测,此种结构的传感器其灵敏度比直接取样的结构信号强度高约 100 倍。其结构示意图如图 6.3 所示。

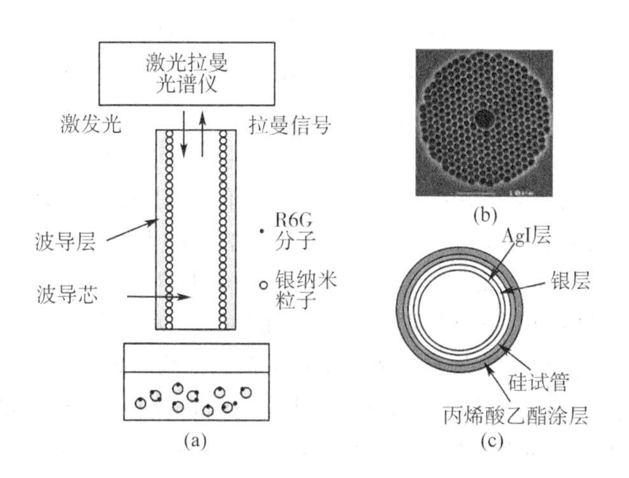

图 6.3　内衬液芯 PCF SERS 传感器及 PCF 截面结构示意图

6.2 表面增强拉曼散射光子晶体光纤传感特性

由第3章表面增强拉曼散射的机理,可以知道SERS信号的强度与基底的形状和特性有着密不可分的关系,所以研发SERS活性基底是一个重要的方向,并且围绕新型SERS活性基底已经开展了很多的研究工作[18-19]。SERS活性基底的发展可以拓宽SERS的应用范围,高活性SERS基底可以为SERS的学术研究提供理想模型,所以新型SERS活性基底的制造是一门技术。对于SERS活性基底的要求是非常严格的,首先要与被测物或细胞具有良好的化学和生物兼容性,然后尽量确保化学和时间的稳定性,最后对于SERS活性基底应可重复使用和易于制备。

截至目前,已经有好多种制作方法被成功应用,但是它们当中很多都不容易用于光纤传感,尤其是一些传统的平版印刷技术,如重要的纳米球平版印刷术[20]和电子束平版印刷术[21],都不太适合直接处理光纤结构。然而一些科学家已经证实平版印刷结构如果安排与设计好的话,具有很大的增强和重复利用价值[22-24]。

许多的纳米制造技术已经被用来制作纳米结构[25],包括纳米球平版印刷术[26]、电子束平版印刷术[27]和基于纳米结构的胶体模板[28],但是这些方法价格很昂贵而且耗时很长,所以急需低成本的制备方案。Su等[29]发明了基于ChG的全息照射化学刻蚀SERS基底制备方案。这些SERS基底已被成功用于R6G水溶液的测量,在辐照度为0.28 kW/cm^2时检测极限是1 μmol。Smythe等[30]用电子束平版印刷限定法在硅基底上制作了纳米尺寸的光天线阵列,随后阵列从薄片中取出并转移到光纤截面上。

聚焦离子束研磨法是专门用于在半导体及材料科学领域进行场地重点分析的技术。Dhawan等[31]和Dhawan等[32]分别用这种方法在金属膜上产生了纳米孔,并且在不同光纤端面上也产生了纳米柱和纳米杆。该技术允许对纳米几何结构进行精确设计以得到能够满足优化等离子共振条件的形状和尺寸。然而要考虑到直接在光纤端面对金纳米结构进行聚焦离子束打磨,可能会由于疏忽而产生硅和带有钾离子的杂质,从而会改变光的响应[33]。

Kostovski等[34]开发了纳米印刷技术(NIL)来构造表面增强拉曼散射光纤传感器。此技术不仅开启了在标准光纤尖端建造高质量的SERS基底,而且提供了一个生产大量基底到基底可变性的SERS传感器的低成本方法。

原子层沉积(ALD)过程是一个气相生长过程,其特点是在其每一个生长周期,只沉积一个单原子层薄膜,其生长是自限制的。因此相对于其他沉积方法,ALD技术制备的薄膜非常纯,而且能够精确地控制薄膜厚度和组分;同时生长的薄膜与衬底有陡直的界面,以及有很好的保形性。所以Van Duyne研究小组应用ALD技术来进一步提高SERS基底的稳定性,更多的研究结果表明ALD膜可以做到0.2 nm,从而可以更好地提高金属纳米结构的热稳定性[35]。用ALD的超薄铝膜可以大大改善SERS基底的热稳定性,从而可以在高温下对四水硝酸钙的脱水进行原位检测。试验证明,ALD可以用以合成稳定的SERS基底,从而可以在高温下测量被吸附物[36]。因为ALD表现出与光纤结构的兼容性,并且可以使更多的物质沉积,因而说对ALD的研究是一个非常有意义的过程。

SERS光子晶体光纤传感将SERS效应和光子晶体光纤传感二者的优点合而为一,具有为激光和表面增强拉曼探针相互作用提供更大活性面积、降低普通拉曼背景信号、增加被测样品在活性传感区域的体积等独特的优点。

光纤 SERS 传感器具有高灵敏度、抗干扰、几何形状简单、折射光路和分析物依赖性小的优点，确保了它们在生化应用中的潜力。此外，光纤 SERS 传感器适用于单端测量几何结构，对于最小侵入性监测尤其有吸引力，例如体内生物传感器和生物医学应用。

然而，与传统光纤相比，光纤 SERS 传感器确实存在一些缺点，例如由环境光引起的干扰和有限的稳定性，来自光纤本身的背景吸收，荧光和拉曼散射提出了更具体的挑战。此外，为了将常规光纤制造成探针，需要部分地去除光纤的保护涂层和包层以获得更大的 SERS 活性区域，并允许更多的渐逝波从二氧化硅芯泄漏，以与 SERS 基底的分析物相互作用，但是这样会导致光纤探针变脆。

由于光纤传感器的缺点，科学家们开始研究更多的自适应 SERS 传感器。PCF 的制造带来了巨大的希望，PCF 是基于光子带隙机制开发的。它具有独特的横截面、周期性排列气孔、沿纤维轴均匀的纤维结构。通过去除一个气孔或引入与包层孔不同的气孔以形成纤维芯，微结构孔可以为 SERS 作用提供大面积，因此可以研制具有改进性能的新型 PCF SERS 传感器。

6.3　表面增强拉曼散射光子晶体光纤传感结构及特点

气体或液体材料可以填充在 PCF 的气孔中，气体或液体的光学性质，如折射率、吸收和荧光辐射，将影响 PCF 的透射光谱和光强度，可用于分析或检测分析物。因此，微气孔可用于分析微量分析物，并进一步用于分子分析。结合 PCF 传感器和金属纳米粒子的 SERS 特性，PCF SERS 传感器得以实现并引起了相当大的研究兴趣。根据光纤类型，PCF SERS 传感器可分为两类：实芯 PCF SERS 传感器和空芯 PCF SERS 传感器。

6.3.1　实芯 PCF SERS 传感器

实芯 PCF 的纤芯半径小、空气填充率高。当金属纳米粒子和分析物填充到包层气孔中时，由传播通过纤维芯的光产生的消逝场与分析物相互作用，然后激发 SERS 信号，该传感器结构如图 6.4 所示[37]。

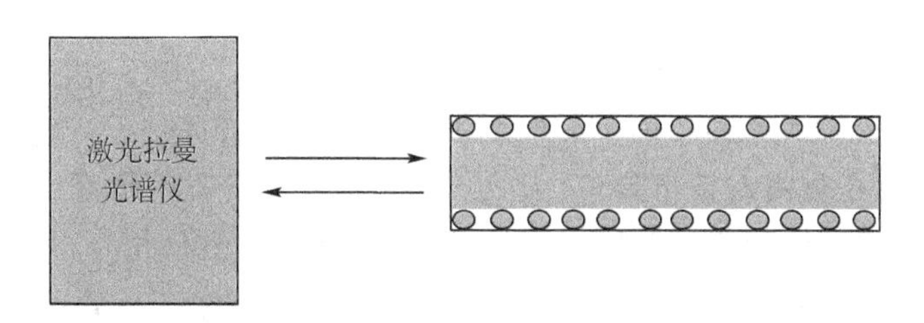

图 6.4　实芯 PCF SERS 传感器结构示意图

这种光纤的优点在于能够适应更宽范围的激励光波长。但是，实芯 PCF 构成的传感器也存在不足，光纤倏逝波场的光功率占全部传输功率的比率很小，能量利用率比较低，但是可以通过增加光纤的长度来提高光与物质的作用[16]。

6.3.2 空芯 PCF SERS 传感器

在空芯 PCF 中,大部分激发光功率被限制在光纤芯中。金属纳米粒子和分析物填充到纤芯区域的气孔中,纤芯区域中的激发光与分析物之间的相互作用面积几乎为 100%,因此激发光与 SERS 之间的相互作用大大增强。传感器结构如图 6.5 所示[38]。

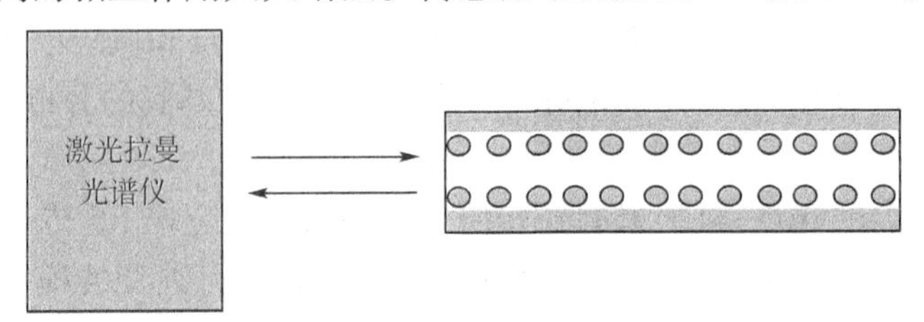

图 6.5 空芯 PCF SERS 传感器结构示意图

与实芯 PCF SERS 传感器相比,空芯 PCF SERS 传感器利用导模与分析物相互作用,从而提高了激发光的效率和拉曼信号的灵敏度。此外,空芯 PCF SERS 传感器具有更大的 SERS 活性区域,同时减少了二氧化硅背景光的影响。然而,空芯 PCF 的导光机构是基于光子带隙效应的,只有频率位于带隙范围内的光可以限制在空芯中。因此,空芯 PCF SERS 传感器对激发波长有限制[39]。

6.4 表面增强拉曼散射光子晶体光纤传感数值仿真

近些年来,金属纳米粒子作为新型的光学、电学及磁学材料而得到充分的利用和发展[40-41]。而低损耗光纤与 SERS 结合而成的光纤 SERS 传感器,在众多领域得到广泛的应用。可是光纤 SERS 传感器存在着如下缺陷,即活性区域内基底颗粒数量少,需要更高的激光强度或更长的时间去激发而获得理想 SERS 光谱,因此其应用受到了一定的限制。而 PCF 的提出及研制成功,使得它作为 SERS 传感器的一个理想平台而得到了迅猛发展。PCF 的独特性质与 SERS 传感器相结合,构成了新型传感器——PCF SERS 传感器,并在化学、生物及环境检测中得到广泛的应用。

此类传感器的性能会受很多因素的影响,如 PCF 的结构、SERS 增强基底的性能等。为了充分发挥 PCF SERS 传感器的应用价值,对其各项参数进行详细设计至关重要。由于制备条件的限制,在实践中摸索有重重阻力,因此对各个因素进行数值仿真以研究其对传感器性能的影响就显得极具价值。为顺利进行 SERS PCF 传感器的数值仿真,采用基于有限元法的 Comsol 软件及基于时域有限差分法的 Rsoft 软件。由于前面第 4,5 章已经介绍过原理和方法,也对实芯和空芯 PCF 进行了设计和仿真,下面介绍液芯 PCF 的仿真设计。

6.4.1 液芯 PCF 数值仿真

自 PCF 首次研制成功以来,在光纤传感领域中发挥着重要作用,尤其是 PCF 与 SERS 结合以来,PCF 的作用显得愈加重要。由于 PCF 的特殊结构,其空气孔内可以填充气体或液体,经过激光的照射,填充物的光参量如折射率、吸收率及荧光辐射会影响光谱或光强,于是这些参量的变化可用于分析或者检测被测物。

空芯光子晶体光纤(HCPCF)在 SERS 传感器中的成功应用,若纳米粒子或者被测物在光路上是干燥的话,确实大幅提高了活性区域内基底颗粒数量,也能够得到理想的待测样品 SERS 光谱。可是如果把 HCPCF 直接浸入到液体待测样品时,纤芯空气孔和包层空气孔都会被液体填充,这样的话就会降低空气孔内外的折射率差,从而可能令光子带隙消失。因此使得 HCPCF SERS 传感器在活体检测中受到限制。为了克服此缺陷,提出了液芯 PCF SERS 传感器,即将 HCPCF 的包层孔密封,而纤芯孔开通使得待测样品可以浸入,包层仍为空气孔。此法可以进一步拓宽 PCF SERS 传感器的应用范围。但是在应用之前对液芯 PCF 进行仿真计算非常重要。下面就对液芯 PCF 的数值仿真进行介绍。

液芯 PCF 即在 HCPCF 的基础上,将纤芯空气孔填充水,而包层空气孔仍为空气,其结构如图 6.6 所示。图中深灰色纤芯部分填充水,白色部分为空气,其余部分为硅。结构参数与 HCPCF 完全一致。

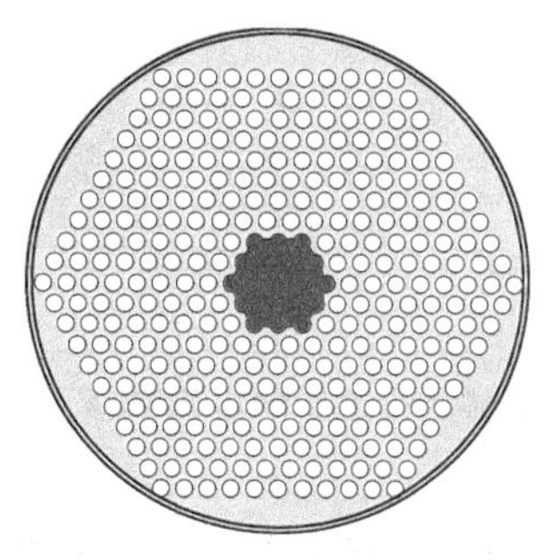

图 6.6　液芯 PCF 结构图

通过同样的数值仿真方案对液芯 PCF 进行仿真,经计算可得出其电场归一化分布如图 6.7 所示。同样可计算其限制损耗为 0.33 dB/m。

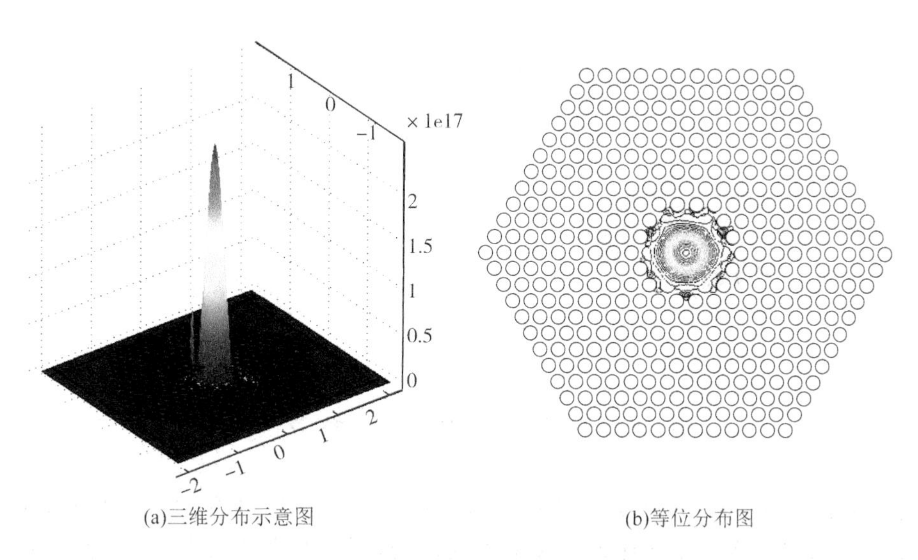

图 6.7　电场归一化

6.4.2 镀银纳米膜 PCF 数值仿真

为了将银纳米粒子的 SERS 效应与 PCF 完美结合,将银纳米粒子镀在 PCF 的空气孔中作为 SERS 的基底。经过上述仿真计算,已得到适合于 SERS 传感的 PCF 的结构参数,以及能够获得最佳 SERS 增强效果的银纳米粒子。下面就 PCF 空气孔镀银纳米粒子构成 PCF SERS 传感器进行仿真计算。

1. 实芯 PCF 镀银纳米膜数值仿真

对于前面所设计的实芯 PCF,在大空气孔内镀上 78 nm 厚的银膜,其结构如图 6.8 所示。

图 6.8　镀银纳米膜后的实芯 PCF 结构示意图

经过仿真计算,可以得到其场分布如图 6.9 所示。由仿真可知,镀膜后的实芯 PCF 有效折射率为 $1.447\ 121+i1.146\ 373e^{-5}$,相对于空气孔不镀膜而言增加了虚部,即有泄漏损耗产生,而此部分损耗就会激发银纳米膜而产生 SERS 效应。

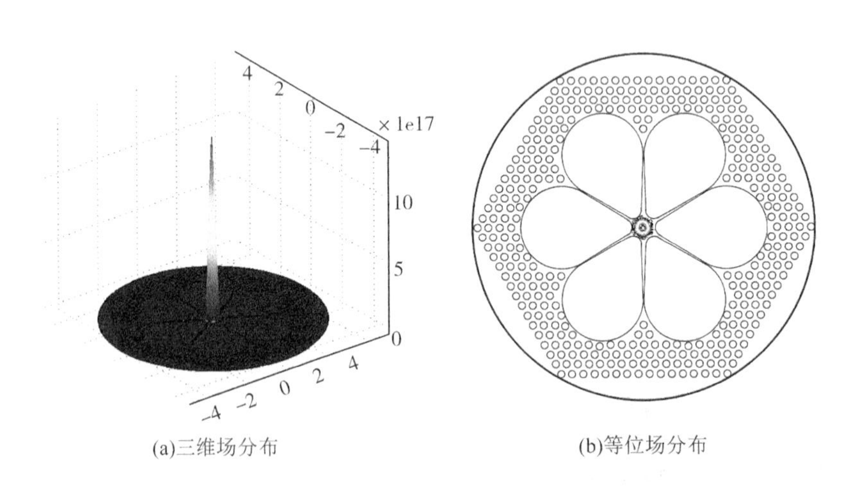

(a)三维场分布　　(b)等位场分布

图 6.9　实芯 PCF 大空气孔镀 78 nm 厚银膜

此外,还对空气孔填充液体进行仿真,发现当所有气孔均填充液体时,其有效折射率为 $1.447\ 121+i1.154\ 533e^{-5}$,只有 6 个大空气孔填充液体时,其有效折射率为 $1.447\ 121+$

i1.545 35 e^{-5}，相对而言后者产生的损耗更大，即有更强的 SERS 产生。对于上述三种情况的仿真结果，只有损耗不同，而场分布是相同的，即激发光都能够在纤芯内基模传输。

2. 空芯 PCF 镀银纳米膜数值仿真

将银纳米粒子镀在 HCPCF 纤芯空气孔内，根据上述仿真结果，在纤芯孔内镀上直径为 78 nm 的银纳米棒或厚度为 78 nm 的银纳米膜，其结构如图 6.10 所示。

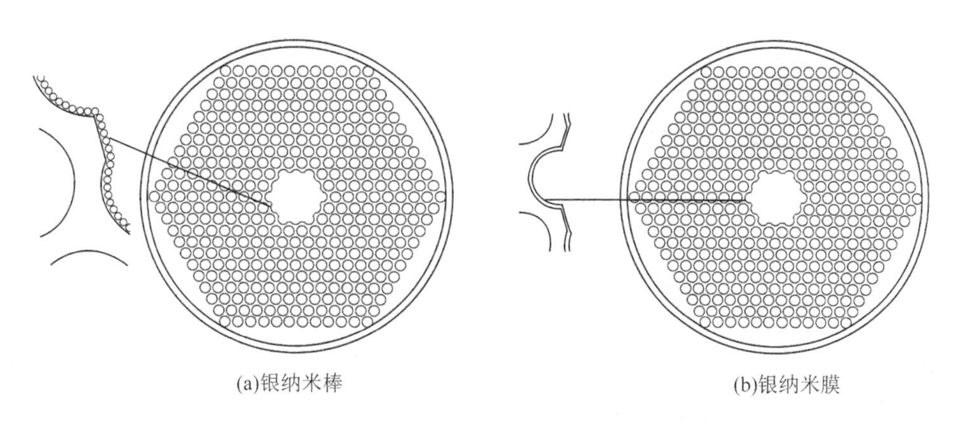

(a)银纳米棒　　(b)银纳米膜

图 6.10　HCPCF 纤芯孔镀膜结构示意图

经过 COMSOL 仿真，镀纳米棒的 HCPCF 结果如图 6.11 所示。由图可见 HCPCF 镀银纳米棒后对光限制的不好，泄漏损耗比较严重。镀 78 nm 厚的银纳米膜 HCPCF，其场分布如图 6.12 所示。

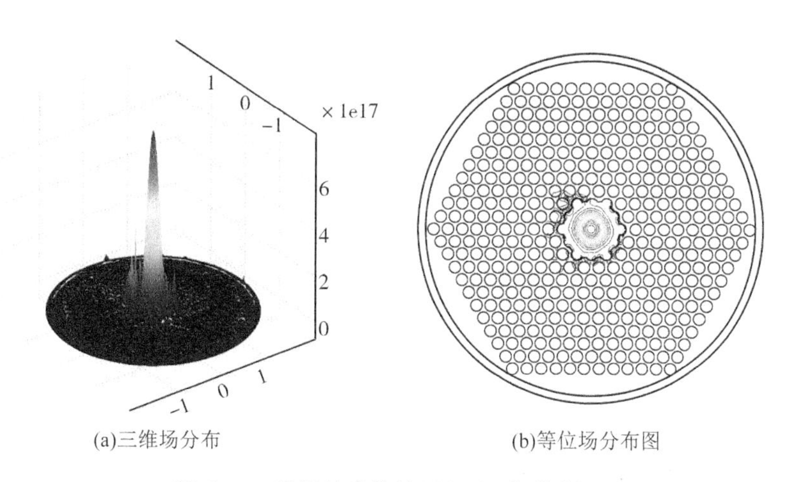

(a)三维场分布　　(b)等位场分布图

图 6.11　镀银纳米棒的 HCPCF 场分布

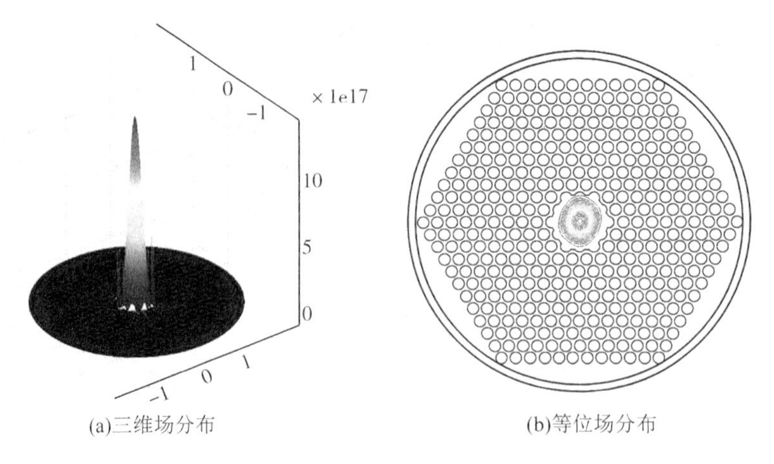

(a)三维场分布　　(b)等位场分布

图 6.12　HCPCF 镀银纳米膜仿真结果图

由图 6.11 和图 6.12 对比可知,相对而言镀银纳米膜可以将激发光更好地限制在纤芯内传输,从而有利于产生更好的 SERS 效应。

3. 液芯 PCF 镀银纳米膜数值仿真

由于 PCF SERS 传感器一般都是对液体样品进行检测,即空气孔将会被液体填充,因此有必要对填充液体的镀膜 HCPCF 仿真计算,以进一步研究其在 SERS 传感系统中是否可以更好地把光限制住且有效激发 SERS 效应。首先对液芯 PCF 进行仿真计算,将孔内液体设为水,即在水溶液中检测样品,水的折射率取为 1.33。仿真分两种情况,一是只在纤芯孔内填充液体,二是所有的气孔都填充液体。液芯 PCF 结构与上述 HCPCF 相同,镀膜为 78 nm 厚的银纳米膜。

纤芯填充液体时,即所谓的液芯 PCF,其场分布如图 6.13 所示,所有气孔填充液体时其场分布如图 6.14 所示[42]。

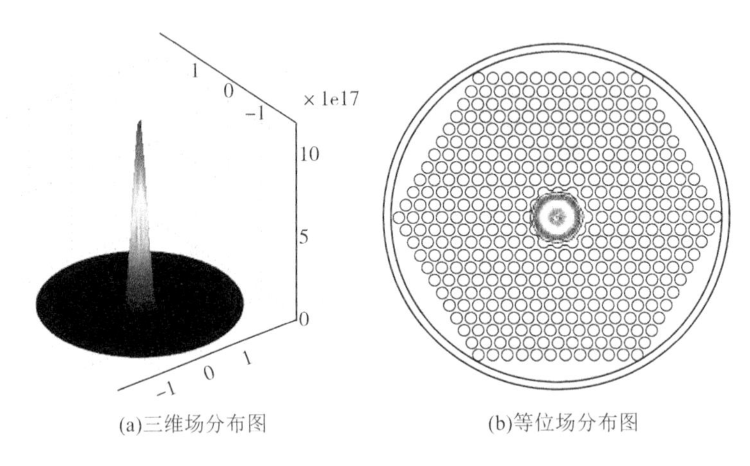

(a)三维场分布图　　(b)等位场分布图

图 6.13　液芯镀银纳米膜 PCF 仿真结果

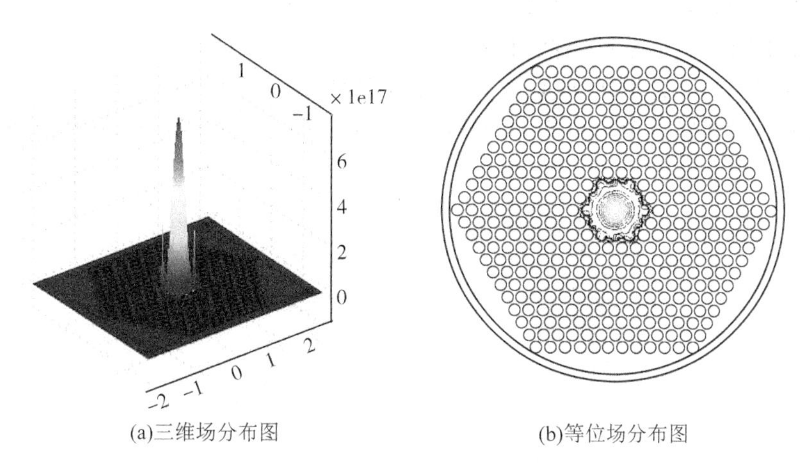

(a)三维场分布图　　(b)等位场分布图

图6.14　全液镀银纳米膜 PCF 仿真结果

对比图6.13和图6.14可见,液芯 PCF 对光的限制能力明显好得多,因此相对而言液芯 PCF 具有更大的优势。

6.5　表面增强拉曼散射光子晶体光纤传感应用

PCF SERS 传感器除了具有与传统光纤 SERS 传感器相同的优点外,还有独特的优点,如有大的活动面积、拉曼背景信号低、可以将被分析物和激发光更好地控制在活性区域内等。

因此,它们引起了对分子传感、体内生物传感,以及化学、生物和环境检测研究的极大兴趣,尤其是利用表面增强拉曼散射效应的光子晶体光纤传感实现食品非法添加剂痕量检测。本节就如何实现食品非法添加剂三聚氰胺和砒啶的超低浓度样品检测进行着重介绍。

6.5.1　SERS 基底制备

在 SERS PCF 传感试验中,制备高效 SERS 基底是最为重要的环节,它将决定着传感的灵敏度等重要参数。为了得到具有较高灵敏度、较好的均匀性、稳定性和重现性的 SERS 基底,一般都是借鉴 SERS 活性基底的制备方法[43-47],本课题总结各种制备方法的优缺点,在前期工作基础上采用银镜反应、离子溅射等方法进行制备,介绍如下。

1. 银镜反应制备 SERS 基底

首先配置银氨溶液。用2%的硝酸银溶液放入到烧杯中,加入 NaOH 溶液并用玻璃棒搅拌,可看到有白色沉淀生成。然后逐滴加入2%的氨水,直到将产生的白色沉淀恰好溶解,此时即配置好银氨溶液。

将2%的葡萄糖溶液加入配置好的银氨溶液中,因为要在 PCF 的空气孔内生成银镜,因此需要延迟银镜反应的发生,将其放置在冰水混合物的低温条件下实现。然后将准备好的 PCF 放入到烧杯中,通过虹吸效应将银镜反应溶液吸入到 PCF 的空气孔内,然后在空气孔内发生银镜反应,以在空气孔内壁生成银纳米膜。在制备过程中要注意以下几个问题:

①溶液混合的时候要充分搅拌以免产生的银镜不均;

②加氨水的时候氨水浓度要低,且不要过量;

③加入 NaOH 时注意不要加过量,以免反应太快。

生成的银纳米膜经过 Hatchi S-4800 扫描电子显微镜观察,其效果图如图 6.15 所示。

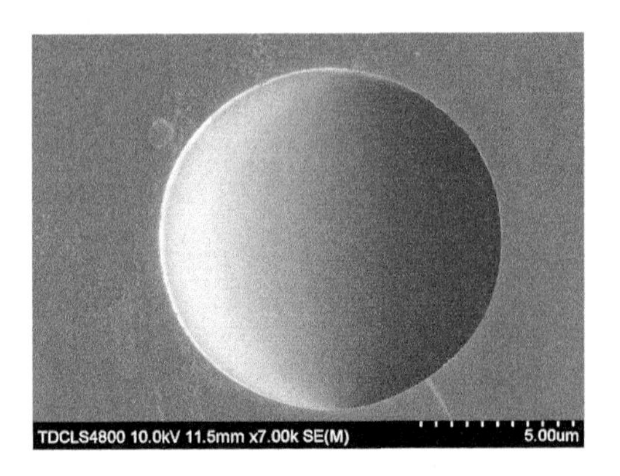

图 6.15　银镜反应在 PCF 纤芯孔内镀膜效果图

由图 6.15 可见,银镜反应可以将银纳米粒子镀在 PCF 纤芯孔内壁,可是对银纳米粒子的大小无法控制,因而此种方法不太理想。

2. 离子溅射法制备 SERS 基底

鉴于银镜反应法制备的 SERS 基底对银纳米粒子的大小无法控制,且均匀性也比较差,本小节尝试利用离子溅射法制备 SERS 基底。

所谓离子溅射就是用几百电子伏以上的粒子束轰击物体表面,使得物体表面的原子获得能量脱离物体表面而进入真空中,从而为真空中的靶材镀膜。此方法镀膜的纯度高、致密性好,而且膜厚可以控制。为了实现 PCF 空气孔内壁镀膜,本节利用北京和同创业科技有限公司责任生产的 HTCY-JS 型离子溅射仪对 PCF 镀膜。此设备方便对溅射时间、电流进行控制。为进行对比,第一次镀膜时溅射电流设为 10 mA,压强为 6×10^{-1} mbar(1 mbar = 100 Pa),溅射时间为 2 min。第二次镀膜时溅射时间为 6 min,两次镀膜后的 PCF 用 Hatchi S-4800 扫描电子显微镜观察效果,如图 6.16 所示。

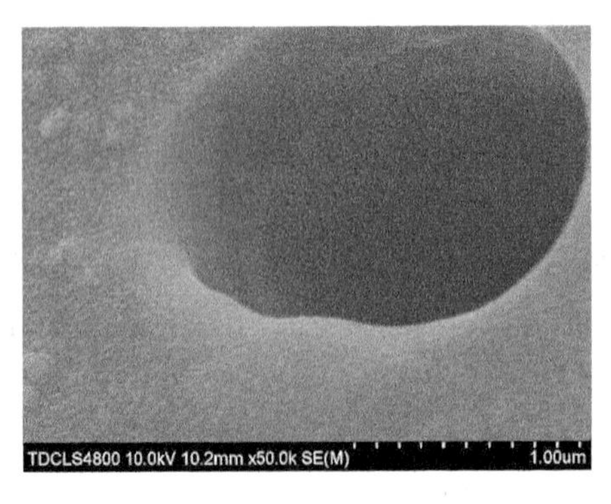

(a)2 min

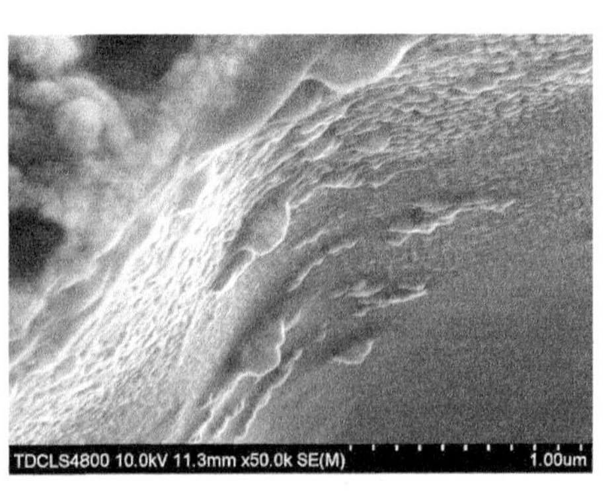

(b)5 min

图 6.16　离子溅射镀膜效果图

由图 6.16 可知，蒸镀时间为 5 min 明显比 2 min 的粒子要大一些，因扫描电镜分辨率问题，无法具体确定粒子的大小，但是二者的大小关系却十分明显。因此，对于离子溅射方法蒸镀纳米膜，蒸镀时间将会对纳米膜的厚度，即纳米粒子的大小有重要影响。但是，此种方法在径向深度有限，尽管扫描电镜无法确定具体深度，但是却可以断定镀膜深度不会超过 5 mm，而且随着径向加深，纳米粒子明显减少。因此这种方法很难将纳米粒子均匀蒸镀到孔内 2 cm 深，因而对 SERS 信号的激发效果很不理想。

3. 银纳米粒子悬浮制备 SERS 基底

鉴于上述两种方法的缺点，本小节提出将银纳米粒子直接悬浮于被测样品溶液中。在试验中用到的直径为 76 nm 的银纳米粒子是从徐州捷创新材料科技有限公司购买的。初次制备时银纳米粒子在样品溶液中沉淀，从而无法将银纳米粒子均匀悬浮。经研究，在溶液中适当加入表面活性剂，可以使银纳米粒子在液体中悬浮。后期试验制备时，将表面活性剂 CTAB（十六烷基三甲基溴化胺）溶于样品溶液中，银纳米粒子就不再沉淀，而是均匀悬浮[48]，如图 6.17 所示。

图 6.17　银纳米粒子悬浮于待测液体效果图

通过控制银纳米粒子在溶液中的浓度来改变银纳米粒子之间的距离，从而可以更有效的激发 SERS 信号。此外，光纤中银纳米粒子的大小得到控制。但是此法只能通过检测样品来判断其具体效果。

6.5.2　PCF 准备

前面所设计的实芯 PCF 和空芯 PCF 非常适合 SERS 传感，但由于受目前加工水平限制而无法实现。因此只能使用寻求结构相近的 PCF 来进行试验，目前只能买到丹麦 NKT Photonics 公司生产的 Air－6，它能够在 785 nm 激发波长下进行试验。此光纤结构参数见表 6.1，其结构示意图及传输谱线如图 6.18 所示。

表 6.1　Air－6 技术参数

参数值	材料	外包层直径/μm	涂覆层直径/μm	纤芯孔直径/μm	包层孔直径/μm	孔间距/μm	传输带宽/nm
	纯硅	122 ± 5	243 ± 10	6 ± 1	1.3	1.65	60

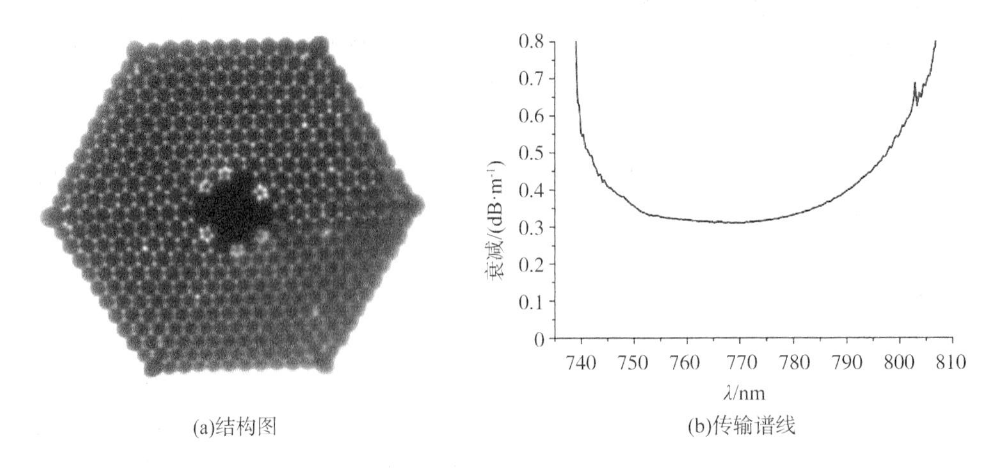

(a)结构图 (b)传输谱线

图 6.18　Air－6 型 HCPCF

1. 模式分析

对 Air－6 用 COMSOL 软件进行数值仿真，具体步骤同前面所述，同样经过建模、参数设置、区域划分及计算等步骤，输入波长设定为 785 nm，并利用完美匹配层。经过仿真计算，有效折射率为 0.995 814－i1.256 822e^{-9}，其场分布如图 6.19 所示。

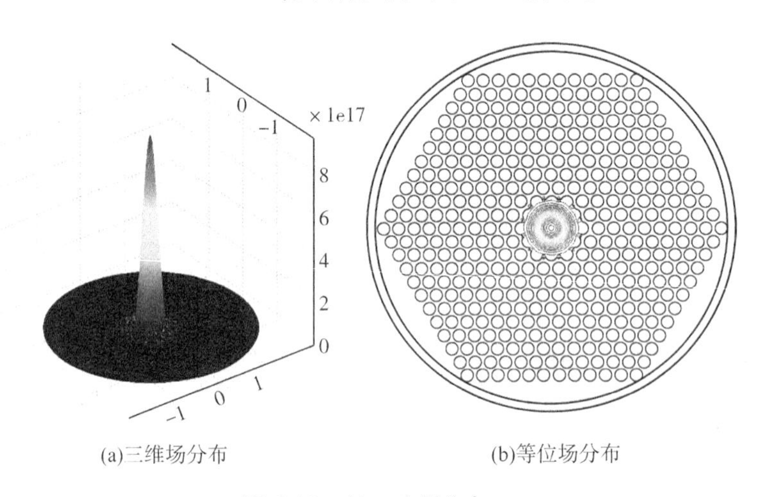

(a)三维场分布 (b)等位场分布

图 6.19　Air－6 场分布

2. PCF 选择性填充

选择性填充，即采用某些方法将待测液体样品只填充到 HCPCF 的纤芯孔，而使包层空气孔不进入液体。之前 Cristiano 研究小组[49]和 Smolka[50]分别进行了相关的试验实现选择性填充，但是效果不太理想。因此提出一种新的选择性填充方案，即采用光纤熔接机拉锥功能，把 HCPCF 的包层空气孔塌陷，保持纤芯孔不变，从而实现选择性填充，具体实施过程如下。

首先将 PCF 切割成数段，每段 15 cm 左右，在每段 HCPCF 的中间部分去掉其涂覆层，然后利用光纤熔接机(Ericsson FSU－925)进行拉锥。拉锥时要注意将 HCPCF 准直放置在同一水平面上，如图 6.20 所示。

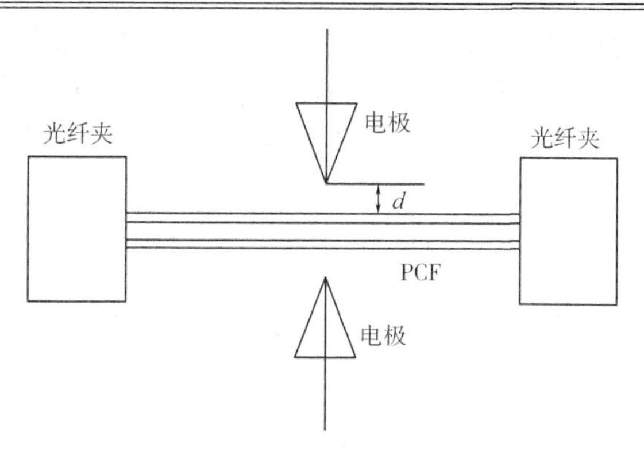

图 6.20　光纤熔接机拉锥示意图

拉锥时只塌陷包层孔而保持纤芯原样，这完全取决于放电电流、拉力及材料传热效应，需要设定电极与 PCF 的间距 d、放电时间及放电电流[51]。电极之间的电流可表示为

$$i(r,z)=\frac{I_0}{2\pi\sigma^2(z)}\exp\left[-\frac{r^2}{2\sigma^2(z)}\right]\tag{6.1}$$

$$\sigma(z)=\sigma_0(1+z^2)^{-1/3}\tag{6.2}$$

式中，I_0是通过对整个 r 积分得到的总电流；$\sigma(z)$是 z 处的高斯宽度；σ_0 是在电极中点 $z=0$ 处的高斯宽度。空间温度与电流密度是成正比，即

$$T(r,z)\propto i^2(r,z)\tag{6.3}$$

其温度分布示意图如图 6.21 所示。

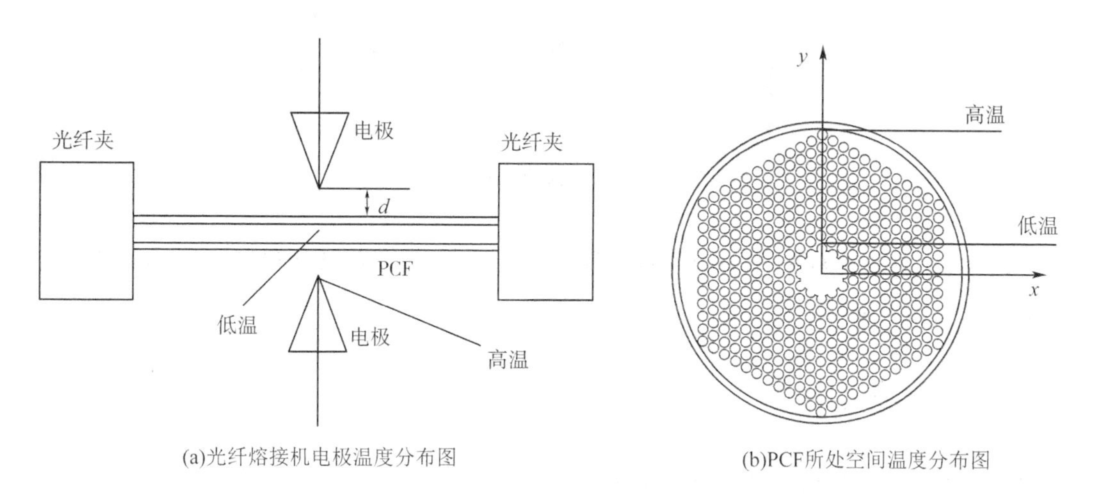

(a)光纤熔接机电极温度分布图　(b)PCF所处空间温度分布图

图 6.21　温度分布图

由图 6.21 可见，在电极尖端处温度最高，同样也可发现在 HCPCF 的表面处温度最高，纤芯处温度最低。PCF 中固体硅的导热性会因为空气的存在而由包层到纤芯逐渐减慢，而当加热速率为

$$V_{\text{collapse}}=\frac{\gamma}{2\eta(T)}\tag{6.4}$$

时包层孔会塌陷。式中，γ 是表面张力；η 是硅的黏度。由于黏度会随着温度的增加而迅速下降，所以高温区的空气孔塌陷得更快，会使 PCF 的包层空气孔在纤芯孔之前塌陷。如果选

择合适的拉锥参数,就可以实现 PCF 包层空气孔塌陷,纤芯空气孔保持原样。

对于 Ericsson FSU - 925 型光纤熔接机而言,经过多次试验对参数进行调整,当间距 $d=0\ \mu m$,放电时间为 400 ms,放电电流为 11 mA 时拉锥的效果最好,其效果图如图 6.22 所示。

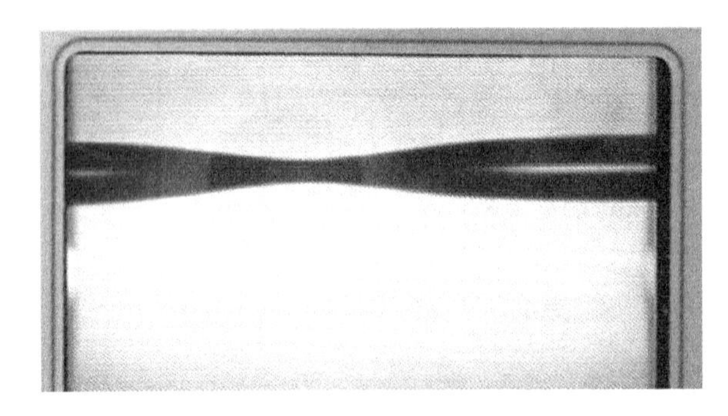

图 6.22 PCF 拉锥后效果图

经过拉锥以后,再取出 PCF,用切割刀从中间切为两段,分别进行试验。切割后的效果图如图 6.23 所示。

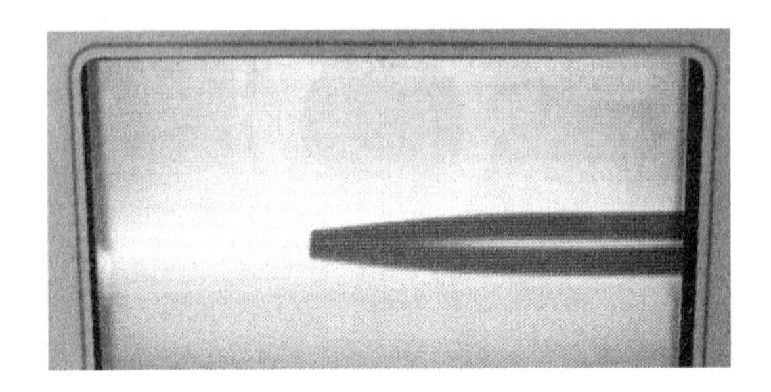

图 6.23 PCF 拉锥切割后效果图

经过以上处理的 PCF,就可以实现选择性填充,即只让待测液体样品浸入到纤芯空气孔中,而包层孔仍为空气。

6.5.3 液体样品注入

由于 PCF 的纤芯孔比较细,将液体注入进去比较困难。Zhang 等[15]利用虹吸作用将被测液体吸入纤芯空气孔,但吸入得比较慢。本小节采用注射器注入待测液体,如图 6.24 所示。

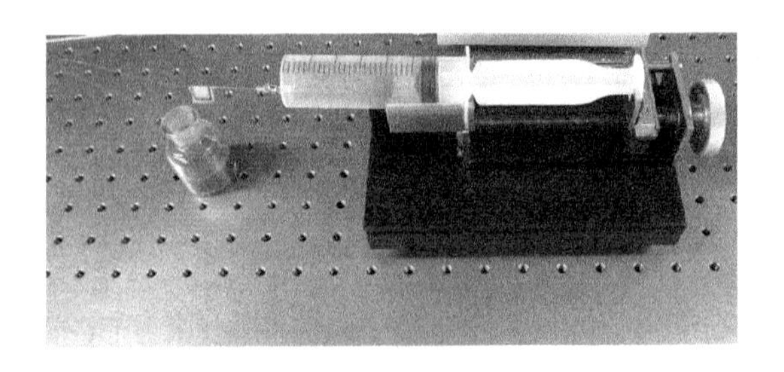

图 6.24 PCF 液体样品注入装置图

6.5.4　三聚氰胺检测

该试验方案的原理是SERS传感和PCF传感的结合，针对实际需要，设计反向采集SERS信号的试验方案，试验原理图如图6.25所示。

在图6.25中，光源发出激发光经透镜1准直聚焦后到分光镜2，反射后经过透镜3耦合进入PCF中，在PCF内激发SERS信号。SERS信号反射后经透镜3收集、分光镜2反射后再由分光镜1反射进入透镜2，经透镜2准直聚焦耦合到光谱仪进行光谱测量。此结构的试验方案适合于对样品实时监测。

本试验的光源是购自长春新产业光电技术有限公司的FC-D-785A型半导体激光器，光纤输出，输出功率为300 mW，且稳定性在3%以内；采用LightPath生产的非球面透镜实现光信号传输、收集及滤光；为了将在试验中滤除掉多余的光，采用美国Semrock生产的限波片，其限波带宽为39 nm。试验采用的多功能光栅光谱仪，适用于对功率和波长精度要求非常严格的系统测试。

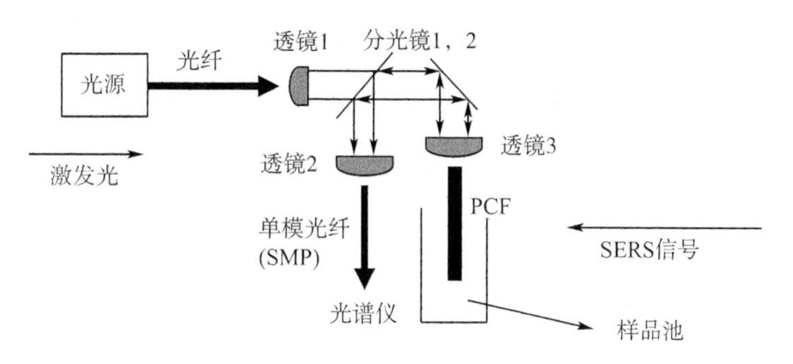

图6.25　反向光采集试验原理图

在试验过程中，对低浓度三聚氰胺样品溶液进行测试，试验在超净间试验室中进行，光谱仪中最初的光谱背景如图6.26所示。

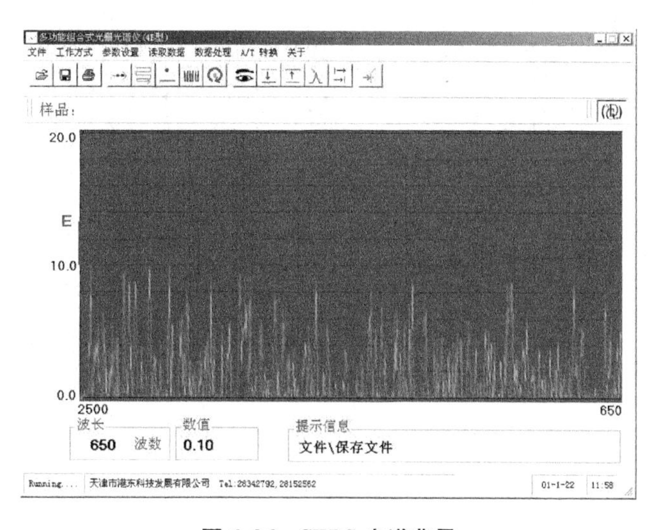

图6.26　SERS光谱背景

首先称取 0.5 g 三聚氰胺溶于 1 L 蒸馏水中，制得标准的中间待测液，其浓度为 0.5 mg/L。其次取 50 mL 的中间待测液，分别将其放在 50 mL、100 mL、200 mL 蒸馏水中，得到的浓度为 0.25 g/L、0.125 g/L 和 0.062 5 g/L。然后根据前面章节的数值仿真，将 78 nm 的银纳米粒子放入到制备好的待测液体中，以产生增强的拉曼信号。为了使银纳米粒子均匀悬浮于待测液体中，需要在液体中加入表面活性剂——CTAB（十六烷基三甲基溴化胺）。最后将准备好的 PCF 浸入到待测液体中，利用注射器抽取以加快液体进入 PCF 纤芯的速度，持续一段时间后取出，用设计好的试验系统进行检测。结果只有浓度为 0.25 g/L 的液体能够检测出明显的三聚氰胺的特征 SERS 谱，如图 6.27 所示。滤除掉多余的光之后，SERS 光谱如图 6.28 所示。

由图 6.28 可见，三聚氰胺的 SERS 图谱上，在 750 cm^{-1} 和 1 500 cm^{-1} 附近有明显的特征峰，检测结果与文献[52]基本一致，从而可定性检测出三聚氰胺的存在。

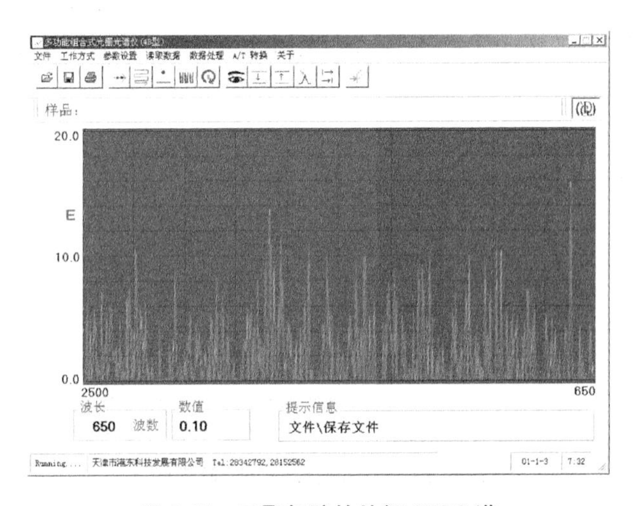

图 6.27　三聚氰胺的特征 SERS 谱

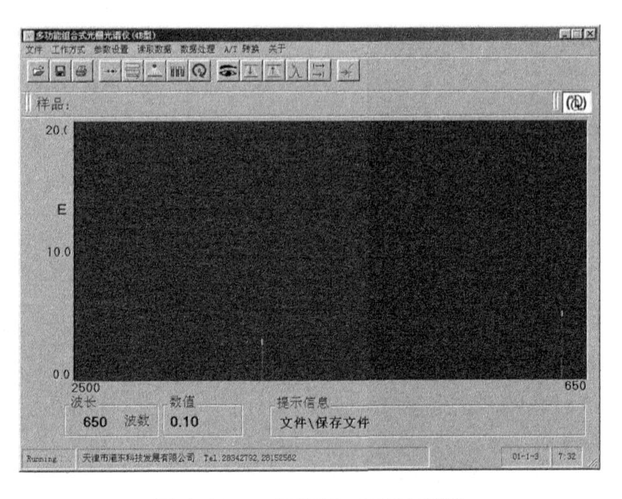

图 6.28　三聚氰胺 SERS 光谱

6.5.5　砒啶检测

该试验方案的原理是 SERS 传感和 PCF 传感的结合，针对实际需要，设计同向采集 SERS 信号的试验方案，试验原理图如图 6.29 所示。

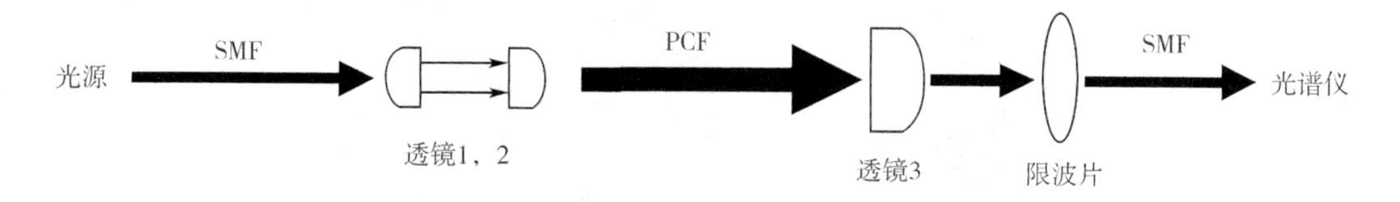

图 6.29　同向采集试验原理图

在图 6.29 中，光源输出的激发光由透镜 1,2 准直聚焦耦合进入到 PCF 中激发 SERS 信号，然后由透镜 3 同向收集 SERS 信号，因为在 SERS 信号中混杂着激发光信号，因此要经由限波片将激发光滤除。

试验中用到的主要仪器设备有光源、透镜、限波片和光谱仪，前期的准备工作在上一节讲三聚氰胺的时候介绍过，这里不再赘述。

对于砒啶溶液而言，配制时一定要注意避免日光曝晒。本试验是在超净间试验室内进行，在玻璃杯中配置。购置的砒啶浓度为 99.5%，配制时取 1 mL 溶液，将其放置在 1 000 mL 蒸馏水中，得到浓度为 0.099 5% 的砒啶溶液。然后再取 10 mL 溶液 3 份，分别放置于 100 mL、200 mL 和 500 mL 蒸馏水中，得到浓度为 0.009 95%、0.004 975% 和 0.001 99% 的砒啶溶液进行检测。加入银纳米粒子的过程和三聚氰胺一样，不再赘述。最后将准备好的待测砒啶溶液用搭建的试验系统进行检测，结果只有浓度为 0.004 975% 的溶液能够得到明显的特征 SERS 谱，如图 6.30 所示。滤除掉多余的光之后，SERS 光谱如图 6.31 所示。

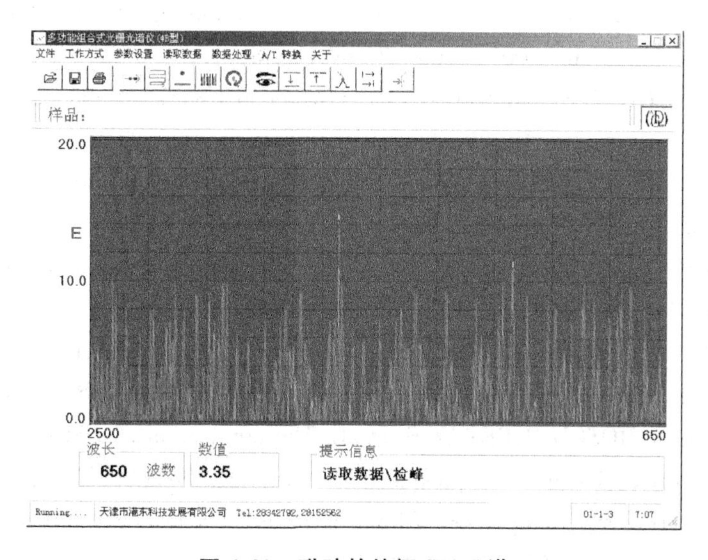

图 6.30　砒啶的特征 SERS 谱

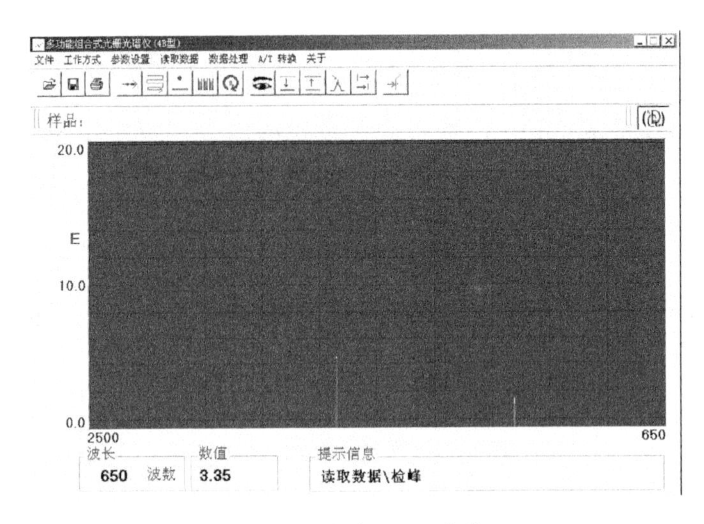

图 6.31 吡啶 SERS 光谱

由图 6.30 可见,对于此浓度的吡啶溶液,在 1 068 cm^{-1}和 1 544 cm^{-1}处有特征峰,结果与 Brolo 等[53]的检测结果基本一致,从而证明了吡啶的存在[54]。

参 考 文 献

[1]KAPRON F P,KECK D B,MAURER R D. Radiation losses in glass optical fibers[J]. Applied Physics Letters,1970,17:423 -425.

[2] FLEISCHMANN M, HENDRA P J, MCQUILLAN A J. Raman spectra of pyridine adsorbed at a silver electrode[J]. Chemical Physics Letters,1974,26(2):163 -166.

[3]HAYNES C L,YONZON C R,ZHANG X,et al. Surface-enhanced Raman sensors:early history and the development of sensors for quantitative biowarfare agent and glucose detection[J]. Journal of Raman Spectroscopy,2005,36(6 -7):471 -484.

[4]ZHANG Y,GU C,SCHWARTZBERG A M,et al. Surface-enhanced Raman scattering sensor based on D-shaped fiber[J]. Applied Physics Letters,2005,87(12):123105.

[5]YU F T,GUO R,YIN S. Photorefractive fiber and crystal devices: materials, optical properties,and applications XI[C]. San Diego:Proceedings of SPIE,2005.

[6] KOMACHI Y, SATO H, MATSUURA Y, et al. Raman probe using a single hollow waveguide[J]. Optics Letters,2005,30(21):2942 -2944.

[7]MULLEN K I,CARRON K T. Surface enhanced Raman spectroscopy with abrasively modified fiber optic probes[J]. Analytical Chemistry,1991,63(19):2196 -2199.

[8]GESSNER R,ROSCH P,PETRY R,et al. The application of a SERS fiber probe for the investigation of sensitive biological samples[J]. The Analyst,2005,129(12):1193 -1199.

[9]VIETS C,HILL W. Comparison of fiber-optic SERS sensors with differently prepared tips [J]. Sensors and Actuators B Chemical,1998,51(1 -3):92 -99.

[10]VIETS C,HILL W. Single fibre surface enhanced Raman sensors with angled tips[J]. Journal of Raman Spectroscopy,2000,31(7):625 - 631.

[11]VIETS C,HILL W. Fiber optic SERS sensors with angled tips[J]. Journal of Molecular Structure,2001,565(2):515 - 518.

[12]BELLO J M,NARAYANAN V A,STOKES D L,et al. Fiber-optic remote sensor for in situ surface-enhanced Raman scattering analysis[J]. Analytical Chemistry,1990,62(22):2437 - 2441.

[13]YAO J,DI Z,JIA C,et al. Photonic crystal fiber SERS sensors[J]. Infrared and Laser Engineering,2011,40(1):96 - 106.

[14]AMEZCUA-CORREA A,YANG J,FINLAYSON C E,et al. Surface-enhanced Raman scattering using microstructured optical fiber substrates[J]. Advanced Functional Materials,2007,17(13):2024 - 2030.

[15]ZHANG Y,SHI C,GU C,et al. Liquid core photonic crystal fiber sensor based on surface enhanced Raman scattering[J]. Applied Physics Letters,2007,90(19):193504.

[16]YAN H,LIU J,YANG C,et al. Novel index-guided photonic crystal fiber surface-enhanced Raman scattering probe[J]. Optics Express,2008,16(11):8300 - 8305.

[17]SHI C,LU C,GU C,et al. Inner wall coated hollow core waveguide sensor based on double substrate surface enhanced Raman scattering[J]. Applied Physics Letters,2008,93(15):153101 - 153103.

[18]KUDELSKI A. In situ SERS studies on the adsorption of tyrosinase on bare and alkanethiol-modified silver substrates[J]. Vibrational Spectroscopy,2008,46(1):34 - 38.

[19]BAKER G A,MOORE D S. Progress in plasmonic engineering of surface-enhanced Raman-scattering substrates toward ultratrace analysis[J]. Analytical and Bioanalytical Chemistry,2005,382(8):1751 - 1770.

[20]BANHOLZER M J,MILLSTONE J E,MIRKIN C A,et al. Rationally designed nanostructures for surface-enhanced Raman spectroscopy[J]. Chemical Society Reviews,2008,37(5):885 - 897.

[21]HULTEEN J C,VANDUYNE R P. Nanosphere lithography:a materials general fabrication process for periodic particle array surfaces[J]. Journal of Vaccum Science & Technology A:Vacuum,Surfaces,and Films,1995,13(3):1553 - 1558.

[22]KAHL M,VOGES E,KOSTREWA S,et al. Periodically structured metallic substrates for SERS[J]. Sensors and Actuators B Chemistry,1998,51(1):285 - 291.

[23]LIAO P F,BERGMAN J G,CHEMLA D S,et al. Surface-enhanced Raman scattering from microlithographic silver particle surfaces[J]. Chemical Physics Letters,1981,82(2):355 - 359.

[24]FROMM D P,SUNDARAMURTHY A,KINKHAB A,et al. Exploring the chemical enhancement for surface-enhanced Raman scattering with Au bowtie nanoantennas[J]. Journal of Chemical Physics,2006,124(6):61101.

[25]GUNNARSSON L,BJERNELD E J,XU H,et al. Interparticle coupling effects in nanofabricated substrates for surface-enhanced Raman scattering[J]. Applied Physics Letters,2001,78(6):802 - 804.

[26] BAKER G A, MOORE D S. Progress in plasmonic engineering of surface-enhanced Raman-scattering substrates toward ultra-trace analysis [J]. Analytical and Bioanalytical Chemistry, 2005, 382(8): 1751 - 1770.

[27] FÉLIDJ N, AUBARD J, LÉVI G, et al. Optimized surface-enhanced Raman scattering on gold nanoparticle arrays[J]. Applied Physics Letters, 2003, 82(18): 3095 - 3097.

[28] ABDELSALAM M E, BARTLETT P N, BAUMBERG J J, et al. Electrochemical SERS at a structured gold surface[J]. Electrochemistry Communications, 2005, 7(7): 740 - 744.

[29] SU L, ROWLANDS C J, ELLIOTT S R. Nanostructures fabricated in chalcogenide glass for use as surface-enhanced Raman scattering substrates [J]. Optics Letters, 2009, 34 (11): 1645 - 1647.

[30] SMYTHE E J, DICKEY M D, BAO J M, et al. Optical antenna arrays on a fiber facet for in situ surface-enhanced Raman scattering detection[J]. Nano Letters, 2009, 9(3): 1132 - 1138.

[31] DHAWAN A, MUTH J F, LEONARD D N, et al. Focused ion beam fabrication of metallic nanostructures on end faces of optical fibers for chemical sensing applications[J]. Journal of Vaccum Science & Technology B, 2008, 26(6): 2168 - 2173.

[32] DHAWAN A, GERHOLD M, ZHANG Y, et al. Nano-engineered surface-enhanced Raman scattering (SERS) substrates with patterned structures on the distal end of optical fibers [C]//Plasmonics in Biology and Medicine V. SPIE: San Jose, 2008: 68690G.

[33] WHITNEY A V, ELAM J W, STAIR P C, et al. Toward a thermally robust operando surface enhanced Raman spectroscopy substrate[J]. Journal of Physical Chemistry C, 2007, 111 (45): 16827 - 16832.

[34] KOSTOVSKI G, WHITE D J, MITCHELL A, et al. Nanoimprinted optical fibers: biotemplated nanostructures for SERS sensing[J]. Biosensor and Bioelectronics, 2009, 24 (5): 1531 - 1535.

[35] KNIGHT J C, BIRKS T A, ATKIN D M, et al. All-silica single-mode optical fiber with photonic crystal cladding[J]. Optics Letters, 1996, 21(19): 1547 - 1549.

[36] KNIGHT J C. Photonic crystal fibers[J]. Nature, 2003, 424(6950): 847 - 851.

[37] JOHN J F, MAHURIN S, DAI S, et al. Use of atomic layer deposition to improve the stability of silver substrates for insitu high temperature SERS measurements[J]. Journal of Raman Spectroscopy, 2010, 41(1): 4 - 11.

[38] ZHU Y, DU H, BISE R. Design of solid-core microstructured optical fiber with steering-wheel air cladding for optimal evanescent field sensing[J]. Optics Express, 2006, 14(8), 3541 - 3546.

[39] 邸志刚. THz 检测技术及表面增强拉曼散射光子晶体光纤传感研究[D]. 天津:天津大学,2011.

[40] 郦丕彬,邸志刚,李忠洋,等. 金属纳米薄膜对大孔径光子晶体光纤传感特性的影响[J]. 人工晶体学报,2014(5):1291 - 1295.

[41] DI Z G, JIA C R, WANG W Y. Impact of solid core PCF structure on SERS performance[J]. Journal of Chemical and Pharmaceutical Research, 2014, 6(5): 1426 - 1430.

[42] 邸志刚,贾春荣,郦丕彬,等. 基于银纳米颗粒的 PCF SERS 传感器优化设计[J].

人工晶体学报,2014,43(3):663－669.

[43]GIORGIS F, DESCROVI E, CHIODONI A, et al. Porous silicon as efficient surface enhanced Raman scattering (SERS) substrate[J]. Applied Surface Science, 2008, 254(22): 7494－7497.

[44]PHILIP D, GOPCHANDRAN K G, UNNI C, et al. Synthesis, characterization and SERS activity of Au-Ag nanorods [J]. Spectrochimica Acta Part A Molecular and Biomolecular Spectroscopy, 2008, 70(4):780－784.

[45]KOSTOVSKI G, WHITEB D J, MITCHELL A, et al. Nanoimprinted optical fibers: biotemplated nanostructures for SERS sensing[J]. Biosensors and Bioelectronics, 2009, 24(5): 1531－1535.

[46]SANC R, VOLKAN M. Surface-enhanced Raman scattering (SERS) studies on silver nanorod substrates[J]. Sensors and Actuators B Chemical, 2009, 139(1):150－155.

[47]SI M Z, KANG Y P, ZHANG Z G. Surface-enhanced Raman scattering (SERS) spectra of Methyl Orange in Ag colloids prepared by electrolysis method[J]. Applied Surface Science, 2009, 255(11):6007－6010.

[48]邸志刚,贾春荣,姚建铨,等. 基于银纳米颗粒的 HCPCF SERS 传感系统优化设计[J]. 红外与激光工程,2015,44(4):1317－1322.

[49]CORDEIRO C M B, MATOS C J S D, SANTOS E M D, et al. Towards practical liquid and gas sensing with photonic crystal fibers: side access to the fiber microstructure and single-mode liquid-core fiber[J]. Measurement Science and Technology, 2007, 18(10):3075－3081.

[50]SMOLKA S, BARTH M, BENSON O. Highly efficient fluorescence sensing with hollow core photonic crystal fibers[J]. Optics Express, 2007, 15(20):12783－12791.

[51]SALEH B E A. Fundamentals of photonics[M]. Chichester: Wiley-Interscience, 2007: 68－98.

[52]金慧,范松华,王彦,等. 奶粉中三聚氰胺的加压毛细管电色谱法测定[J]. 分析测试学报,2010,29(5):519－522.

[53]BROLO A G, IRISH D E, LIPKOWSKI J. Surface-enhanced Raman spectra of pyridine and pyrazine adsorbed on a Au (210) single-crystal electrode[J]. Journal of Physical Chemistry B, 1997, 101(20):3906－3909.

[54]邸志刚,王彪,杨健佚,等. 基于 HCPCF SERS 传感器的吡啶痕量检测[J]. 红外与激光工程,2019 (S2):44－52.